“绿十字”安全基础建设新知丛书

安全风险管理与保险知识

“‘绿十字’安全基础建设新知丛书”编委会　编

中国劳动社会保障出版社

图书在版编目(CIP)数据

安全风险管理与保险知识/《“绿十字”安全基础建设新知丛书》编委会编. —北京：中国劳动社会保障出版社，2014

(“绿十字”安全基础建设新知丛书)

ISBN 978-7-5167-1028-9

Ⅰ.①安…　Ⅱ.①绿…　Ⅲ.①安全生产-风险管理②工伤保险-基本知识-中国　Ⅳ.①X93②D922.55

中国版本图书馆 CIP 数据核字(2014)第 105137 号

中国劳动社会保障出版社出版发行

(北京市惠新东街 1 号　邮政编码：100029)

*

三河市华骏印务包装有限公司印刷装订　新华书店经销

787 毫米×1092 毫米　16 开本　19 印张　369 千字

2014 年 5 月第 1 版　　2014 年 5 月第 1 次印刷

定价：48.00 元

读者服务部电话：(010) 64929211/64921644/84643933

发行部电话：(010) 64961894

出版社网址：http://www.class.com.cn

编　委　会

内容提要

在人们的生活工作中，存在着各种各样的风险，有的风险十分明显，有的风险则十分隐蔽，如果不注意防范风险，风险就会带来财产损失以及人身伤害。对于企业来讲，防范风险是企业管理的一个重要内容。面对不可预知的风险，比较稳妥的方式是转移风险，即采取保险的方式转移风险。这也是无风险则无保险的道理。随着社会和经济的发展，保险业务多种多样，有针对财产风险的财产保险，有针对各种责任的责任保险，有针对企业员工风险的意外伤害保险，还有针对安全生产事故的安全生产责任保险等。

学习和了解有关风险与保险知识是十分必要的。在企业管理以及安全管理中，必然要接触相关的风险知识、保险知识，了解和掌握相关知识，才能做好工作。本书比较详细地介绍了风险的基本知识、风险应对与管理、保险基本知识，以及企业财产风险与保险、企业责任风险与保险、企业员工风险与保险、企业安全生产责任保险的相关知识。

本书层次清楚，叙述深入浅出，非常适合于班组职工和基层管理人员的学习和培训，也适合于安全生产管理人员的培训教育，是企业领导和管理人员必读之书。

前 言

党中央、国务院高度重视安全生产工作，确立了安全发展理念和“安全第一、预防为主、综合治理”的方针，采取一系列重大举措加强安全生产工作，目前，以《安全生产法》为基础的安全生产法律法规体系不断完善，以“关爱生命、关注安全”为主旨的安全文化建设不断深入，安全生产形势也在不断好转，事故起数、重特大事故起数连续几年持续下降。

“十二五”时期，是全面建设小康社会的重要战略机遇期，是深化改革、扩大开放、加快转变经济发展方式的攻坚阶段，也是实现安全生产状况根本好转的关键时期。安全生产工作既要解决长期积累的深层次、结构性和区域性问题，又要积极应对新情况、新挑战，任务十分艰巨。随着经济发展和社会进步，全社会对安全生产的期望不断提高，广大从业人员安全健康观念不断增强，对加强安全监管、改善作业环境、保障职工安全健康权益等方面的要求越来越高。

2003—2013年十年间，国务院先后发布了许多重要的安全生产法律法规，国家安全监管总局也制定了一系列安全生产监管规章，开始逐渐形成比较完善的安全生产法律法规体系。企业也迫切需要按照国家安全监管总局制定的安全生产“十二五”规划和工作部署，按照新的法律法规、部门规章的精神和实际需要的新知识丛书。

由于这些变化，我们在2003年出版的“‘绿十字’安全生产教育培训丛书”的基础上，根据新的法律法规、部门规章组织编写了“‘绿十字’安全基础建设新知丛书”，以满足企业在安全管理、安全教育、技术培训方面的要求。

本套丛书内容全面、重点突出，主要分为四个部分，即安全管理知识、安全培训知识、通用技术知识、行业安全知识。在这套丛书中，介绍了新的相关法律法规知识、企业安全管理知识、班组安全管理知识、行业安全知识和通用技术知识。读者对象主要为安全生产监管人员、企业管理人员、企业班组长和员工。

本套丛书的编写人员除安全生产方面的专家外，还有许多来自企业，其中大部分人对企业的各项工作十分熟悉，有着切身的感受，从选材、叙述、语言文字等方面更加注重班组的实际需要。

在企业安全生产工作中，人是起决定作用的关键因素，企业安全生产工作都需要具体人员来贯彻落实，企业的生产、技术、经营等活动也需要人员来实现。因此，加强人员的安全培训，实际上就是在保障企业的安全。安全生产是人们共同的追求与期盼，是国家经济发展的需要，也是企业发展的需要。

“‘绿十字’安全基础建设新知丛书”编委会

2014 年 1 月

目　录

第一章 企业风险基本知识

从词义上来讲，风险是指危险，以及遭受损失、伤害的可能性。通俗地讲，风险是指发生不幸事件的概率，即一个事件产生不希望的后果的可能性。从专业术语上讲，风险是指在某一个特定环境下，在某一个特定的时间段内，某种损失发生的可能性。风险是由风险因素、风险事故、风险损失等要素组成的。换句话说，在某一个特定时间段内，人们所期望达到的目标与实际出现的结果之间产生的距离称为风险。需要注意的是，风险因素的增加，会导致风险事故发生的可能性增加；而风险事故发生的可能性则会导致损失的出现。这就是风险要素之间的辩证关系。

第一节 风险的概念

风险的危险性在于会导致风险事故。什么是风险事故？风险事故是指造成生命、财产损害的偶发事件，是造成损害的直接原因。只有发生风险事故，才会导致损失。风险事故意味着风险的可能性转化成了现实性。对于某一个事件，在一定条件下，如果它是造成损失的直接原因，它就是风险事故；而在其他条件下，如果它是造成损失的间接原因，它便是风险因素。例如，下冰雹使得路滑而发生车祸，造成人员伤亡，这时冰雹是风险因素，车祸是风险事故。如果冰雹直接将行人砸成重伤，冰雹就是风险事故本身。

一、风险的由来与含义

1. 风险的由来

“风险”一词的由来有两种说法。一种是最为普遍的说法，在古时候以打鱼捕捞为生的渔民们，每次出海前都要祈祷，祈求神灵保佑自己能够平安归来，其中主要的祈祷内容就是让神灵保佑自己在出海时能够风平浪静、满载而归；他们在长期的捕捞实践中，深深地体会到“风”给他们带来的无法预测、无法确定的危险，他们认识到，在出海捕捞打鱼的生活中，“风”即意味着“险”，因此有了“风险”一词。另一种说法是，古时候在海洋捕捞、海洋航运的过程中，风险被理解为客观的危险，体现为自然现象或者航海遇到礁石、风暴等事件，并由此引申为与风险有关的事情。不论哪种说法，对于风险都需要未雨绸缪，加以防范。

2. 风险的含义

风险即损失的不确定性。这种不确定性，包括损失发生与否不确定、发生的时间不确定、损失的程度不确定三层含义。不确定性意味着预期结果与实际结果之间可能存在差异。据此，风险的大小决定于风险事故发生的概率（损失概率）及其造成后果的程度（损失程度）。

理解风险的含义，需要注意以下两点：

第一，风险是一个与损失相关联的概念。存在风险，就意味着存在损失的可能性。因此，一般情况下，大多数人会惧怕风险、厌恶风险，因为风险会带来对人身或者财产的损害。但是风险是客观存在的，不论惧怕还是厌恶，风险都会存在，并不以人们的好恶而变化。由此，风险的存在客观上激励着人们去奋斗，去改进技术，去提高管理水平，从而推动社会进步，所以风险的存在也有其积极的一面。

第二，“风险”与“不确定性”既有联系又有区别。风险表现为一种不确定性，但两者之间仍然存在严格的区别：风险是一种客观存在，而不论人们是否已经觉察到；不确定性是由个人的心理状态产生的，只有当人们对某种事件加以注意时才有意识。对不确定性的感知因人而异，即不确定性的大小与个人了解与估计风险的能力有关。例如，吸烟有致癌的风险，这是早已存在的，但知道吸烟与癌症之间关系的吸烟者对吸烟的态度却迥然不同；又如，“少年不识愁滋味”，不能解释为少年没有遭遇愁苦事件的风险；同样道理，“初生牛犊不怕虎”也不是小牛没有被老虎吃掉的风险之意。

3. 风险与风险因素、风险事故、风险损失的关系

风险与风险因素、风险事故、风险损失之间存在着密切的联系，要真正理解风险的本质，就必须弄清这三个概念及其相互联系。

（1）风险因素。风险因素是指促使或引起风险事故发生或风险事故发生时致使损失增加、扩大的原因或条件。风险因素是风险事故发生的潜在原因，是造成损失的间接原因。例如，建筑物的建筑材料与建筑结构以及干燥的气候和风力，对火灾事故而言，是风险因素；人的健康状况、年龄、业务活动范围和业余生活特点，对人的死亡伤残事故而言，是风险因素；企业员工的业务素质高低，对该企业某项工作的成败而言，是风险因素；好逸恶劳是诱发犯罪的风险因素等。

根据性质分类，通常可以将风险因素分为物质风险因素、道德风险因素、心理风险因素三种。

物质风险因素是指增大某一标的风险事故发生概率或加重损失程度的物质条件。它是一种有形的风险因素。例如，环境污染对于人类健康、汽车刹车系统失灵对于交通事故、

易燃建筑材料对于建筑物火灾等，这些都是物质风险因素。

道德风险因素是指与人的不正当社会行为相联系的一种无形的风险因素。常常表现为由于恶意行为或不良企图，故意促使风险事故发生或损失扩大。例如偷工减料引起产品事故、故意纵火以图谋保险金等。

心理风险因素是指由于人的主观上的疏忽或过失，导致增大风险事故发生的概率或加重损失程度的因素。它也是一种无形的风险因素。例如，外出忘记锁门对于室内被盗事件、工程设计差错对于工程项目失败、电线陈旧不及时更换对于火灾事故等，这些都属于心理风险因素。

道德风险因素与心理风险因素都与人密切相关。前者强调的是故意或恶意，而后者则强调无意或疏忽。但在实际操作中两者往往不易区分。因此，如何防范道德风险因素和心理风险因素是一个重要课题。基于这种考虑，有人主张把道德风险因素与心理风险因素合称人为风险因素。所以，风险因素也可分为两种，即物质风险因素和人为风险因素。

（2）风险事故。风险事故又称风险事件，是指引起损失的直接或外在的原因，是使风险造成损失的可能性转化为现实性的媒介。例如，火灾、爆炸、雷电、船舶碰撞、船舶沉没、地震、人的死亡和疾病都是风险事故。风险是通过风险事故的发生来直接导致损失的。

（3）风险损失。风险损失是指非故意、非计划、非预期的经济价值减少的事实。这里有两个要素：一是经济价值减少。强调的是能以货币衡量，即使对于人身伤亡，也是从由此引起的给本人及家庭带来的经济困难或者其对社会创造经济价值的能力减小出发来考虑的。二是非故意、非计划和非预期。例如“馈赠”和“折旧”，虽然都满足第一个要素，但不满足第二个要素，因为它们都属于计划或预期中的经济价值减少，所以不是这里所定义的损失。

损失可分为直接损失和间接损失两种。其中，直接损失是指风险事故对于人身或财产本身所造成的破坏事实，而间接损失则是由于直接损失所引起的破坏事实。例如，一家旅店遭受火灾，烧毁了房屋，这是旅店的直接损失；而因房屋被毁旅店无法正常营业导致的经营收益损失，则是旅店的间接损失。

从以上分析中可以看出，风险因素、风险事故、风险损失三者之间的关系是：风险因素引起风险事故，风险事故导致损失。值得注意的是，同一事件，在一定条件下是造成损失的直接原因，则它是风险事故；而在其他条件下，则可能是造成损失的间接原因，于是它成为风险因素。例如下冰雹使得路滑，导致车祸造成人员伤亡，这时冰雹是风险因素，车祸是风险事故。但若冰雹直接击伤行人，则冰雹便是风险事故了。

二、风险的特征

1. 风险的客观性

风险是由客观存在的自然现象和社会现象所引起的。自然界的地震、洪水、雷电、暴风雨等，是自然界运动的表现形式，甚至可能是自然界自我平衡的必要条件。自然界的这种运动给人类造成生命和财产损失，便形成自然灾害，因而对人类构成风险。自然界的运动是由其运动规律所决定的，而这种规律是独立于人的主观意识之外而存在的。人类只能发现、认识和利用这种规律，而不能改变之。同样，战争、冲突、车祸、瘟疫、失误或破产等是受社会发展规律支配的。人们可以认识和掌握这种规律，预防意外事故，减少其损失，但终究不能完全消除之。因此，风险是一种客观存在，而不是人的头脑中的主观想象。人们只能在一定的范围内改变风险形成和发展的条件，降低风险事故发生的概率，减少损失程度，而不能彻底消除风险。

2. 风险的偶然性

从全社会看，风险事故的发生是必然的，然而，对特定的个体而言，遭遇风险事故则是偶然的，这就是风险的偶然性。风险的偶然性是由风险事故的随机性决定的。其一，风险事故发生与否不确定。例如，就全社会而言，火灾未能消除，这使得所有企业以及家庭都面临火灾的风险，但具体到某一家庭或企业，火灾是否发生，就未必了，存在着一定的偶然性。其二，风险事故何时发生不确定。从总体上看，有些风险是必然要发生的，但何时发生却是无法确定的。例如，生命风险中，死亡是必然发生的，这是人生的必然现象，但是具体到某一个人何时死亡，在其健康时却是不可能确定的。其三，风险事故产生的结果具有不确定性。结果的不确定，即损失程度的不确定。例如，沿海地区每年都会遭受或大或小的台风袭击，有时是安然无恙，损失很小，有时却损失惨重。但是人们对未来年份发生的台风是否会造成财产损失或人身伤亡，以及损失程度如何却无法预知。

3. 风险的可变性

世间万物都处于运动、变化之中，风险更是如此。风险的变化，有量的增减，也有质的改变，还有旧风险的消失与新风险的产生。风险的变化主要是由风险因素的变化引起的。

（1）科技进步。一方面，随着科学技术水平的提高，人们认识风险、抵御风险的能力增强。不少风险得到有效控制，使风险事故的发生概率降低，风险损失的范围缩小，程度减轻，有些风险甚至被消除。例如，随着船舶及设备的改进和雷达导航技术的采用，远洋运输遭遇海难的风险减小了；又如，随着医疗水平的提高和卫生状况的改善，人们所面临的疾病和死亡风险也大大减小了。另一方面，科技进步还会导致新风险的产生，如空难风险、核泄漏风险等。

（2）经济体制与结构的转变。经济结构的转变会增加某些人的失业风险，经济风险管理与保险的繁荣或萧条也会使风险的性质发生变化。在计划经济体制下，没有股票市场，因而没有股票所导致的投机风险；而市场经济体制下则有这种投机风险。

（3）政治与社会结构的改变。政治制度、法律、政策的改变以及民情风俗的变化都会使风险改变。例如战争风险、国家的信用风险等都与之有关。

三、风险的成本

风险成本是指由于风险的存在和风险事故发生后人们所必须支出的费用，以及预期经济利益的减少。风险成本可以分为三类：一是风险损失的实际成本；二是风险损失的无形成本；三是预防或控制风险损失的成本。从风险管理的角度来讲，风险成本包括风险因素的成本、风险事故的成本、处理风险的费用三个方面。

1. 风险因素的成本

在工业化生产中，企业面临某种风险，即存在一定的风险因素，表明其风险损失尚处于潜在的可能状态。此时的成本即风险因素的成本，是无形的、隐蔽的，但却是实实在在的。风险因素导致的成本具体表现为：

（1）风险因素所导致的社会生产力和社会个体福利水平下降。一方面，由于风险事故发生的不确定性以及事故后果的灾难性，人们对于所面临的风险因素总是感到恐惧和焦虑。为了应付未来可能发生的风险事故，经济单位不得不保持相当数量的准备金，因而直接导致了企业福利水平的下降。同时由于这些资金未能进入生产或流通领域，不能成为资本，于是生产领域或流通领域的扩大受到影响，从而降低了社会生产能力。另一方面，因为风险的存在，人们不愿意把资金投向高风险的高新技术产业，这使高新技术的运用和推广受到阻碍，这也会降低社会的生产能力。

（2）风险因素所导致的社会资源分配失衡。按照经济学的原理，任何产业生产资源的边际生产力相等时，生产资源达到最优配置。然而，由于风险因素的存在，客观上限制了投资方向，并从总体上破坏了社会资源的均衡状态。这表现为社会资源流向风险相对较小的部门或行业过多，而流向风险相对较大的部门或行业则过少。社会资源配置的这种不平衡状况，容易形成部门和行业对资源的垄断，从而抑制生产，限制供给，引起市场价格的变动。这又会引起新的市场风险，形成恶性循环。

2. 风险事故的成本

对某一个企业而言，风险事故的发生会导致一定程度的损失，有时这种损失还可能是灾难性的。风险事故造成的损失，即风险事故的成本，它可能是直接的，也可能是间接的。例如，一家工厂发生机器爆炸，不仅造成机器损毁、生产停止，而且可能导致职工伤亡，支出大量医疗等费用，从而导致财务危机。

3. 处理风险的费用

面对不确定的风险，企业为了自身安全，就会采取各种措施，于是处理风险的费用便产生了，例如，购买防灾减损设备的直接费用和维护费用以及与安全人员有关的一切费用；如果采用购买保险的方式处理风险，则要支出保险费。就社会而言，也要为之支付费用，例如，为预防和控制高层建筑的火灾，国家投资研制自动火灾报警系统和自动灭火系统；为防止水患，国家和集体投资兴修水利、植树造林等。

第二节　风险的分类与度量

分类的作用，是把无规律的事物分为有规律的，可以按照不同的特点对事物进行分类，从而使事物更有规律，便于研究和管理。对于风险，可以按照不同的标准对其进行分类，例如按照性质的不同，风险可以分为纯粹风险和投机风险两类；按照环境不同，风险可分为静态风险和动态风险两类；按照标的不同，风险可以分为财产风险、人身风险、责任风险和信用风险四类；按照形成的原因不同，风险可以分为自然风险、社会风险、经济风险和政治风险四类。

一、风险的分类

1. 按风险的环境分类

按照环境不同，风险可分为静态风险和动态风险两大类。

（1）静态风险是在社会经济正常情况下存在的一种风险，指由于自然力的不规则作用，或者由于人们的失当行为而形成的风险。例如，洪灾、火灾或海难，人的残废或疾病，以及盗窃、欺诈或破产等。

（2）动态风险是指以社会经济的变动为直接原因的风险，通常由人们欲望的变化、生产方式和生产技术以及产业组织的变化等所引起。例如，消费者爱好转移、市场结构调整、资本扩大、技术改进、人口增长、利率变动或环境改变等。

静态风险与动态风险的主要区别在于：第一，静态风险对于社会而言，一般可能导致实实在在的损失，而动态风险对于社会而言，并不一定都将导致损失，即它可能对部分企业有益，而对另一部分企业造成实际的损失；第二，从影响的范围来看，静态风险一般只对少数企业产生影响，而动态风险的影响则较为广泛；第三，静态风险对个体而言，风险事故的发生是偶然的、不规则的，但就社会整体而言，其具有一定的规律性，相反，动态风险很难找到其规律性。

2. 按风险的性质分类

按照性质不同，风险可以分为纯粹风险和投机风险两大类。

（1）纯粹风险。纯粹风险是指那些只有损失可能而无获利机会的风险。当纯粹风险发生时，对当事人而言，只有遭受损失与否的结果。例如，发生火灾、沉船或车祸等事故，将导致受害者的财产损失和人身伤亡，但不会获得任何其他利益。

（2）投机风险。投机风险是指那些既有可能损失也有可能盈利的风险。例如，人们进行股票投资之后，就面临着股票市值波动的风险。如果股票价格上升，投资者就可以因此而获利；如果股票价格下跌，投资者就要承担损失。

除了赌博以外，大多数投机风险都属于动态风险，大多数纯粹风险属于静态风险。一般而言，纯粹风险具有可保性，而投机风险是不可保的。

3. 按风险对象的分类

按照对象的不同，风险可以分为财产风险、人身风险、责任风险和信用风险。

（1）财产风险。财产风险是指导致财产损毁、灭失却贬值的风险。例如，建筑物遭受地震、洪水、火灾的风险，飞机坠毁的风险，汽车碰撞的风险，船舶沉没的风险，财产价值由于经济因素而贬值的风险等。

（2）人身风险。人身风险是指导致人的死亡、残废、疾病、衰老及劳动能力丧失或降低等的风险。人会因生、老、病、死等生理规律和自然、政治、军事或社会等原因而早逝、伤残、工作能力丧失或年老无依靠等。人身风险通常又可分为生命风险、意外伤害风险和健康风险三类。

（3）责任风险。责任风险是指由于个人或团体的疏忽或过失行为，造成他人财产损失或人身伤亡，依照法律或契约应承担民事法律责任的风险。与财产风险和人身风险相比，责任风险是一种更为复杂而又比较难以控制的风险，尤以专业技术人员，如医师、律师、会计师和理发师等职业的责任风险为甚。

（4）信用风险。信用风险是指在经济交往中，权利人与义务人之间由于一方违约或违法致使对方遭受经济损失的风险。常见的信用风险有两类：一类是债务人不能或不愿意履行债务而给债权人造成损失的风险；另一类是交易一方不履行义务而给交易对方造成经济损失的风险。

4. 按风险形成的原因分类

按照形成的原因不同，风险可以分为自然风险、社会风险、经济风险和政治风险。

（1）自然风险。自然风险是指由于自然现象、物理现象和其他物质风险因素所形成的风险。例如地震、海啸、暴风雨、洪水或火灾等。

（2）社会风险。社会风险是指由于个人或团体的作为（包括过失行为、不当行为及故意行为）或不作为使社会生产及人们生活遭受损失的风险。如盗窃、抢劫、玩忽职守及故意破坏等行为将可能对他人财产造成损失或人身造成伤害等。

（3）经济风险。经济风险是指在生产和销售等经营活动中，由于受各种市场供求关系、经济贸易条件等因素变化的影响或经营者决策失误、对前景预期出现偏差等导致经营失败的风险。比如企业生产规模的增减、价格的涨落和经营的盈亏等。

（4）政治风险。政治风险是指在对外投资和贸易过程中，因政治原因或订约双方所不能控制的原因，使债权人可能遭受损失的风险。如因进口国发生战争、内乱而中止货物进口；因进口国实施进口或外汇管制，对输入货物加以限制或禁止输入；因本国变更外贸法令，使出口货物无法送达进口国，造成合同无法履行等。

需要注意的是，自然风险、社会风险、经济风险和政治风险是相互联系、相互影响的，有时很难明确区分。例如，由于人的行为引起的而以某种自然现象表现出来的风险，则本身属于自然风险，但由于它是人们反常行为所致，因此又属于社会风险。又如，由于价格变动引起产品销售不畅，利润减少，这本身是一种经济风险，但价格变动导致某些部门、行业生产不景气，造成社会不安定，这又是一种社会风险。还有，社会问题积累可能演变成政治问题，因此，社会风险也酝酿着政治风险。

5. 按承担风险的主体分类

按承担风险的经济主体不同，风险可以分为个人与家庭风险、团体风险和政府风险等。

（1）个人与家庭风险。个人与家庭风险主要是指以个人与家庭作为承担风险的主体的那一类风险。个人与家庭面临的风险主要有人身风险、财产风险、信用风险和责任风险。

（2）团体风险。团体风险主要是指企业或社会团体作为承担风险的主体的那一类风险。企业或社会团体面临的风险有企业或社会团体的员工人身风险、财产风险、信用风险和责任风险等。

（3）政府风险。政府风险主要是指以政府作为承担风险的主体的风险。

二、风险的度量

风险的度量也称为风险衡量或风险估测，是在识别风险的基础上对风险进行定量分析和描述，即在对过去损失资料分析的基础上，运用概率和数理统计的方法对风险事故的发生概率和风险事故发生后可能造成的损失的严重程度进行定量的分析和预测。

风险都是源自未来事件的不确定性，它表明的是各种结果发生的可能性。在现实生活中，经常能听到这样的说法：这个事情风险很大或风险很小。这里所说的风险很大或很小是什么意思呢？实际上就是对风险的度量。风险是一个客观的概念并具有可测定性，这就意味着它是可以被客观度量的。具体来讲，风险的大小主要取决于损失频率、损失程度、损失期望值、方差或标准差以及变异系数这些指标的情况。

1. 损失频率

损失频率是指在一定统计时期内一定数量风险单位可能发生损失的次数，而损失概率是统计时期趋于无限大时的损失频率。由于在实践中无法获得趋于无限的时间间隔内风险单位发生损失的次数，因此人们常用损失频率来取代损失概率。损失频率通常以分数或百分数来表示。

2. 损失程度

损失程度是指在一定时期内一定数量风险单位每次遭受损失金额的多少和规模的大小。这里用“损失规模的大小”来估计风险损失是因为有些风险事故可能造成难以弥补的后果，不能用一定的货币相等价。例如，文物损毁、生物灭绝、环境破坏等不可修复的物资损失。另外，损失程度还指风险损失发生的不确定性的大小，即实际损失结果与预期损失结果之间的差异程度。差异程度越大，风险越大；差异程度越小，风险越小。

3. 损失期望值

损失期望值是根据一定时期内一定条件下大量同质风险单位损失的经验数据计算所得的平均损失，它反映了在一定情况下所评价的风险单位总体损失的一般情况。

4. 方差或标准差

方差或标准差所反映的是损失的绝对变动程度，说明实际损失与损失平均值或损失期望值的偏离程度。在损失平均值或损失期望值一定的情况下，方差或标准差大说明偏离程度大，风险较大，反之风险较小。

5. 变异系数

变异系数所反映的是损失的相对变动程度。变异系数是实际损失的变动范围与损失平均值或损失期望值之比。显然，该指标比单纯用平均值及标准差来评价风险要全面。一般来说，期望值大的风险未必就大，而标准差大小也应相对于平均值来考查，否则难以估计风险的大小，例如，同样的标准差，若损失平均值小，则损失波动范围较大，风险较大；若损失平均值很大，则损失波动范围可以忽略，而认为风险较小。

三、主动风险成本与被动风险成本

在风险管理中，为了预防或控制风险损失的成本，就需要预防和控制风险损失。一般可分为主动风险成本和被动风险成本，或者有形成本和无形成本。

1. 主动风险成本

（1）直接主动风险成本。为预防和控制风险损失，必须采取各种措施，从而造成费用支出，这就是直接主动风险成本。预防和控制风险费用包括：购置用于预防和减损的设备及其维护费、咨询费、安全人员费、训练计划费、施救费、实验费以及为预防和阻止或消灭战争而进行的宣传所支付的费用，为防止环境污染所支付的宣传费用、研究费用等。

（2）间接主动风险成本。它是不包含在直接主动风险成本内的其他预防、控制风险的费用，主要包括：为认识、评估风险而开展的风险信息收集和整理费用，分析、测试、研讨、评估风险而发生的各种费用；为预防和控制风险需要有相应管理人员和工作人员，他们为此而耗费了时间又不能同时从事其他管理活动，这种机会成本也是预防和处理风险损失的成本。

2. 被动风险成本

（1）风险直接损失成本。它是指风险事故造成人身伤亡及善后处理所支出的费用，以及被毁坏的财产的价值，是有形的和实质的损失。

（2）风险间接损失成本。它是指某一风险损失的发生而导致的该财产本身以外的损失成本以及与此相关的其他物和责任等的损失成本。主要包括：①营运收入损失成本，即营业中断损失、连带营业中断损失、成品利润损失、应收账款减少的损失和租金收入的损失；②风险造成的额外费用增加损失，即租赁价值损失的成本、额外费用损失成本和租权利益损失成本；③责任风险的成本，即指因侵权、违反契约等行为而导致他人或财产的损失所应负的法律责任。责任风险的成本要以法院的判决作为依据。

(3) 风险损失的无形成本。它是指风险的存在对个人以及社会构成的十种潜在的不利影响。风险损失的实际成本是直接的、明显的，而风险损失的无形成本在某种程度上更甚于实际成本。

1) 风险的存在导致人们的忧虑和恐惧。这种忧虑和恐惧的大小取决于不确定性的程度、潜在损失的后果、人们处置损失后果的经济力量以及社会中个人与群体对风险的态度等诸多因素。就地震风险而言，地震发生的一瞬间将导致惨重的财产损失和人员伤亡，而且目前对地震的预测能力有限，使人们对地震风险的存在具有非常严重的忧虑和恐惧感。在某些特殊情况下，由忧虑和恐惧造成的间接的经济损失甚至可以超过地震本身造成的直接经济损失。

2) 风险的存在影响社会资源的最佳配置。从宏观上考察，风险的存在某种程度上限制或阻碍着社会资源（如土地、自然资源、劳动资源、资金、技术和知识等）的最佳配置。因为风险的存在和风险的发生可能产生损失的后果，使人们乐意将许多社会资源投入风险较低的部门和行业，而不愿意投向风险较大且集中的部门和行业，从而引起社会资源分配上的不平衡。一些部门供过于求，使社会资源未能合理分配和充分利用，造成社会资源使用中的浪费和损失。在某些经济领域，由于风险的高度集中，投资者望而生畏，但这些经济活动，如核能利用、煤矿开采等，对社会的作用又非常大，因而政府不得不采取有关法律和经济方面的措施加以扶持和提供保障，促使其发展。从微观上讲，风险的这种不确定性的存在，可能使企业或家庭放弃有关计划或限制某些活动。

3) 风险的存在会影响新资本的形成，从而影响社会再生产活动；资金的运动同再生产一样，也是一个不断追加扩大的过程。资金只有在不断运动中，才能充分实现其增值性。对于投资者来说，风险和收益是一对孪生兄弟。风险越大，投资收益也就越大；风险越小，投资收益也就越小。再生产活动中的风险越小，则资金运动的渠道就越畅通，越有利于资金的积累，为下一个再生产活动提供物资保障。相反，如果再生产活动中的风险因素多且影响广，那么资金的积累会受到阻碍，导致生产建设资金不足，从而影响整个社会再生产活动，甚至会影响人们的投资愿望。

就主动风险成本与被动风险成本来讲，尽管被动风险成本与主动风险成本都是经济费用的支出，但由于增加主动风险成本不但可以降低被动风险成本，降低风险损失频率和损失幅度，而且可以在避免经济损失的同时，获得社会效益。因此，在总风险成本确定的条件下，应尽量扩大主动风险成本的支出，尽可能减少被动风险成本费用。

第二章 企业风险应对与管理

对于企业来讲，在风险管理中，首先要识别风险。风险识别是确定何种风险可能会对企业产生影响，最重要的是量化不确定性的程度和每个风险可能造成损失的程度。其次，风险管理要着眼于风险控制，通常采用积极的措施来控制风险，从而降低损失发生的概率，缩小损失程度，达到控制的目的。控制风险的最有效方法就是制定切实可行的应急方案，编制多个备选的方案，最大限度地对企业所面临的风险做好充分的准备。当风险发生后，按照预先的方案实施，可将损失控制在最低限度。再次，风险管理要学会规避风险。在既定目标不变的情况下，改变方案的实施路径，从根本上消除特定的风险因素。

第一节 风险管理的目标、程序与意义

风险管理是通过对风险的识别和衡量，采用合理的经济和技术手段对风险进行处理，以最低的成本获得最大安全保障的一种管理活动。不论是个人还是企业，都会面临各种各样的风险，而且风险涉及范围广、涉及内容多，所面临的风险也会不断发展变化，人们防范风险的意识也不断提高，对付风险的办法日益增多。在风险管理中，还需要对风险管理的目标、管理程序、管理意义等问题有比较清晰的了解和认识，这样才能更加有效地做好风险管理工作。

一、风险管理的目标

1. 风险管理的总目标

风险管理的总目标是：以最小的风险管理成本获得最大的安全保障，实现经济单位价值最大化。这里所说的成本，是指经济单位在风险管理过程中，各项经济资源的投入，其中包括人力、物力和财力，乃至放弃一定的收益机会。至于安全保障，就纯粹风险的管理而言，安全保障包括两个方面：一是风险损失的减少，即对风险的有效控制；二是实际损失能及时、充分并有效地得到补偿。如考虑投机风险的管理，安全保障还要包括投资收益获得的稳定性和可靠性。以最小的成本支出获得最大的安全保障，意味着要坚持成本效益比较的原则。

2. 风险管理的具体目标

风险管理的具体目标，按其定位不同，可以分为最低目标、中间目标和最高目标：其中，最低目标是确保经济单位的生存，中间目标是促进经济单位的发展，最高目标是实现经济单位的社会责任。在此以企业为重点，按照损失前和损失后两个阶段来分析风险管理的具体目标。

（1）损前目标。损前目标是风险事故发生之前，风险管理应达到的目标。具体包括经济目标、安全系数目标、合法性目标和社会公众责任目标。

1）经济目标。风险管理必须经济合理，只有这样，才可以保证其总目标的实现：所谓经济合理，就是尽量减少不必要的费用支出和损失，尽可能降低风险管理计划成本。但是费用的减少会影响安全保障的程度。因此，如何使费用和保障程度达到均衡是实现该目标的关键。

2）安全系数目标。就是将风险控制在可承受的范围内。风险管理者必须使人们意识到风险的存在，而不是隐瞒风险。这样有利于人们提高安全意识，主动配合风险管理计划的实施。与此同时，风险管理者应给予人们足够的安全保障，以减轻企业和员工对潜在损失的烦恼和忧虑。

3）合法性目标。企业并不是独立于社会之外的个体，它受到各种各样法律规章的制约。因此，必须对自己的每一项经营行为、每一份合同都加以合法性的审视，以免不慎涉及官司而蒙受财力、人力、时间或名誉的损失。风险管理者必须密切关注与企业相关的各种法律法规，保证企业经营活动的合法性。

4）社会公众责任目标。一个企业遭受损失时，受损的绝不只是企业本身，还有企业的股东、债权人、客户、消费者或劳动者，以及一切与之相关的人员和经济组织，损失严重时，甚至会使国家和社会蒙受损害。如果企业有完善的风险管理计划，通过控制或转移等方式使损失降低到企业可承受的范围，那无疑是对社会的一种贡献。

（2）损后目标。无论多么完美的风险管理计划，也不能完全消除一个经济单位风险。因此，确定损失发生后的行动目标有其必要性。

1）生存目标。当企业发生了重大损失后，它的首要目标是生存。一个企业要持续存在，通常需要具备四个要素：生产、市场、资金和管理。如果损失事件对其中的某个要素产生了破坏作用，就会导致企业无法生存。所以，企业的风险管理计划应充分考虑损失事件对生存要素的影响程度，将损失后企业的生存放在首要位置。

2）持续经营目标。持续经营是指不因为损失事件的发生而使企业生产经营活动中断。虽然生产经营活动中断并不一定会导致企业破产，但是，企业的竞争者却可能利用这段空档时间抢走企业原有的市场份额，影响其市场地位。因此，企业的风险管理者应尽可能在损失后保证生产经营的持续性。

3）获利能力目标。企业发生损失，管理者很关心的一个问题就是损失事件对企业获利能力的影响。因此，必须把损失控制在一定范围内，使得企业获利水平不会低于预期的最低报酬率。

4）收益稳定目标。收益的稳定性对企业来说是很重要的，因为它可以帮助企业树立正常发展的良好形象，增强投资者的投资信心。风险管理应有益于保持企业的收益稳定。

5）发展目标。企业必须不断地发展，以求获得长期生存。因此，必须建立高质量的风险管理计划，及时有效地处理各种损失结果，使企业在损失发生后能迅速地取得补偿，为企业继续发展创造良好的条件。

6）社会责任目标。企业及时有效地处理风险事故带来的损失，可以减轻对国家经济的影响，保护与企业相关的人员和经济组织的利益，从而有利于企业承担社会责任，树立良好的社会形象。

二、风险管理的程序

风险管理是指如何在一个肯定有风险的环境里把风险降至最低的管理过程。在风险管理当中包括了对风险的识别、风险的衡量、风险的评估和应变策略等。风险管理程序，主要由风险识别、风险衡量、风险处理、风险管理效果评价四个环节组成。

1. 风险识别

风险识别是风险管理的第一步，是系统地、连续地发现企业所面临的风险类别、形成原因及其影响的行为。

风险识别的主要工作：第一，全面分析企业的人员构成、资产分布以及业务活动；第二，分析人、物和业务活动中存在的风险因素，判断发生损失的可能性；第三，分析企业所面临的风险可能造成的损失及其形态，如人身伤亡、财产损失、财务危机、营业中断和民事责任等。此外，需要鉴定风险的性质，以便采取合理有效的风险处理措施。由于风险的可变性，风险识别需要持续地、系统地进行，要密切注意原有风险的变化，及时发现新的风险。

2. 风险衡量

风险衡量是指确定某种特定风险之损失规律的过程。风险衡量是在风险识别的基础上进行的。在这一阶段，风险管理人员通过风险识别阶段所得到的信息，运用一定的方法，进行信息加工和处理，从而得到风险事故发生的可能性及其损失程度这两个重要指标，为风险管理者选择风险处理方法、进行风险管理决策提供依据。

一般情况下，尤其是在日常生产中，风险管理者主要依靠自己的经验和智慧对风险进行衡量，还可以列出风险矩阵进行分析。在数据、信息比较充分的情况下，可以运用概率论和数理统计及其他科学方法进行数量分析，寻找风险的损失规律。

3. 风险处理

风险处理是指对经过风险识别和风险衡量之后的风险采取行动或不采取行动。风险处理是风险管理过程中的一个关键性环节。风险处理方法的选择是一种综合性的科学决策。在决策时，既要针对实际的风险状况，又要考虑经济单位的资源配置状况，还要注意各种风险处理方法的可行性与效用。一般来说，风险处理方法的选择不是一种风险选用一种方法，而是需要将几种方法组合起来加以运用。只有合理组合，才有可能使风险处理做到成本低、效益高，即以最小的成本获得最大的安全保障。

4. 风险管理效果评价

风险管理效果评价是指对风险处理手段的适用性和效益性进行分析、检查、修正和评估。在选定并执行了最佳风险处理手段之后，风险管理者还应对执行效果进行检查和评价，并不断修正和调整计划。因为随着时间的推移，企业所面临的社会经济环境、自身业务活动和条件都会发生变化。

在一定时期内，风险处理方案是否为最佳、其效果如何，需要采用科学的方法加以评估。常用的评估公式为：

$$效益比值=\frac{因采取该项风险处理方案而减少的风险损失}{因采取该风险处理方案所支付的各种费用+机会成本}$$

若效益比值小于1，则该项风险处理方案不可取；若效益比值大于1，则该项风险处理方案可取。使得效益比值达到最大的风险处理方案为最佳方案。

三、风险管理的意义

风险管理的对象是风险。风险管理的基本职能，是对威胁企业生存和发展的风险进行确认和分析，并且以最小的费用支出，使风险的不利影响最小化。事实上，有效的风险管理，对于企业、个人以及整个社会都有十分重要的意义。

1. 风险管理对企业的意义

风险管理对企业的意义主要体现在：

(1) 风险管理有利于维持企业生产经营的稳定。有效的风险管理，可使企业充分了解自己所面临的风险及其性质和严重程度，及时采取措施避免或减少风险损失，或者当风险损失发生时能够得到及时补偿，从而保证企业生存并迅速恢复正常的生产经营活动。

（2）风险管理有利于提高企业的经济效益。一方面通过风险管理，可以降低企业的费用，从而直接增加企业的经济效益；另一方面，有效的风险管理会使企业上下获得安全感，并增强扩展业务的信心，增加领导层经营管理决策的正确性，降低企业现金流量的波动性。

（3）风险管理有利于企业树立良好的社会形象。有效的风险管理有助于创造一个安全稳定的生产经营环境，激发劳动者的积极性和创造性，为企业更好地履行社会责任创造条件，帮助企业树立良好的社会形象。

2. 风险管理对个人与家庭的意义

通过有效的风险管理，可以防范个人与家庭遭受经济损失，使个人与家庭在意外事件之后得以继续保持原有的生活方式和生活水平。一个家庭能否有效地预防家庭成员的死亡或疾病、家庭财产的损坏或丧失、责任诉讼等风险给家庭生活带来的困扰，直接决定了此家庭的成员能否从身心紧张或恐慌中解脱出来。他们所承担的身体上和精神上的压力减少了，就可以在其他活动中更加投入。

3. 风险管理对社会的意义

风险管理对于企业、个人与家庭和其他任何经济单位，都具有提高效益的功效，从而必然使整个社会的经济效益得到保证或增加。同时，风险管理可以使社会资源得到有效利用，使风险处理的社会成本下降，使全社会的经济效益增加。

第二节 风险处理方法

风险处理是指针对不同类型、不同规模、不同概率的风险，采取相应的对策、措施或方法，使风险损失对企业生产经营活动的影响降到最低限度。一般来说，处理风险的方法可以分成两大类，即风险控制型处理方法和风险融资型处理方法，包括风险预防、风险规避、风险分散、风险转嫁、风险抑制和风险补偿等。不同的处理风险的方法各有不同的特点，需要根据具体情况具体分析。

一、风险控制型处理方法

风险控制型处理方法是指在风险识别和风险衡量的基础上，针对企业所存在的风险因素，积极采取控制措施，以消除、减少风险因素或减少风险因素的危险性的风险处理方法。运用风险控制型处理方法时，在风险事故发生前，可以降低事故的发生概率；在事故发生时和发生后，可以将损失降低到最低限度，从而降低风险单位预期损失。因此，风险控制型处理方法的要点是减少损失概率或降低损失程度。

常用的风险控制型处理方法有风险回避、损失控制、风险隔离等。

1. 风险回避

风险回避是指放弃某项具有风险的活动或拒绝承担某种风险以避免风险损失的一种风险处理方法。

风险回避通常有两种方法：一是根本不从事可能产生某种特定风险的任何活动。例如，有人为了避免因飞机坠毁而丧生，从来不乘坐飞机；工厂为了免除爆炸的风险，根本不从事爆竹等危险物品的生产。二是中途放弃可能产生某种特定风险的活动。例如企业计划组织员工进行旅游活动，因临行前获知了台风警报而取消，如此免除了可能导致的责任风险。

如果单纯从处置特定风险的角度来看，风险回避是最彻底的方法，因为其完全避免了该种风险造成损失的可能性。但并非所有风险都可以通过这种方式来处理，其适用性受到很大限制。首先，有些风险是无法避免的。例如死亡风险、地震或暴风等自然灾害以及全球能源危机等。其次，风险的存在往往伴随着收益的可能，避免风险就意味着放弃收益。例如，企业可通过不从事任何营业行为而回避全部财务风险，但在正常情况下，企业不经营也就不可能有收入，这样的因噎废食是不可取的。再次，回避一种风险，可能会产生另一种新的风险。例如，不乘坐飞机可以避免飞机坠毁的风险，但选择其他交通工具又会面临其他交通工具产生的风险，如汽车碰撞或火车出轨等风险。

由此可见，风险回避在很多情况下是不宜使用的，它通常适用的情形包括：损失频率和损失幅度都较大的特定风险；损失频率不高，但损失后果极为严重且无法得到补偿的风险；采用其他风险管理措施的经济成本超过进行该项经济活动的预期收益的风险等。

2. 损失控制

损失控制是指通过降低损失频率或者减少损失程度来控制风险的风险处理方法。一般来讲，在损失发生前尽量降低损失频率的行为称为损失预防，也称防损；努力减轻损失程度称为损失减少，也称减损。例如，对汽车司机加强安全教育和驾驶技能的培训，可以有效地减少车祸发生的频率，是损失预防措施；而快速的紧急救援服务和在车上安装安全气囊，则是减轻车祸所致损失程度的损失减少措施。

损失减少措施按照实施的时间是在事故发生前还是在事故发生后，又可以分为事前措施和事后措施。对于火灾损失控制来说，设置防火墙，限制火灾损失范围是事前减损措施，而安装自动灭火装置，将火灾扑灭在萌芽状态则是事后减损措施。

3. 风险隔离

风险隔离是指把风险单位进行分割或者复制，尽量减少企业对某种特殊资产、设备或个人的依赖性，以此来减少因个别设备或个别人员遭受意外事故而造成的总体上的损失。从具体实现的途径来区分，其主要方法包括分割风险单位和复制风险单位。

（1）分割风险单位。分割风险单位是将现在的资产或活动分散到不同的地点，而不是将它们全部集中在可能毁于一次损失的同一地点。这样万一有一处发生损失，不至于影响其他。“不要把所有的鸡蛋都放在一个篮子里”，实际上就是分割风险最为通俗的解释。

（2）复制风险单位。复制风险单位是指增加风险单位的数量，准备备用的资产或设备，以便在正在使用的资产或设备遭受损失后将其投入使用。例如，企业制作两套会计记录，储存设备的重要部件，配备后备人员等。

风险隔离的两种方法一般都会增加经济单位的费用开支，因此作为处理风险的方法有其局限性。例如，小企业很难承担建造两个相同仓库的费用。实际上，增加风险单位可以降低一次损失的损失程度，但同样可能会增加损失频率。

二、风险融资型处理方法

风险融资型处理方法是指通过事先的财务计划或合同安排来筹措资金，以便对风险事故造成的经济损失进行补偿的风险处理方法。风险控制型处理方法并不能消除风险，而是尽可能减少风险发生后造成的损失。因此为了应对未来的损失，采取一些融资措施，使得损失一旦发生，企业就能迅速地获取所需的资金，为其恢复正常经济活动提供财务基础。与风险控制型措施所关注的事前防范不同，风险融资型处理方法的着眼点是在事前安排好事后的资金融通。

根据资金来源不同，风险融资型处理方法可以分为风险自留和风险转移两类。风险自留的资金来自于企业内部；使用风险转移方法时，其资金来自于企业外部。借助合同安排转嫁风险、购买保险、通过金融衍生工具进行套期保值以及利用其他合约进行融资。

1. 风险自留

风险自留是指面临风险的企业自己承担风险事故所导致损失的一种风险处理方法。它是通过内部资金的融通来弥补损失。风险自留是处理风险的最普通方法。风险自留方法的采用，可能是被动的，也可能是主动的。

被动风险自留是指风险管理者因为主观或客观原因，没有意识到风险的存在，或者对于风险的存在性和严重性认识不足，没有对风险进行处理，或者认识到了风险的存在和严重性，但因为客观条件限制，迟迟没有进行处理，而最终由企业自行承担风险损失。现实生活中，被动的风险自留大量存在。例如，许多企业往往认为意外不会降临到自己头上，而不进行任何保险安排。

主动风险自留是指风险管理者在识别和衡量风险的基础上，对各种风险处理方式进行比较、权衡利弊，最终出于经济效益的考虑而决定将风险留在内部，即由企业自己承担风险损失的全部或部分。主动风险自留的具体措施包括：将损失摊入经营成本、建立意外损失基金、借款用以补偿风险损失、保险中的自负额部分、组建专业的自保公司等。

2. 合同转移

合同转移是将自己面临的损失风险借助协议或合同，将损失的法律责任或财务后果转移给其他个人或组织（非保险公司）承担，具体方法包括出售、租赁、分包和签订免除责任协议等。

（1）出售。这种风险转移措施是通过出售承担风险的财产，将与财产有关的风险转移给购买该项财产的其他企业。例如企业出售其拥有的一幢建筑物，则企业原来面临的该建筑物的火灾风险也就随着出售行为的完成转移给新的所有人。出售有些类似于风险回避行为，但区别在于出售使风险有了新的承担者。需要注意的是，有时出售行为并不能使企业完全摆脱风险，例如家用电器出售给消费者后，并不能免除制造商或销售商的产品责任风险。

（2）租赁。租赁可以使财产所有人部分地转移自己所面临的风险。租赁是指一方把自己的房屋、场地、运输工具、设备或生活用品等出租给另一方使用，并收取租赁费的行为。如果租赁协议中规定：租借人对因过失或失误造成的租赁物的损坏、灭失承担赔偿责任，那么，出租人就将潜在的财产损失风险转移给了租借人。

（3）分包。分包多用于建筑工程中，工程的承包商可以利用分包合同将其认为风险较大的工程转移给其他人。例如，对于一般的建筑工程而言，高空作业的风险较大，承包商可以利用分包合同将这部分工程分包给专业的高空作业工程队，从而将与高空作业相关的人身意外伤害风险和第三者责任风险转移出去。

（4）签订免除责任协议。将带有风险的财产或活动转移出去是一种很好的摆脱风险的方法，但在许多场合中是不现实或不经济的，如医生一般不能因害怕手术失败而拒绝施行手术。因此，签订免除责任协议就是这种情况下的一种解决问题的较好方法。医院在给垂危病人施行手术之前会要求病人家属签字同意，若手术不成功，医生不负责任。在这种免除责任协议中，医生不转移带有风险的活动（动手术），而只转移可能的责任风险。

3. 保险

保险主要是处理纯粹风险的一种重要的风险融资工具。通过签订保险合同，保险人向投保人收取保险费，用集中起来的保险费建立保险基金，用于补偿被保险人因自然灾害或意外事故造成的经济损失，或承担因死亡、伤残、疾病或年老等产生的保险金给付责任。对于企业和个人来说，通过缴纳保险费，可以将自身面临的风险转移给保险公司，即以小额的成本支出，来转嫁大额的不确定性损失。由此看来，保险并没有改变企业或个人所面临的风险，只是通过一个事先的安排，利用保险基金来补偿保险事故发生所导致的经济损失。

4. 通过衍生金融工具进行套期保值

传统的风险管理主要针对纯粹风险，通过保险和风险控制等措施进行。但从 20 世纪末开始，风险管理开始越来越多地涉及金融风险管理，利用期权、期货、远期与互换等金融衍生工具进行套期保值。衍生工具应用在风险管理上，一个最基本的用途就是帮助企业将风险转移到资本市场上，从而扩大了风险转移的范围。

5. 利用其他合约进行融资

利用其他合约进行融资主要包括或有融资计划和信用限额两种。或有融资计划是指企业与金融机构或机构投资者达成的某种安排，即根据事先商定的条件，企业可以向其借款或者发行新股，这些条件依赖于某些特定事件是否发生。例如，某企业有价值 500 万元的生产设备，利用自己的资金最多可以承担 100 万元的损失，该企业对下一年可能发生的超过 100 万元的损失部分进行融资。该企业事先与银行进行了这样一种安排：当该企业生产设备受损超过 100 万元时，可以在下一年任何时间以 8%的利率向银行借入不超过 400 万元的资金。这被称作应急贷款。通常，该企业要为这种安排支付一定的费用。

通常来说，大多数企业与银行之间都会有信用额度安排。根据这种安排，企业可在一定时间（通常为一年）内按照预先协商好的利率和数额借款。信用限额与或有融资计划不同的是，信用额度的使用不需要以某个特定事件发生为条件，只要企业发现贷款是相对有利的，就可以使用这部分信用额度。

第三节 风险管理指引与风险管理准则要点

人类对付风险的实践活动自古至今一刻也没有停止过。随着人类社会的发展进步，在20世纪中叶，风险管理作为一门系统的管理科学被提出，随后形成了全球性的风险管理运动。这是社会生产力和科学技术发展到一定阶段的必然产物，标志着现代风险管理时代的到来。如何应对风险，不同的企业具有不同做法，不论是哪种做法，都是企业自主的选择，无可厚非。需要提示的是：在风险管理过程中，风险识别和风险衡量是基础，而选择合理的风险处理方法并进行科学的决策是关键。

一、《中央企业全面风险管理指引》相关要点

2006年6月6日，国务院国有资产监督管理委员会印发《中央企业全面风险管理指引》(国资发改革［2006］108号)，自印发之日起施行。制定《中央企业全面风险管理指引》的目的，是根据《中华人民共和国公司法》《企业国有资产监督管理暂行条例》等法律法规，指导中央企业开展全面风险管理工作，增强企业竞争力，提高投资回报，促进企业持续、健康、稳定发展。

《中央企业全面风险管理指引》分为10章70条，各章内容为：第一章总则，第二章风险管理初始信息，第三章风险评估，第四章风险管理策略，第五章风险管理解决方案，第六章风险管理的监督与改进，第七章风险管理组织体系，第八章风险管理信息系统，第九章风险管理文化，第十章附则。

1. 总则中的有关要求

在第一章总则中，对相关事项提出了要求。

(1) 中央企业根据自身实际情况贯彻执行本指引。中央企业中的国有独资公司董事会负责督导本指引的实施；国有控股企业由国资委和国资委提名的董事通过股东（大）会和董事会按照法定程序负责督导本指引的实施。

(2) 本指引所称企业风险，指未来的不确定性对企业实现其经营目标的影响。企业风险一般可分为战略风险、财务风险、市场风险、运营风险、法律风险等；也可以能否为企业带来盈利等机会为标志，将风险分为纯粹风险（只有带来损失一种可能性）和机会风险(带来损失和盈利的可能性并存)。

（3）本指引所称全面风险管理，指企业围绕总体经营目标，通过在企业管理的各个环节和经营过程中执行风险管理的基本流程，培育良好的风险管理文化，建立健全全面风险管理体系，包括风险管理策略、风险理财措施、风险管理的组织职能体系、风险管理信息系统和内部控制系统，从而为实现风险管理的总体目标提供合理保证的过程和方法。

（4）本指引所称风险管理基本流程包括以下主要工作：

◆收集风险管理初始信息；

◆进行风险评估；

◆制定风险管理策略；

◆提出和实施风险管理解决方案；

◆风险管理的监督与改进。

（5）本指引所称内部控制系统，指围绕风险管理策略目标，针对企业战略、规划、产品研发、投融资、市场运营、财务、内部审计、法律事务、人力资源、采购、加工制造、销售、物流、质量、安全生产、环境保护等各项业务管理及其重要业务流程，通过执行风险管理基本流程，制定并执行的规章制度、程序和措施。

（6）企业开展全面风险管理要努力实现以下风险管理总体目标：

◆确保将风险控制在与总体目标相适应并可承受的范围内；

◆确保内外部，尤其是企业与股东之间实现真实、可靠的信息沟通，包括编制和提供真实、可靠的财务报告；

◆确保遵守有关法律法规；

◆确保企业有关规章制度和为实现经营目标而采取重大措施的贯彻执行，保障经营管理的有效性，提高经营活动的效率和效果，降低实现经营目标的不确定性；

◆确保企业建立针对各项重大风险发生后的危机处理计划，保护企业不因灾害性风险或人为失误而遭受重大损失。

（7）企业开展全面风险管理工作，应注重防范和控制风险可能给企业造成损失和危害，也应把机会风险视为企业的特殊资源，通过对其管理，为企业创造价值，促进经营目标的实现。

（8）企业应本着从实际出发，务求实效的原则，以对重大风险、重大事件（指重大风险发生后的事实）的管理和重要流程的内部控制为重点，积极开展全面风险管理工作。具备条件的企业应全面推进，尽快建立全面风险管理体系；其他企业应制定开展全面风险管理的总体规划，分步实施，可先选择发展战略、投资收购、财务报告、内部审计、衍生产品交易、法律事务、安全生产、应收账款管理等一项或多项业务开展风险管理工作，建立单项或多项内部控制子系统。通过积累经验，培养人才，逐步建立健全全面风险管理体系。

（9）企业开展全面风险管理工作应与其他管理工作紧密结合，把风险管理的各项要求融入企业管理和业务流程中。具备条件的企业可建立风险管理三道防线，即各有关职能部门和业务单位为第一道防线，风险管理职能部门和董事会下设的风险管理委员会为第二道防线，内部审计部门和董事会下设的审计委员会为第三道防线。

2. 对风险管理初始信息的有关要求

在第二章风险管理初始信息中，对相关事项提出了要求。

（1）实施全面风险管理，企业应广泛、持续不断地收集与本企业风险和风险管理相关的内部、外部初始信息，包括历史数据和未来预测。应把收集初始信息的职责分工落实到各有关职能部门和业务单位。

（2）在战略风险方面，企业应广泛收集国内外企业战略风险失控导致企业蒙受损失的案例，并至少收集与本企业相关的以下重要信息：

◆国内外宏观经济政策以及经济运行情况、本行业状况、国家产业政策；

◆科技进步、技术创新的有关内容；

◆市场对本企业产品或服务的需求；

◆与企业战略合作伙伴的关系，未来寻求战略合作伙伴的可能性；

◆本企业主要客户、供应商及竞争对手的有关情况；

◆与主要竞争对手相比，本企业实力与差距；

◆本企业发展战略和规划、投融资计划、年度经营目标、经营战略，以及编制这些战略、规划、计划、目标的有关依据；

◆本企业对外投融资流程中曾发生或易发生错误的业务流程或环节。

（3）在财务风险方面，企业应广泛收集国内外企业财务风险失控导致危机的案例，并至少收集本企业的以下重要信息（其中有行业平均指标或先进指标的，也应尽可能收集）：

◆负债、或有负债、负债率、偿债能力；

◆现金流、应收账款及其占销售收入的比重、资金周转率；

◆产品存货及其占销售成本的比重、应付账款及其占购货额的比重；

◆制造成本和管理费用、财务费用、营业费用；

◆盈利能力；

◆成本核算、资金结算和现金管理业务中曾发生或易发生错误的业务流程或环节；

◆与本企业相关的行业会计政策、会计估算、与国际会计制度的差异与调节（如退休金、递延税项等）等信息。

（4）在市场风险方面，企业应广泛收集国内外企业忽视市场风险、缺乏应对措施导致企业蒙受损失的案例，并至少收集与本企业相关的以下重要信息：

◆产品或服务的价格及供需变化；

◆能源、原材料、配件等物资供应的充足性、稳定性和价格变化；

◆主要客户、主要供应商的信用情况；

◆税收政策和利率、汇率、股票价格指数的变化；

◆潜在竞争者、竞争者及其主要产品、替代品情况。

（5）在运营风险方面，企业应至少收集与本企业、本行业相关的以下信息：

◆产品结构、新产品研发；

◆新市场开发，市场营销策略，包括产品或服务定价与销售渠道，市场营销环境状况等；

◆企业组织效能、管理现状、企业文化，高、中层管理人员和重要业务流程中专业人员的知识结构、专业经验；

◆期货等衍生产品业务中曾发生或易发生失误的流程和环节；

◆质量、安全、环保、信息安全等管理中曾发生或易发生失误的业务流程或环节；

◆因企业内外部人员的道德风险致使企业遭受损失或业务控制系统失灵；

◆给企业造成损失的自然灾害以及除上述有关情形之外的其他纯粹风险；

◆对现有业务流程和信息系统操作运行情况的监管、运行评价及持续改进能力；

◆企业风险管理的现状和能力。

（6）在法律风险方面，企业应广泛收集国内外企业忽视法律法规风险、缺乏应对措施导致企业蒙受损失的案例，并至少收集与本企业相关的以下信息：

◆国内外与本企业相关的政治、法律环境；

◆影响企业的新法律法规和政策；

◆员工道德操守的遵从性；

◆本企业签订的重大协议和有关贸易合同；

◆本企业发生重大法律纠纷案件的情况；

◆企业和竞争对手的知识产权情况。

（7）企业对收集的初始信息应进行必要的筛选、提炼、对比、分类、组合，以便进行风险评估。

3. 风险评估的有关要求

在第三章风险评估中，对相关事项提出了要求。

（1）企业应对收集的风险管理初始信息和企业各项业务管理及其重要业务流程进行风险评估。风险评估包括风险辨识、风险分析、风险评价三个步骤。

（2）风险评估应由企业组织有关职能部门和业务单位实施，也可聘请有资质、信誉好、风险管理专业能力强的中介机构协助实施。

（3）风险辨识是指查找企业各业务单元、各项重要经营活动及其重要业务流程中有无风险，有哪些风险。风险分析是对辨识出的风险及其特征进行明确的定义描述，分析和描述风险发生可能性的高低、风险发生的条件。风险评价是评估风险对企业实现目标的影响程度、风险的价值等。

（4）进行风险辨识、分析、评价，应将定性与定量方法相结合。定性方法可采用问卷调查、集体讨论、专家咨询、情景分析、政策分析、行业标杆比较、管理层访谈、由专人主持的工作访谈和调查研究等。定量方法可采用统计推论（如集中趋势法）、计算机模拟（如蒙特卡罗分析法）、失效模式与影响分析、事件树分析等。

（5）进行风险定量评估时，应统一制定各风险的度量单位和风险度量模型，并通过测试等方法，确保评估系统的假设前提、参数、数据来源和定量评估程序的合理性和准确性。要根据环境的变化，定期对假设前提和参数进行复核和修改，并将定量评估系统的估算结果与实际效果对比，据此对有关参数进行调整和改进。

（6）风险分析应包括风险之间的关系分析，以便发现各风险之间的自然对冲、风险事件发生的正负相关性等组合效应，从风险策略上对风险进行统一集中管理。

（7）企业在评估多项风险时，应根据对风险发生可能性的高低和对目标的影响程度的评估，绘制风险坐标图，对各项风险进行比较，初步确定对各项风险的管理优先顺序和策略。

（8）企业应对风险管理信息实行动态管理，定期或不定期实施风险辨识、分析、评价，以便对新的风险和原有风险的变化重新评估。

4. 风险管理策略的有关要求

在第四章风险管理策略中，对相关事项提出了要求。

（1）风险管理策略，指企业根据自身条件和外部环境，围绕企业发展战略，确定风险偏好、风险承受度、风险管理有效性标准，选择风险承担、风险规避、风险转移、风险转换、风险对冲、风险补偿、风险控制等适合的风险管理工具的总体策略，并确定风险管理所需人力和财力资源的配置原则。

（2）一般情况下，对战略、财务、运营和法律风险，可采取风险承担、风险规避、风险转换、风险控制等方法。对能够通过保险、期货、对冲等金融手段进行理财的风险，可以采用风险转移、风险对冲、风险补偿等方法。

（3）企业应根据不同业务特点统一确定风险偏好和风险承受度，即企业愿意承担哪些风险，明确风险的最低限度和不能超过的最高限度，并据此确定风险的预警线及相应采取的对策。确定风险偏好和风险承受度，要正确认识和把握风险与收益的平衡，防止和纠正忽视风险，片面追求收益而不讲条件、范围，认为风险越大、收益越高的观念和做法；同时，也要防止单纯为规避风险而放弃发展机遇。

（4）企业应根据风险与收益相平衡的原则以及各风险在风险坐标图上的位置，进一步确定风险管理的优选顺序，明确风险管理成本的资金预算和控制风险的组织体系、人力资源、应对措施等总体安排。

（5）企业应定期总结和分析已制定的风险管理策略的有效性和合理性，结合实际不断修订和完善。其中，应重点检查依据风险偏好、风险承受度和风险控制预警线实施的结果是否有效，并提出定性或定量的有效性标准。

5. 风险管理解决方案的有关要求

在第五章风险管理解决方案中，对相关事项提出了要求。

（1）企业应根据风险管理策略，针对各类风险或每一项重大风险制定风险管理解决方案。方案一般应包括风险解决的具体目标，所需的组织领导，所涉及的管理及业务流程，所需的条件、手段等资源，风险事件发生前、中、后所采取的具体应对措施以及风险管理工具（如关键风险指标管理、损失事件管理等）。

（2）企业制定风险管理解决的外包方案，应注重成本与收益的平衡、外包工作的质量、自身商业秘密的保护以及防止自身对风险解决外包产生依赖性风险等，并制定相应的预防和控制措施。

（3）企业制定风险解决的内控方案，应满足合规的要求，坚持经营战略与风险策略一致、风险控制与运营效率及效果相平衡的原则，针对重大风险所涉及的各管理及业务流程，制定涵盖各个环节的全流程控制措施；对其他风险所涉及的业务流程，要把关键环节作为控制点，采取相应的控制措施。

（4）企业制定内控措施，一般至少包括以下内容。

◆建立内控岗位授权制度。对内控所涉及的各岗位明确规定授权的对象、条件、范围和额度等，任何组织和个人不得超越授权做出风险性决定。

◆建立内控报告制度。明确规定报告人与接受报告人，报告的时间、内容、频率、传递路线、负责处理报告的部门和人员等。

◆建立内控批准制度。对内控所涉及的重要事项，明确规定批准的程序、条件、范围和额度、必备文件以及有权批准的部门和人员及其相应责任。

◆建立内控责任制度。按照权利、义务和责任相统一的原则，明确规定各有关部门和业务单位、岗位、人员应负的责任和奖惩制度。

◆建立内控审计检查制度。结合内控的有关要求、方法、标准与流程，明确规定审计检查的对象、内容、方式和负责审计检查的部门等。

◆建立内控考核评价制度。具备条件的企业应把各业务单位风险管理执行情况与绩效薪酬挂钩。

◆建立重大风险预警制度。对重大风险进行持续不断的监测，及时发布预警信息，制定应急预案，并根据情况变化调整控制措施。

◆建立健全以总法律顾问制度为核心的企业法律顾问制度。大力加强企业法律风险防范机制建设，形成由企业决策层主导、企业总法律顾问牵头、企业法律顾问提供业务保障、全体员工共同参与的法律风险责任体系。完善企业重大法律纠纷案件的备案管理制度。

◆建立重要岗位权力制衡制度，明确规定不相容职责的分离。主要包括：授权批准、业务经办、会计记录、财产保管和稽核检查等职责。对内控所涉及的重要岗位可设置一岗双人、双职、双责，相互制约；明确该岗位的上级部门或人员对其应采取的监督措施和应负的监督责任；将该岗位作为内部审计的重点等。

（5）企业应当按照各有关部门和业务单位的职责分工，认真组织实施风险管理解决方案，确保各项措施落实到位。

6. 风险管理的监督与改进有关要求

在第六章风险管理的监督与改进中，对相关事项提出要求。

（1）企业应以重大风险、重大事件和重大决策、重要管理及业务流程为重点，对风险管理初始信息、风险评估、风险管理策略、关键控制活动及风险管理解决方案的实施情况进行监督，采用压力测试、返回测试、穿行测试以及风险控制自我评估等方法对风险管理的有效性进行检验，根据变化情况和存在的缺陷及时加以改进。

（2）企业应建立贯穿于整个风险管理基本流程，连接各上下级、各部门和业务单位的风险管理信息沟通渠道，确保信息沟通的及时、准确、完整，为风险管理监督与改进奠定基础。

（3）企业各有关部门和业务单位应定期对风险管理工作进行自查和检验，及时发现缺陷并改进，其检查、检验报告应及时报送企业风险管理职能部门。

（4）企业风险管理职能部门应定期对各部门和业务单位风险管理工作实施情况和有效性进行检查和检验，要根据本指引的相关要求对风险管理策略进行评估，对跨部门和业务单位的风险管理解决方案进行评价，提出调整或改进建议，出具评价和建议报告，及时报送企业总经理或其委托分管风险管理工作的高级管理人员。

（5）企业内部审计部门对包括风险管理职能部门在内的各有关部门和业务单位能否按照有关规定开展风险管理工作及其工作效果进行监督评价，每年至少进行一次，监督评价报告应直接报送董事会或董事会下设的风险管理委员会和审计委员会。此项工作也可结合年度审计、任期审计或专项审计工作一并开展。

（6）企业可聘请有资质、信誉好、风险管理专业能力强的中介机构对企业全面风险管理工作进行评价，出具风险管理评估和建议专项报告。报告一般在实施情况、存在缺陷和改进建议上应包括以下几个方面：

◆风险管理基本流程与风险管理策略；

◆企业重大风险、重大事件和重要管理及业务流程的风险管理及内部控制系统的建设；

◆风险管理组织体系与信息系统；

◆全面风险管理总体目标。

7. 对风险管理组织体系的有关要求

在第七章风险管理组织体系中，对相关事项提出了要求。

（1）企业应建立健全风险管理组织体系，主要包括规范的公司法人治理结构，风险管理职能部门、内部审计部门和法律事务部门以及其他有关职能部门、业务单位的组织领导机构及其职责。

（2）企业应建立健全规范的公司法人治理结构，股东（大）会（对于国有独资公司或国有独资企业，即指国资委，下同）、董事会、监事会、经理层依法履行职责，形成高效运转、有效制衡的监督约束机制。

（3）国有独资公司和国有控股公司应建立外部董事、独立董事制度，外部董事、独立董事人数应超过董事会全部成员的半数，以保证董事会能够在重大决策、重大风险管理等方面做出独立于经理层的判断和选择。

（4）董事会就全面风险管理工作的有效性对股东（大）会负责。董事会在全面风险管理方面主要履行以下职责：

◆审议并向股东（大）会提交企业全面风险管理年度工作报告；

◆确定企业风险管理总体目标、风险偏好、风险承受度，批准风险管理策略和重大风险管理解决方案；

◆了解和掌握企业面临的各项重大风险及其风险管理现状，做出有效控制风险的决策；

◆批准重大决策、重大风险、重大事件和重要业务流程的判断标准或判断机制；

◆批准重大决策的风险评估报告；

◆批准内部审计部门提交的风险管理监督评价审计报告；

◆批准风险管理组织机构设置及其职责方案；

◆批准风险管理措施，纠正和处理任何组织或个人超越风险管理制度做出的风险性决定的行为；

◆督导企业风险管理文化的培育；

◆全面风险管理其他重大事项。

（5）具备条件的企业，董事会可下设风险管理委员会。该委员会的召集人应由不兼任总经理的董事长担任；董事长兼任总经理的，召集人应由外部董事或独立董事担任。该委员会成员中要有熟悉企业重要管理及业务流程的董事，以及具备风险管理监管知识或经验、具有一定法律知识的董事。

（6）风险管理委员会对董事会负责，主要履行以下职责：

◆提交全面风险管理年度报告；

◆审议风险管理策略和重大风险管理解决方案；

◆审议重大决策、重大风险、重大事件和重要业务流程的判断标准或判断机制，以及重大决策的风险评估报告；

◆审议内部审计部门提交的风险管理监督评价审计综合报告；

◆审议风险管理组织机构设置及其职责方案；

◆办理董事会授权的有关全面风险管理的其他事项。

（7）企业总经理对全面风险管理工作的有效性向董事会负责。总经理或总经理委托的高级管理人员，负责主持全面风险管理的日常工作，负责组织拟订企业风险管理组织机构设置及其职责方案。

（8）企业应设立专职部门或确定相关职能部门履行全面风险管理的职责。该部门对总经理或其委托的高级管理人员负责，主要履行以下职责：

◆研究提出全面风险管理工作报告；

◆研究提出跨职能部门的重大决策、重大风险、重大事件和重要业务流程的判断标准或判断机制；

◆研究提出跨职能部门的重大决策风险评估报告；

◆研究提出风险管理策略和跨职能部门的重大风险管理解决方案，并负责该方案的组织实施和对该风险的日常监控；

◆负责对全面风险管理有效性评估，研究提出全面风险管理的改进方案；

◆负责组织建立风险管理信息系统；

◆负责组织协调全面风险管理日常工作；

◆负责指导、监督有关职能部门、各业务单位以及全资、控股子企业开展全面风险管理工作；

◆办理风险管理其他有关工作。

（9）企业应在董事会下设立审计委员会，企业内部审计部门对审计委员会负责。审计委员会和内部审计部门的职责应符合《中央企业内部审计管理暂行办法》（国资委令第8号）的有关规定。内部审计部门在风险管理方面，主要负责研究提出全面风险管理监督评价体系，制定监督评价相关制度，开展监督与评价，出具监督评价审计报告。

（10）企业其他职能部门及各业务单位在全面风险管理工作中，应接受风险管理职能部门和内部审计部门的组织、协调、指导和监督，主要履行以下职责：

◆执行风险管理基本流程；

◆研究提出本职能部门或业务单位重大决策、重大风险、重大事件和重要业务流程的判断标准或判断机制；

◆研究提出本职能部门或业务单位的重大决策风险评估报告；

◆做好本职能部门或业务单位建立风险管理信息系统的工作；

◆做好培育风险管理文化的有关工作；

◆建立健全本职能部门或业务单位的风险管理内部控制子系统；

◆办理风险管理其他有关工作。

（11）企业应通过法定程序，指导和监督其全资、控股子企业建立与企业相适应或符合全资、控股子企业自身特点、能有效发挥作用的风险管理组织体系。

8. 风险管理信息系统的有关要求

在第八章风险管理信息系统中，对相关事项提出了要求。

（1）企业应将信息技术应用于风险管理的各项工作，建立涵盖风险管理基本流程和内部控制系统各环节的风险管理信息系统，包括信息的采集、存储、加工、分析、测试、传递、报告、披露等。

（2）企业应采取措施确保向风险管理信息系统输入的业务数据和风险量化值的一致性、准确性、及时性、可用性和完整性。对输入信息系统的数据，未经批准，不得更改。

（3）风险管理信息系统应能够进行对各种风险的计量和定量分析、定量测试；能够实时反映风险矩阵和排序频谱、重大风险和重要业务流程的监控状态；能够对超过风险预警上限的重大风险实施信息报警；能够满足风险管理内部信息报告制度和企业对外信息披露管理制度的要求。

（4）风险管理信息系统应实现信息在各职能部门、业务单位之间的集成与共享，既能满足单项业务风险管理的要求，也能满足企业整体和跨职能部门、业务单位的风险管理综合要求。

（5）企业应确保风险管理信息系统的稳定运行和安全，并根据实际需要不断进行改进、完善或更新。

（6）已建立或基本建立企业管理信息系统的企业，应补充、调整、更新已有的管理流程和管理程序，建立完善的风险管理信息系统；尚未建立企业管理信息系统的，应将风险管理与企业各项管理业务流程、管理软件统一规划、统一设计、统一实施、同步运行。

9. 对风险管理文化的有关要求

在第九章风险管理文化中，对相关事项提出要求。

（1）企业应注重建立具有风险意识的企业文化，促进企业风险管理水平、员工风险管理素质的提升，保障企业风险管理目标的实现。

（2）风险管理文化建设应融入企业文化建设全过程。大力培育和塑造良好的风险管理文化，树立正确的风险管理理念，增强员工风险管理意识，将风险管理意识转化为员工的共同认识和自觉行动，促进企业建立系统、规范、高效的风险管理机制。

（3）企业应在内部各个层面营造风险管理文化氛围。董事会应高度重视风险管理文化的培育，总经理负责培育风险管理文化的日常工作。董事和高级管理人员应在培育风险管理文化中起表率作用。重要管理及业务流程和风险控制点的管理人员和业务操作人员应成为培育风险管理文化的骨干。

（4）企业应大力加强员工法律素质教育，制定员工道德诚信准则，形成人人讲道德诚信、合法合规经营的风险管理文化。对于不遵守国家法律法规和企业规章制度、弄虚作假、徇私舞弊等违法及违反道德诚信准则的行为，企业应严肃查处。

（5）企业全体员工尤其是各级管理人员和业务操作人员应通过多种形式，努力传播企业风险管理文化，牢固树立风险无处不在、风险无时不在、严格防控纯粹风险、审慎处置机会风险、岗位风险管理责任重大等意识和理念。

（6）风险管理文化建设应与薪酬制度和人事制度相结合，有利于增强各级管理人员特别是高级管理人员风险意识，防止盲目扩张、片面追求业绩、忽视风险等行为的发生。

（7）企业应建立重要管理及业务流程、风险控制点的管理人员和业务操作人员岗前风险管理培训制度。采取多种途径和形式，加强对风险管理理念、知识、流程、管控核心内容的培训，培养风险管理人才，培育风险管理文化。

二、《101条风险管理准则》相关要点

风险和保险管理协会成立于1950年，是代表3 500多个工业、服务行业、非营利性机构、慈善机构和政府机构的全球性非营利组织。风险和保险管理协会将网络、专业发展和教育机会带给1万多个风险管理专业人士会员，遍及120多个国家和地区。1983年，该协会在组织召开年会时，通过《101条风险管理准则》，作为应对风险的一种普遍性措施。

1. 一般准则

（1）一个组织的风险管理规划方案必须配合企业的整体目标，且应随着目标的改变而改变。

（2）假如您要安稳地经营（亦即免除相当程度的经济萧条、破产或产品市场转换的冲击），您的风险管理方案最好能够更具冒险性及成本最低性。

(3) 不要冒自己所不能够承担的风险。

(4) 切勿冒因小利而受大害的风险。

(5) 多加考虑损失发生的可能性。

(6) 必须要有明确的风险管理目标且此目标须与企业目标一致。

(7) 风险管理部门属于服务部门，因此该部门对企业利润的回馈应以其执行能力的高低为认定的基础。

(8) 对任何重大的风险仅以控制对策或理财对策处理是不够的，必须将此两类对策做适当比例的搭配方可。

2. 风险辨认衡量准则

(9) 评估财务报表有助于辨认和衡量风险。

(10) 使用流程图分析有助于辨认一个供货商所引发的风险或其他连带营业中断风险。

(11) 如果要能更完整地辨认和评估风险，风险管理人员应亲自访问工厂和有关的操作人员。

(12) 可靠的数据存储库对估计概率和幅度是相当重要的。

(13) 正确和及时的风险信息有助于降低风险。

(14) 风险管理人员应涉及任何新计划的设计规划或任何新购置方案的工作，便于事先能确保不产生风险管理上的问题。

(15) 企业在合并、购买和短期合营事业上应确定已完成环境风险的评估工作。

(16) 选择处理具有危险性的废弃物的厂商时应以该厂商在处理废弃物时所采取的风险控制手段是否良好，他们本身的财务结构是否稳定，或从事此危险工作所引发的责任或损失是否具有良好的保险、保障为主要的考虑依据。

(17) 在重要的风险区域范围内，积极寻求可能涉及的非所愿事件（重要的风险区域范围是对航空和核能科技产品、医疗作业失误、工程设计等工作而言的）。

3. 风险控制准则

(18) 风险控制是一项积极改善风险单位本身性质的工作，它可以使成本做最有效的运用，同时也有助于单位或部门营运成本的控制。

(19) 风险控制首要的（和无可置疑的）理由乃是对人们生命的保护。

(20) 财产保全维护计划是为了保护公司的资产而设计的，并非是为了保全人而设计的。

(21) 对重要工厂和单一供货商应予以留意，也许它们需要超过持有期收益率（HPR）正常要求标准的防护措施。

（22）要把保险经纪人和保险人所提供的风险控制服务，视为自己公司的风险控制规划方案延伸的一部分，不能让他们突然地改变既有服务内容。

（23）质量控制不应视为全部产品责任损失控制方案的替代品。所谓质量控制仅是能确保产品是依据既定的规格制造，不管此一规格是好是坏。

（24）政府机关所制定的相关安全法规或标准，应视为风险控制的最低要求。

（25）复制并分开存储有价值的数据文件，且准备许多计算机处理数据时需要的软硬件。

（26）避免安排许多重要主管同乘一架航空器从事旅游或考察。

4. 风险理财准则

（27）风险管理应重视一次损失的发生，企业能承受的最大损失能力水平或范围下所分开的两个不同风险范围。

◆低于此一范围水平风险——求取保险与非保险对策之适切成本组合。

◆高于此一范围水平风险——尽最大可能转移风险（通常利用保险），此时成本的有效性非决策标准而以存活的机会为决策标准。

（28）较少预算限制的经济个体，只要对所有风险管理方案采取预期收益现值大于预期成本现值的方案即可获益。

（29）当为了有限预算或实际的理由时，经济个体在选取互相冲突的风险管理方案时，经济个体应选择预期收益现值与预期成本现值差额最大的风险管理方案。

（30）公开竞标易引起市场崩溃，应予以避免。

（31）不要单单依赖某一保险人提供保险。

（32）超过一年以上的追溯费率计划反而妨碍弹性程度。

（33）税负减轻的优点仅能视为有利因子——它不是风险理财决策的主要理由。

（34）冒风险意味着在经济上获得机会。

5. 索赔管理准则

（35）对任何重大或潜在的损失，风险经理应立即（24 小时内）获得通知。

（36）对于重大责任损失查勘的适当性和损失准备的正确性应特别注意评估。

（37）特别留意涉及各地工厂部门的财产和责任索赔案件。因为各地工厂部门的人员容易为了减轻责任而隐瞒实情，以致重大索赔无法正确评估。

（38）对于重大的财产和营业中断损失及早要求保险人预付部分赔款。

（39）对于自行承担的车辆实体毁损应尽可能获取多种估价数据。

（40）主动积极运用代位求偿（不管是被保损失的索赔或未保损失的理赔）可降低理赔

成本。

（41）索赔和伤残管理规划中应尽可能使员工恢复原有的工作，即使员工无法胜任原有所有之工作，但可使企业节省花费。

（42）定期审查保险人和自我保险人所设立的损失理赔准备。

（43）最好的索赔就是结束索赔。

6. 员工福利准则

（44）员工福利方案的成本和条款应该时常清楚地与员工沟通。

（45）当设计一项新的福利项目时，要了解清楚的是将福利给付或项目缩减比事后改善福利项目和内容还难。

（46）一个差劲的员工福利计划，会比不设立员工福利计划产生更多人事关系纠纷问题。

（47）员工集资额即使很小也能有助于评估员工福利方案真正被接受并获得支持的普遍程度。

（48）应深切了解在人力市场上与自己公司互相竞争的同业公司员工的福利计划。

（49）福利顾问和经纪人无法有效取代内部专业职员的功能。

（50）员工福利在集体商议制定时，公司的专业人员应积极涉入参与。

（51）政府的立法和管理规定对员工福利具有重大实质影响，故立法通过和执行前，企业公司的意见应让政府单位知道。

7. 退休年金准则

（52）任何退休计划终极成本等于给付支出额加上行政处理费用扣除资金的投资收益。

（53）对于大部分不同的精算成本方法和（或）精算假设也许改变了每年退休成本的偶然不同性，但很少改变终极成本水平。

（54）明确确认公司目标与退休计划方案的关系。

（55）确认退休计划是属长期的责任义务，这种计划涵盖了政治、经济和社会层面。

（56）做任何有关退休债务取舍的决定前，应认清该退休债务的性质和程度范围。

（57）应以书面形式正式建立与退休基金有关的投资目标，此目标应包括投资可能产生的风险范围，投资项目多元化的内容和影响投资绩效的因素。

（58）应以书面的投资目标评估退休基金的投资绩效。

（59）辨认和评估因参加任何同业的合同退休计划所可能产生的不利影响。

8. 国际性风险管理准则

（60）多国籍企业应逐步提升国际性风险管理的责任。

（61）多国籍企业应设立全球性风险和保险管理规划方案，不可完全依赖条款差异保险。

（62）被认可保险与不被认可保险的组合通常提供了最佳的全球性保险计划。

（63）避免使用海外的长期保单。

（64）在执行全球性风险管理方案时，尤须保持警觉。

（65）不要忽视海外工作时，当地对全球性计划方案的反对。

9. 风险管理行政准则

（66）通过一份管理策略说明书建立起不同的权责标准。

（67）编制并普遍分发公司的风险管理手册。

（68）与您的经纪人、保险人和厂商设立实际的、具体的、可完成的年度目标，然后评估其成效和结果。

（69）应证实您所获取所有相关信息的精确性。

（70）仔细阅读每一张保险单。

（71）应尽量保持风险管理方案设计简明。

（72）如果行政工作程序合并具有积极意义，就该合并。

（73）应发展一套记录保存的程序。

（74）公司单位部门间的保费分摊应使人信服。

（75）应以书面建立行政处理程序。

10. 风险管理技巧准则

（76）保单条款中有关记名被保人、通知和注销条款、投保区域的规定等应求取一致。

（77）所有保单中的“通知”条款应被修订成通知特定单位或个人的通知条款。

（78）年度累积式基本保单的期间应与超额保单期间一致。

（79）应取得火灾和锅炉机械保险的联合损失协议条款。

（80）公司的汽车保险方案中应加入“驾驶他车”的保障条款。

（81）应消除共保条款。

（82）应该认识清楚“请求索赔”责任保单和“代被保人赔偿”责任保单的含义和其间的区别。

（83）通过契约而承受的风险不一定须由契约责任保险来承保。

（84）应将员工纳入责任保险的被保人中，采用较为广义弹性的用语以避免并防范怀有恶意的他人。

11. 风险管理沟通准则

（85）沟通上提供的信息或所需的信息均应以明确且客观的用语显示，勿产生歧义。

（86）所有沟通及工作关系应充分尊重并考虑最高负责人意思后才予实施。

（87）沟通应有效地做到上闻下达并避免令管理人员闻讯后感到讶异。

（88）对最高管理阶层人员千万勿用“告诉”字眼，而应用“请问”“建议”“通知”之类字眼。

（89）应以一般商业用语沟通，避免用艰深的保险术语。

（90）对于保险契约或服务契约本身以外的协议或额外的协议（保障或行政事项），应确实获得有关解释说明的书面文件，绝对不可依赖口头上的协议来行事。

（91）对于直接执行风险管理职能的主管应受过风险管理专业教育训练。

（92）风险管理人员应就每一份保险契约中的免责事项及其所显示的保险以外的含义与管理阶层人员沟通。

（93）在竞标中，应向每一位投标人建议第一次标价就是唯一的标价并坚持这一原则。

（94）风险管理人员应经常主动拜访保险人，以便取得市场信息，而不应完全依赖其他的人和事来取得市场信息。

12. 风险管理哲学准则

（95）风险管理人员（或其公司）应避免建立起“购买者”或“市场交易带头者”的名声，此种名声会阻碍公司最佳利益的获取并损害风险管理人员的信赖度。

（96）确定自己的风险偏好的程度并据此调整主观判断。

（97）风险管理方案的规划，常常是管理决策者实际风险偏好程度的显示。

（98）企业中每一个人均要有为公司赢得顾客满意，赚取合理利润的决心。

（99）长期且诚信的关系是绝不会过时的。

（100）诚信正直的心绝不会落伍。

（101）普通常识是风险管理中最重要的要素。

第四节　企业应对和防范安全风险的做法

风险管理的目标是以最小的成本换取最大的安全保障，进而确保企业各项生产活动的稳定、持续和发展，实现企业价值的最大化。风险管理的具体目标，按其定位不同，可以分为最低目标、中间目标、最高目标。其中最低目标是确保企业的生存，中间目标是促进企业的发展，最高目标是实现企业的社会责任。因此，良好的风险管理能够增加企业成功的概率、降低失败的可能。在安全生产管理上，同样可以运用风险管理的原则和方法，根据企业的实际情况，制定安全管理制度，落实安全生产责任制，排查和消除事故隐患，采取积极的措施，实现企业安全生产。在此，介绍一些企业在风险管理和安全管理上的做法，以作为参考。

一、神华集团强化风险预控管理实现安全发展的做法

神华集团是一个以煤为基础、煤电一体化运营的特大型国有企业，共有52处生产矿井、12处在建矿井，分布在陕西、山西、内蒙古等省、自治区，2011年生产原煤达到4亿吨。

近几年来，神华集团立足于走新型工业化道路，始终坚持把安全生产放在重中之重的位置，在煤炭产量实现跨越式发展的同时，安全生产形势持续稳定好转，实现了科学发展、安全发展。52处生产矿井中，大部分建成安全质量标准化矿井，安全生产状况发生了巨大的变化。神华集团之所以取得上述成效，在于能够抓住制约和影响煤矿安全生产的突出矛盾和问题，遵循煤矿安全生产的一般规律，强化风险预控管理，全面推进理念创新、体系构建、产业升级、队伍建设和文化铸魂，不断创新和完善，探索出了一条具有企业特色的安全发展之路。

神华集团强化风险预控管理努力实现安全发展的做法主要如下：

1. 构建风险预控管理体系

在国家安监总局和国家煤矿安监局的指导下，神华集团从2005年开始组织国内许多知名专家，专题研究煤矿安全管理问题。经过6年多的艰苦探索和实践，形成了一套以危险源辨识和风险评估为基础，以风险预控为核心，以不安全行为管控为重点的安全管理方法——风险预控管理体系。

风险预控管理体系就是运用系统的原理，对煤矿各生产系统、各工作岗位中存在的与人、机、环、管相关的不安全因素进行全面辨识、分析评估；对辨识评估后的各种不安全因素，有针对性地制定管控标准和措施，明确管控责任人，进行严格的管理和控制；同时借助信息化的管理手段，建立危险源数据库，使各类危险源始终处于动态受控的状态。

风险预控管理体系由5部分构成：

（1）风险辨识与管理。主要规定了煤矿危险源辨识、风险评估流程和职责、风险控制措施的制定和落实以及危险源监测、预警和消警等要求，其作用是将风险预控的思想和理

念全面贯彻到体系运行的全过程。

(2) 不安全行为控制。主要规定了煤矿各岗位不安全行为的梳理、机理分析和管控纠正的要求，其作用是保障每个岗位能严格执行正确的安全程序和标准，防止人的失误而导致事故和伤害。

(3) 生产系统控制。主要规定了煤矿采、掘、机、运、通等生产活动，特别是防突、防瓦斯、防灭火、防治水等系统的管控要求，其作用是将煤矿安全生产的法律法规以及安全质量标准化的标准全面贯彻到生产各环节，实现动态达标。

(4) 综合要素管理。主要规定了生产系统以外的其他煤矿生产辅助系统安全管理的要求，其作用是实现煤矿安全管理全过程、全方位和全员参与。

(5) 预控保障机制。主要规定了体系运行组织机构及其安全责任制、体系方针和目标、体系文件化以及体系评价等要求，其作用是保障体系能推动起来和运行下去。神华集团风险预控管理体系的5部分构成中，有28个子系统、160个元素、746个条款。

2. 风险预控管理体系的优势和特点

与传统的安全管理方法相比，风险预控管理体系有其突出的优势和鲜明的特点：

(1) 建立了科学的安全管理流程。主要是通过全面辨识各生产系统、各作业环节、各工作岗位存在的不安全因素，明确安全管理的对象；对辨识出来的各种不安全因素进行风险评估，确定其危险程度，进一步明确各个环节安全管理的重点；依据国家法律法规等要求，结合生产实际，有针对性地制定管控标准和措施，明确安全管理的依据和手段；通过落实管控责任部门和责任人，保证管控标准和措施执行到位。这一流程通过体系内部的预控保障机制得以有效运行，保证了隐患排查治理的有效性。

(2) 把安全生产责任落到了实处。风险预控管理体系强调要建立全方位的安全生产责任制度，对体系中的每个管控元素进行细化分解、责任到人，形成“纵向到底、横向到边”的责任体系。在纵向上，明确了集团公司、各子（分）公司、各矿安全管理的责任关系，什么问题，由哪一级负责，由谁负责，非常清晰。在横向上，通过系统危险辨识，明确了各业务部门的安全管理责任，把安全管理责任由安全管理部门一家延伸到所有业务部门，实现了部门业务保安；通过岗位危险源辨识，明确了职工的岗位安全责任，实现了安全管理责任的全员化。

(3) 实现了超前预防管理。风险预控管理体系要求煤矿全面开展危险源辨识和风险评估，制定风险控制标准和严密的保障措施，使煤矿安全管理由传统管理转变为“辨识和评估风险—降低和控制风险—预防和消除事故”的现代科学管理，同时建立信息网络系统，运用系统自动预警等功能，对各类危险源进行跟踪管控，真正实现了关口前移和超前防范，开创了风险预控、主动式管理的全新模式。

(4) 突出了风险控制的重点和考核机制。主要控制两类危险源：一类是以领导干部和业务部门为主体，开展系统重大危险源辨识与评估，并落实整改措施，杜绝重特大事故；第二类是以区队、班组和一线员工为主体，开展岗位危险源的辨识与评估，并制定有针对性的管控措施，力争杜绝事故的发生。同时，对各矿风险预控管理体系执行情况进行严格考核，将考核结果在全集团公司内排序通报，并与全员安全结构工资挂钩，不同岗位的挂钩比例有所区别，矿级领导挂钩比例高达60%。推行安全风险预控管理体系以来，神华集团安全隐患大幅度下降，重大隐患得到了超前控制。

(5) 建立了循环闭合的运行体系。风险预控管理体系严格执行PDCA（计划、执行、检查、处理）循环管理方法，建立了从管理对象、管理职责、管理流程、管理标准、管理措施直至管理目标的一整套自动循环、闭环管理的长效机制。管理体系内部各子系统之间既相互联系，又独立循环，有力促进了闭环管理持续改进机制的形成，使安全质量标准和措施在体系运行过程中得到执行、隐患在体系运行过程中得到消除。据统计，神华集团推行煤矿风险预控管理体系以来，员工“三违”现象减少了80%以上，设备故障率下降了77%。

(6) 简便实用，便于职工掌握。从某一个矿辨识的危险源来看，多达几千条，似乎难以掌握，但具体到某个部门和岗位，仅有几条或十几条，做成一张小卡片带在身上，就可以随时掌握岗位危险因素和作业规范，保证了每个员工更清楚自己该做什么，按什么标准做，切实形成了全员参与安全管理的格局。

神华集团在煤矿推行风险预控管理体系，其可贵之处在于“落实了一个思想，提供了一套方案，解决了一系列问题”，就是把安全第一、预防为主的思想落到了实处，提供了一套系统性的安全管理解决方案，最大限度地解决了因规定不具体而“严不起来”，因操作性不强而“落实不下去”的问题，实现了岗位自主管理和风险超前防范。实践证明，风险预控管理体系是一套全面的、系统的、循序渐进的现代安全管理方法，是一套能够集中解决目前我国煤矿安全管理突出问题的长效机制，是不断提升煤矿安全管理水平的重要抓手。

3. 探索建设现代化矿井的途径

神华集团的快速发展起步于20世纪90年代初期。当时我国煤炭工业的整体水平还相对落后，安全生产水平较低。神华集团以国家实施能源战略西移、重点开发建设神东煤田为契机，确立了高起点、高技术、高质量、高效率、高效益的“五高”建设方针，开始了神华集团的跨越式发展。经过20余年的努力，走出了一条具有集团特色的“系统科学化、生产规模化、技术现代化、服务专业化、管理信息化”的现代化矿井建设之路。

(1) 采用先进科学的矿井设计理念建设新矿井、改造老矿井，最大限度地实现系统优化和集约生产。在新井建设上，充分利用煤层赋存稳定、埋藏浅的优势，优化设计，简化系统，工作面走向延长到 3 000～6 000 米，工作面长度延长到 240～400 米；采用大断面、多通道的巷道布置方式，实现了低阻力通风，有效控制了煤层的自然发火；采用无轨胶轮化运输，减少了辅助运输环节，大幅度提升了运输能力，减轻了工人劳动强度；采用地面箱式移动变电站，从地面通过钻孔直接向井下供电，满足了工作面长距离供电的要求，安全保障能力大幅提高。神东公司先后建设了世界上首个 7 米大采高重型工作面、首个中厚煤层综采自动化工作面和国内第一个千万吨矿井，建成了大柳塔、补连塔等 7 个千万吨矿井群和上湾等 3 个千万吨综采工作面。同时，神华集团将这一先进的设计理念，应用于老矿井的兼并重组和技术改造，全面推行“一井一面”综合机械化开采，矿井生产能力、现代化水平、安全状况都有了很大提升，使老矿井焕发出了新活力。

(2) 大投入引进开发先进的安全生产技术装备，推进生产技术装备的现代化。神华集团神东公司瞄准国内外最新、最先进的技术、装备和工艺，先后投入数百亿资金，从美、英、德、澳、南非等国的 20 多家公司引进生产装备 100 多种、1 300 多台（套）。其中，采煤机功率达到 2 925 千瓦，实现了煤机电气系统的自我调节、机械故障的自动诊断，生产效率得到了极大提升。液压支架用电液控制系统实现了双向自动控制和成组顺序控制，最大工作阻力可达 18 000 千牛，使用这种高强度、大阻力、稳定性好、能够带压移动的支架，有效地预防了顶板事故。顺槽采用长距离胶带运输机，使运输能力达每小时 3 500 吨以上。工作面电气设备采用了高电压、大容量的组合式自动调节控制开关，装备了功能齐全的工况参数监控系统，对设备实现在线监控，使故障判断准确、维修方便，有效地防止了机电事故的发生。同时，神华集团坚持产学研相结合，实现了液压支架、刮板运输机、掘锚机等主要采掘设备的国产化，国产化率已达 80%，提高了我国煤矿装备制造水平。

(3) 着力打造高素质的专业化服务机构，助推煤矿安全发展。为了改变煤矿生产、辅助、后勤等一应俱全，机构庞大、人员众多的局面，神华集团在各子公司强力推行专业化建设，以安全生产为中心，将矿井开拓准备、综采工作面回撤安装、设备管理与维修、物资供应、洗选加工、地质测量、车辆管理、后勤服务等 20 多项业务从煤炭生产核心业务中分离出来，成立了生产服务中心、开拓准备中心、设备维修中心、洗选中心等十大专业化服务单位，不仅有效消除了传统煤矿粗放式管理带来的管理人员多、机构设置多、安全管理难度大等弊端，而且集中了人才、资源等优势，提高了设备、人员工作效率，实现了全公司的减人提效。实施专业化服务后，综采工作面回撤平均用时由 26 天降为 9 天，工作面安装平均用时由 15 天降为 6 天，不仅极大地提高了安装、回撤效率，而且提高了设备利用效率和安全生产水平。

(4) 多系统集成应用安全生产网络管理资源，推进安全管理的信息化和自动化。神华集团积极推进安全生产信息化、数字化、自动化建设，建设了国内先进的综合信息系统，搭建了集团总部、子（分）公司、煤矿三级信息网络平台。充分利用信息化技术，先后实现了煤矿监测监控和综合信息管理系统的网络化，实现了胶带运输和辅助生产系统的自动化，实现了井上下变电所、风机房、水泵房等岗位的自动控制和无人值守；全部生产矿井建立了较为完善的监测监控和人员定位系统，90％以上的生产矿井安装了移动通信系统。除井下移动设备以外，所有固定设备均实现了远程控制、监测和诊断，全部生产过程及设备控制均可以在地面调度室完成，在调度室就可以监控多达上万个点的生产运行状况。特别是自动化综采工作面的实施，实现了工作面的记忆割煤、液压支架与采煤机联动；大运量、大功率、单点多驱动、超长距离胶带运输机的使用，加上 CST 软启动或变频启动、自动顺序开停机、全机分段通信和监控系统等技术的应用，使主运系统便捷、安全、可靠。井下无线移动通信的投入使用，可以随时掌握井下作业人员的工作动态，极大地方便了生产指挥和安全管理。这些信息化、自动化技术的普遍应用，大大减少了井下作业人员数量，简化了作业环节，降低了员工劳动强度，提升了整体安全水平。

4. 打造高素质的员工队伍

在安全生产工作中，人的因素始终是决定性的因素。提高人的素质，不仅可以实现自保，更能实现互保。神华集团正是基于这种认识，从战略的高度更加重视煤矿人才的引进和队伍的教育培训，实现了矿工队伍素质和自保互保能力的持续提高。

（1）着力构建人岗相宜、人尽其才的选人用人机制，充分发掘人力资源的潜能。2000 年以后，面对煤炭市场好转、人才竞争愈加激烈的形势，神华集团及时调整人才引进策略，变招工为招生，大力引进大中专毕业生。人才的大量引进，不仅使公司员工的整体文化素质得到了进一步提升，而且使员工的年龄和专业结构得到了不断优化。公司员工 21 576 人中，大专以上学历人员占 52％，35 岁以下员工占总数的 50％。在选人用人方面，坚持大学毕业生到基层锻炼，从工人做起，从班组长做起；建立了公平的干部选拔任用机制，健全了公开竞聘、“三推三考”制度，即根据任职条件，由员工自我推荐、职工联名推荐、单位推荐，经过书面考试、答辩面试、组织考核来甄选人才，同时根据安全状况实行“一票否决”。2009 年 8 月以来，先后组织了 10 多次管理干部公开竞聘活动，共选拔了 259 名中层以上管理干部充实到公司重要岗位。同时，在干部使用过程中注重轮岗交流，2009 年以来共交流 17 批 337 名中层以上的干部，有效促进了企业文化的融合，促进了公司复合型管理人才的培育。

（2）建设培训中心和实训基地，转变培训方式，进一步提升培训质量和效果。神华集团成立了神华管理学院，在北京建设了集培训、研发、成果推广为一体的培训基地；在神东公司建成了多功能的教育培训中心；在神宁公司建立了银川综合实训基地和灵新矿采掘实训基地等五大培训基地。在教育培训工作中，大力推进“三个转变”：一是在培训内容和项目上，推进由基础性培训向专业化培训转变，进一步提升培训的针对性与超前性。二是在培训的方式和方法上，推进由分散无序的单一培训向系统化、规范化的体系培训转变，建立“教材、课程、课件、实操、师资、考务”六大培训管理系统，进一步提升培训效果。三是在教育培训管理上，推进由单一课堂模式向多元教学模式的转变，充分利用实操基地进行实践教学，极大地促进了员工职业技能水平的提高。2007 年以来，神东公司共开展安全管理、岗位技能等各类集中培训 1058 期，培训员工 11.3 万余人次，实现了全员持证上岗，广大员工基本上能够做到熟系统、懂原理、严操作、会保安。

（3）加强班组建设和班组长的培养，重点提升班组长的安全技能和综合素质。一是深化班组建设。神宁公司推行了“四五六”班组管理新模式（即坚持安全、工作、学习、活动四位一体，创建学习、安全、创新、专业、和谐五型班组，构建班组建设组织、制度保障、现场安全风险管控、教育培训、文化引领、考核评价六大体系）。深入推进“手指口述”和“准军事化”管理。二是加强班组长培养和选拔。始终注重对员工的理论培训和实践锻炼，把优秀员工选拔到班组长的岗位上来。先后对 2 868 个班组的 3 007 名班组长全部进行了公推直选，涌现出了一批安全生产 5 000 天以上的煤矿和安全生产先进区队、优秀班组、全国及行业先进个人。三是打造班前“第一课堂”。把煤矿每天 30 分钟的班前会作为对班组安全教育的最前沿阵地，组织员工进行安全教育学习，使班前会真正成为安全生产的第一道工序、安全教育的第一课堂和安全管理的第一道防线。

（4）为适应公司发展战略需要，着力打造世界一流的高端管理人才。坚持把矿长作为煤矿安全生产的关键性人物，下大力气打造矿长团队。从 2007 年开始，神华集团从“提升安全理念，抓好质量标准化建设，提高矿井现代化程度，消除重大隐患，增强安全生产执行力，培养过硬作风，创造良好安全环境，提高员工安全素质”等方面对做合格矿长提出了要求，制定了选拔及考核标准，有效促进了矿长团队综合素质的不断提升。

二、中海油田服务公司的风险管理做法参考

中海油田服务股份有限公司（COSL）是一家综合性油田服务供应商，在中国近海市场居主导地位，服务涵盖石油天然气勘探、开发及生产的各个阶段。2002 年 11 月 20 日在我国香港联合交易所主板上市。2004 年 3 月 26 日起，公司股份以第一级别美国存托凭证的方式在美国纽约证券交易所进行交易。

1. 中海油田服务公司面对的风险和业绩

中海油田服务公司拥有中国最强大的海上石油服务装备群，其中包括 15 艘钻井船、68 艘各类工作船、5 艘油轮、3 艘化学品船、7 艘地震船等上千套先进的油田技术服务设备。中海油田服务公司的服务区域除中国海上和陆地外，还有南美、北美、中东、东南亚、非

洲沿海和欧洲沿海等。无论在哪里作业，中海油田服务公司员工始终坚持遵守国际惯例的健康、安全、环保标准，提供一流服务。

中海油田服务股份有限公司在风险管理中，采用工作风险分析、员工行为观察卡、安全建议三项安全管理工具，来提高一线作业人员的安全业绩。这三项安全管理工具又被称为“三驾马车”，寓意为公司的安全保驾护航。从2004年“三驾马车”在公司钻井事业部开始试点，到2006年在油田服务公司全面实施，两年多来，在作业量、大型设备及人员增加的情况下，事故率却在以每年10个百分点的速度递减。

在整个海洋石油生产过程中，中海油田服务公司所从事的业务是最重要的环节之一，从物理勘探、钻井，到与海洋石油开采相关的油田化学、油田生产、油田技术及船舶运输等服务业务。在油田勘探、钻井过程中，物探船、钻井平台、工作船、勘察船及液货船等在海上作业，遇到来自环境、恶劣气候（冰区作业、台风期）等多方面的风险，还会有火灾、爆炸、倾覆、井喷类的风险，以及火工品、放射源、危险化学品等方面的风险，在操作过程中稍有疏忽，就极易引发事故。因此，必须全面控制风险，以避免事故发生。中海油田服务公司风险控制中的“三驾马车”，就是通过风险辨别、评估和控制，纠正人的不安全行为和物的不安全状态，表扬员工的安全行为，加上分级检查制度，来实现全面控制风险。而“三驾马车”最大的优点，就是充分地发动群众，使每个人都参与到安全活动和安全管理中去。

2.“三驾马车”之一：工作风险分析

工作风险分析是风险辨别、评估和控制的一种手段或管理工具。由于许多事故都是因工作场所的风险识别不够而造成的，许多工作未采取任何的风险评估措施，工作风险分析是将一项工作分化成连续的若干步骤，所有参与作业人员全员参与、逐个辨识、控制相关风险的一种有效的现场方法。目的就是要努力营造一个不发生事故和伤害的工作环境，消除导致事故发生的不安全行为和危险因素。

工作风险分析的执行包括以下几个步骤：

（1）定义工作任务参数，准确地确定任务所涉及的内容，并考虑是否需要做专项安全评价；明确风险评价人员和工作任务执行人员需要的能力。

（2）工作任务分类，新的工作任务开始前必须进行工作风险分析；以前做过风险评价的工作任务，要对以前的分析或程序进行审查，判断其准确性和有效性；低风险工作任务依然要做工作场所分析。

（3）任何新工作任务都应利用评价工作小组掌握的信息进行风险评价。包括挑选人员、组建工作风险分析小组，做好工作风险分析准备工作，危险辨识，特殊风险评价，识别危险的影响和受影响的人群，确定初始风险的等级，制定控制措施，审查残余风险和做好文件记录。

（4）对于曾经做过风险评价，或现有程序文件涵盖的工作任务，能确保识别出的危险和控制措施依然有效并能确保制定的控制措施适合于当前具体工作、地点及参与人员时，不再重做工作风险分析；当对以前的风险评价或工作程序不放心时，应该重新做工作风险分析。

（5）低风险工作任务，也要充分注意到相关风险，要对变化了的条件保持高度的警惕。

（6）风险评价完成后，还应获得相应级别的许可，方可动工。开工许可的级别取决于原始风险而不是残余风险。

（7）完成风险评价，要在班前会交流评价结果，需解决四项问题：一是让参与工作任务的每个人完全理解完成本工作任务所涉及的所有活动细节，包括他们自己的活动和其他人的活动；辨识出本岗位工作任务每个阶段的潜在危险；已经确定的或将要确定的危险控制消减措施；在各个阶段每个人的行为和责任。二是向参与工作的全部或部分人员提供机会，使他们进一步识别那些可能遗漏的危险及控制措施。三是对是否可以开始工作，全队要达成一致意见。四是让所有参与工作的人员知道，如果条件或人员发生变化，或在实际作业时，原先的假设条件不成立，应该对风险进行重新分析。如果有疑问，应该停止工作。

（8）严格落实控制措施，认真开展工作任务。

（9）任何人都有权利和责任停止工作。

（10）工作任务完成后，应总结经验教训，并纳入该过程。

该公司通过使用工作风险分析，风险管理细化到了每一个具体作业，并落实到具体岗位；员工通过参与工作风险分析的编写、讨论、沟通、遵守及修订等，提高了对日常作业中的风险的控制方法、能力和认识，特别对新上岗的员工是一个良好的培训过程；提供了工作前的安全指南；也为下一步的安全观察做好了准备。

3. “三驾马车”之二：员工行为观察卡

设立员工行为观察卡的目标，是训练员工通过在工作现场对人的安全行为和不安全行为的观察与沟通来尽可能减少事故和伤害。鼓励安全工作行为，使其成为可持续性的良好习惯，及时阻止并纠正不安全行为，以改变员工的认识与行为。由经理、监督、平台骨干层、小组负责人等执行，对责任区的员工进行观察。员工行为观察卡是非惩罚性的，并引入了激励原则。观察的内容包括：个体防护装备、人员的位置、人员的反应、工具和设备、程序与整理。

观察的目的有：①观察者要对员工的安全表现负责；②要设立对员工的最低安全行为标准；③明确安全与其他要素同等重要；④对不安全行为要立即纠正；⑤采取行动防止再发生不安全行为；⑥要让员工了解不安全行为的危害性；⑦管理者的判断力是安全与否的

关键。

实施观察有五个步骤：①决定——要注意员工如何遵守程序；②停止——在较近的地点止步；③观察——员工如何进行工作，并特别注意工作的进行与安全程序前10～30 s会消失的不安全行为；④沟通（行动）——与员工谈论程序，特别注意员工是否了解程序，在谈论过程中不要责备员工；⑤报告——利用安全观察卡来完成报告。

员工行为观察对管理者与员工交谈的方法和内容也做出了详细的要求：①管理者提出问题，并聆听回答。②要采取询问的态度，询问“如果一旦有意外发生，将会发生何种伤害”以及“如何使工作进行得更安全”。③采用激励原则。④双向交流。⑤赞赏员工的安全行为。⑥鼓励员工持续的安全行为。⑦了解员工的想法和安全工作的原因。⑧评估员工对自身角色和责任的了解程度。⑨找出影响员工想法的因素。⑩培养正面与员工交谈工作的习惯，了解工作区各种不同工作所涵盖的各种安全事务。

观察者在填写员工行为观察卡时，除了要描述所观察到的安全行为和不安全行为，鼓励继续安全行为所采取的行动和立刻纠正的行动，还要提出预防再次发生的措施。如钻井塘沽基地2005年2月的员工行为观察卡汇总表中就有这样的记载：“泥浆加料斗上的防滑网被泥浆材料堵死，不能起到应有的防滑作用，提出后泥浆工接受并保证以后及时清理防滑网。”“实习人员在主甲板时未佩戴安全帽，易造成人员伤害。指出后予以改正。”

又如钻井塘沽基地所做的一份员工行为观察统计分析中有如下具体的解决办法。针对跌倒、坠落的解决办法：①加强作业许可管理；②加强高处作业、舷外作业知识及安全带使用的专项培训；③安全监督、高级队长要加强此类高风险作业督察频度、力度；④做好定置管理工作。

员工行为观察卡在平台的很多地方都可以很容易地拿到。员工发现问题可随时填写，每天有专人负责收集。每个班组或每个平台的领导要定期汇总。一线单位的领导班子成员将汇总起来的员工行为观察卡进行分析，开展侧重点不同的整改工作。平台每周、基地每月、事业部每季由主管领导组织评选优秀员工行为观察卡，并对优秀个人和单位进行奖励。钻井事业部通过检查卡查找问题，一年就自检出了5 377个隐患，经过整改，安全状况大大改善。

4.“三驾马车”之三：安全建议

中海油田服务公司为了激励公司员工，有效地实现公司质量健康安全环保管理目标，鼓励员工针对隐患提出整改建议，最大限度地减少事故和隐患，制定了“安全建议奖管理程序”。公司将“安全建议表”放在员工易于拿到的地方，供员工取用。所有员工都可提出安全建议，所提出的安全建议范围不限。对一线员工提出的建议，要求管理层必须给予答复。安全建议每周逐级进行等级评定，按照一般、重要、重大、特别4个等级进行激励。

哪一级评奖就由哪一级主管领导组织，平台由高级队长在周管理例会上发奖，基地由基地经理在月度例会上发奖，事业部由主管副总经理在季度例会上发奖，并逐级由主管领导签发书面奖励决定，张贴在本单位的公告栏中。得奖情况也成为员工和单位绩效考核的依据之一。公司要求让责任人和责任单位组织编纂事故作业单，进行案例分析，取代事故、险情以罚为主的传统做法，并下发给各单位共享教训。

三、北京东方化工厂运用安全人机工程学防范风险的做法

为响应国家保护环境的号召，北京东方化工厂已将原有 2 台燃煤锅炉改为 1 台燃气锅炉，并收到了良好效果。但在技术改造过程中，由于是在原有厂房内进行，空间有限，新设锅炉只能与控制室同在一座厂房内，南北向依次布置。这就导致控制室存在距离现场较近、面积较小、工作环境较差的缺陷。燃气锅炉定岗为 2 人，并且是 24 小时监控，因此为职工创造一个舒适的工作、生活环境是保证生产安全和工作效率所必需的。为此，厂领导充分考虑职工的需要，并遵循安全人机工程学的原理，对控制室进行了整改。

1. 对作业空间进行合理布置

安全人机工程学要求作业空间在保证经济合理的前提下，同时给职工的操作带来舒适和方便。而控制室面积较小（约 20 平方米），须在室内设置仪表操作盘，并摆放办公桌椅，因此针对职工主要进行锅炉本体和仪表监控作业的实际情况，遵循岗位设计原理，采取了以下方案：

（1）仪表盘靠北侧布置，显示器、操作按钮均朝向南侧，保证白天有足够的自然光照射，并节省空间，便于职工操作。

（2）室内设两张标准办公桌，均靠南侧墙壁放置，职工正常状态下面向作业现场（北侧），便于对锅炉运行情况的监视；并且控制室墙壁均采用透明塑化玻璃，职工的正常视野较为宽阔，大大减轻了由于空间狭小所带来的压抑感，保证了职工作业时有较为轻松的心理状态。使用的座椅是非固定的，职工可改变座椅的朝向来调整坐姿，以缓解疲劳，并有利于在锅炉和仪表盘之间进行监视角度的转换。

（3）办公桌之间、办公桌与仪表盘之间均保留有 1 米以上距离，控制室东、西两侧均设置了向外开的屋门。通过以上布局，方便了职工进出作业，加大了职工自主活动空间，并有利于事故状态下的安全疏散。

2. 对仪表盘进行合理改进

仪表盘属于显示器，安全人机工程学要求其显示信息辨认速度快、可靠性高、误差少。

控制室内仪表盘共设有指示仪表近10台，控制按钮近20个。仪表盘在原设计中已充分考虑了警示色、布局、位置等方便职工操作的因素，在实际操作中，还解决了所存在的一些问题。

（1）两台竖直直线型仪表位置偏高，个头较矮的职工在观测时须抬头仰视，读取的数据易产生误差。为此，在仪表盘前设置了一个高为20多厘米的台墩，职工站在上面观测时能保证平视仪表，从而避免了数据误差的产生。

（2）操作按钮数量较多，且形式单一，不易明显区分。为避免误操作，在每一个按钮下方均粘贴了较为醒目的指示标志，标明了受控设备名称，使职工能有效区分相应的操作按钮，提高了操作可靠性。

3. 对作业环境进行全面完善

给职工创造一个舒适、安全的作业环境，对消除作业疲劳、保证身心健康，从而能高效、正确地完成工作任务有着积极意义。为此，对作业环境进行了完善：

（1）控制室内设有空调，并新增设了供暖设施，从而保证了作业时有适宜的温度环境。

（2）控制室采用透明玻璃幕墙，最大限度地利用自然光，同时，屋顶设置了均匀布置的荧光灯用于夜间作业照明。灯光照度较为均匀，有效避免了眩光、频闪等不利于正常作业的因素。

（3）控制室门窗玻璃为双层，能有效降低现场噪声，大大提高工作环境的舒适程度。

（4）室内安装了饮水机、电话等设施，方便职工正常工作。

（5）在控制室附近设有更衣室、浴室，对保护职工健康起到积极作用。

4. 加强工作环境中的安全防护设施

安全防护设施的设置应符合作用明显、操作迅速、合理布置的要求。针对燃气锅炉的安全特点，现场设置了可燃气体检测器和手动报警按钮，对燃气泄漏情况能通过机器、人员及时发现，并能迅速将检测报警信号反馈到控制室仪表盘，从而保证职工能在第一时间对异常情况做出处理；控制室内安装了应急灯具，保证了在异常断电状态下有事故照明，有利于职工进行紧急处理工作，提高了安全性。

通过以上措施，有效地消除了工作中和生产环境中所存在的风险，使工作环境得到全面改善，职工得以安全、高效、舒适地投入到工作中，提高了安全可靠性。

四、珠江轮胎公司强化设备危险点监控防范风险的做法

广州珠江轮胎有限公司成立于1993年，是广州广橡轮胎企业集团有限公司与嘉宏有限

公司合资成立的汽车斜交轮胎生产企业。公司注册资本 4 320 万美元，投资总额 6 000 万美元，中外投资股比为 30∶70。公司位于广东省广州市花都区，占地面积 27 万平方米，现有员工 1 996 人，其中专业技术人员 150 人。公司是中国重点轮胎生产厂家之一，在 1995 年中国工业企业综合评价最优 500 家中列第 256 位（轮胎行业中列第 4 位），在 1996 年广州市工业企业综合实力 50 强中列第 6 位，是全国及广东省、广州市质量效益型先进企业和广东省技术创新优势企业。

广州珠江轮胎公司从 1999 年起，将设备危险点监控应用在企业日常安全生产管理中，有针对性地对设备危险部位监控管理，加强重点部位示警，提高设备安全，消除人的不安全行为，不断巩固和完善管理方式方法，有效控制和减少了设备危险部位事故的发生，既保证了生产的顺利进行，又保证了人员和设备的安全。

1. 轮胎生产设备控制的意义

轮胎在加工生产过程中，使用机械设备类型较多，有炼胶机、压延机、成型机、卷型机、硫化机等，人与机械设备接触频繁，体力劳动强度较大。若设备缺乏必要的防护装置或保护装置不完善，员工对机械某部位具有的不同程度危险性认识不足，那么，事故发生的概率必然很高。根据海因里希的事故理论，只有防止人的不安全行为，消除物的不安全状态，使事故发生的链锁中断，就可预防事故的发生。因此，广州珠江公司把设备危险点监控列入日常安全生产管理之中，使设备安全管理从传统的事故追踪变为事前预防监控，突出危险部位警示，确保设备本质安全和人的行为安全，对避免事故的发生具有积极的实际意义。

2. 设备危险部位及确定

广州珠江公司在轮胎生产设备的管理上，首先明确设备危险点定义，设备危险点是指设备在生产使用过程中，由于某个部位存在的缺陷，操作者在此部位有发生事故伤害可能。为便于对事故伤害的预防，一般都把这类部位定为设备危险点。同时，为了便于管理，对危险点中可能造成的伤害程度进行危险等级划分。危险等级可分为 A、B、C 三级：A 级表示此危险点容易发生重大事故，造成人员伤亡或曾发生重大事故；B 级表示此危险点容易发生重伤事故；C 级表示此危险点可能发生轻伤及其以下事故。

设备危险点的确定，组织有经验的职工、工程技术人员及安全技术人员一道组成评审小组，对生产设备进行全面分析，采用危险性分析和评价，应用实践与经验相结合的办法确定，并根据不同的危险点分等级进行日常的操作人员安全知识教育和设备的安全技术管理。

3. 实施危险点标志警示，完善安全防护措施

在确定设备危险部位以后，要实施对事故伤害的预防，关键还要落实设备安全防护措

施，不同的危险部位应采用不同的防护装置。例如，对生产联动线采用应急停车装置、光电感应急停装置、机械联锁、防护挡板、自动报警视像监控等；对炼胶机、成型机装设联锁急停装置控制对人手伤害；对贴合机安装感应触摸器，控制机械对人手伤害等。针对不同类型设备部位对人身可能造成的伤害，设置不同的防护装置，提高本质安全可靠度，保护员工在发生不安全行为时，能及时防止或控制事态发展。

对危险点设立警示标志，主要提醒人们注意的危险部位及危险等级。危险点标志牌，应采用国家规定色标和标志。引用通俗易懂的警示语，提醒员工注意安全，增强员工对危险部位的警觉，从而提高自我防护能力。危险点标志采用16厘米×8厘米不锈钢牌制作，牌上内容包括部位、名称、危险等级及警示语句等。警示语句可根据操作规程及注意事项，用简单明了的语句来告诫，杜绝不安全行为。如炼胶机，采用“辊间危险，禁过中线”；挤出机入料口，采用“斗内危险，手勿伸进”等文字及标语牌警示，警示牌使用反光油漆填写文字及标识，充分体现警示效果，警示牌安装应统一安装在危险部位醒目的位置上。

4. 建立危险点管理台账

为更好地掌握全公司各车间设备危险点的情况和便于管理，必须建立健全危险点管理台账，台账可分为全公司设备危险点总表及各车间设备危险点明细表（见表2—1）。

表2—1　　危险点明细表

编号	设备名称	危险点位置	级别	所在部门	数量	合计
1	带齿炼胶机	两滚筒间	A	准备车间	4	
1	倒布卷取机	卷取处	B	成型车间	16	
1	贴合机	两滚筒之间	C	成型车间	25	

5. 设备危险点监控的管理方法

在设备危险点的监控管理上，主要采取以下方法：

（1）建立、健全设备危险点管理制度，明确管理责任、岗位责任制和考核细则。包括：①职能部门及车间应建立设备危险点台账，明确危险点管理责任人，层层落实。②车间员工必须熟悉本人所在岗位所负责的设备危险部位和检查内容。③车间每周、班组每天对设备危险点及安全防护装置进行巡检，确保安全防护设施的完好。④车间对班组及车间检查设备危险点防护装置情况应有记录，并每月向上汇报存在的问题及整治情况。⑤职能部门不定期对各车间设备危险点及安全防护装置完好及检查记录进行检查，每月进行1次检查考核。

（2）车间、班组明确责任及检查内容及时限，每个班组的班长是所管辖设备危险点负责人，必须认真落实自检、互检工作，组员是设备使用者，必须认真落实班前、班中、班后检查，发现问题及时反映，及时整改，车间、职能部门按制度要求认真落实好检查和考核，以实现封闭管理。

（3）加强员工的安全意识教育，对涉及危险点操作人员进行专门培训，针对不同设备、不同危险提出控制事故的方法、操作要求及应急预防措施。安全教育可通过班前提醒、班后总结、班组安全活动讨论及事故案例分析等方法，让员工养成自觉执行危险点各项制度及安全操作规程的良好习惯，提高自我防护能力，消除不安全行为。同时，对一些无视规章、规程的违章作业人员，加强帮教，建立帮教台账，监控帮教形式可采用讲授说服法，言传身教法等形式进行，教育期限可定 1 个月为 1 个周期，经车间考查、考核合格后方可解除监控帮教，不断提高员工安全意识。

（4）加强班组考核，通过查设备危险点检查记录，查现场员工安全行为及班组员工安全活动等教育情况，综合进行评分考核，每月定期评出最好、最差班组，排出名次，促进班组安全管理。

（5）职能部门要经常或定期收集并处理车间、班组反馈信息，解决存在问题。对新增设备或工艺改变后的设备，不断完善设备危险部位的管理，发现问题及时研究、改进。

五、北京住总集团实施安全管理模式降低安全风险的做法

北京住总集团公司成立于 1983 年 5 月，目前已经发展成为跨地区、跨行业的大型企业集团，所属 20 多家子公司和 20 多家合资合作企业，集团年开复工能力达 600 余万平方米，年综合营业额近 100 亿元，年实现利润近亿元。

北京住总集团自 2005 年以来，在安全管理上全面创新，推行科学的安全管理模式，有效地提升了全员的安全管理理念，有力地促进了集团及所属各单位安全生产工作的开展，几年来集团的安全生产形势始终保持平稳发展。

北京住总集团实施安全管理模式降低安全风险的做法主要表现在：

1. 坚持以人为本的原则，提出“零”伤亡事故目标

北京住总集团推出“0123”安全管理模式的宗旨是：以人为本，关爱员工，将安全管理工作标准化、规范化、精细化。努力创新企业安全文化，促进企业安全发展。

集团在建筑施工企业中率先提出“零”伤亡事故的安全管理目标，并将这一工作目标融入企业战略和经营工作之中，从集团公司到二级公司、到项目部及各专业分包单位，逐级以《经营责任书》《安全生产责任状》及《安全生产协议书》的形式，将“零”目标逐级落实。

在集团安全管理中，安全生产责任制的落实是实现安全生产的核心内容，在集团各级

安全生产责任制中，从集团公司董事长到一线作业人员都明确了安全职责，然而要真正将责任制落实，就必须将工作的重心落实在“0123”模式中的“1”上，即重点抓好各级单位安全生产的第一责任人。目前集团和所属单位的主要领导和项目部领导都取得了安全生产考核证书，集团和所属单位在全面加强对施工人员的安全教育的同时，更进一步强化了对责任主体人员，即企业管理人员的安全教育。特别是着重培养和加强第一责任人在安全工作中的三个意识的提升，即安全生产工作的政治意识，安全生产工作的法律意识，安全生产工作的经济意识。通过三个意识的增强，推动企业安全工作的开展。

2. 实施“双化建设”，全面规范集团施工安全管理

安全质量标准化、监督保障体系化建设是集团公司抓好安全管理的核心内容。安全质量标准化包含了安全管理的标准化、安全技术装备标准化、安全环境标准化、安全作业标准化等内容，其核心是贯彻落实好安全法规、安全标准与规范，并依此制定和完善企业的规章制度与管理标准。为使广大员工和每一位施工人员能够学习和掌握各类规范标准，集团组织编制印发了三万余套图文并茂的《“0123”安全管理模式建设手册》，从施工管理的各个方面，用标准与图例相结合的方式，深入浅出、一目了然，让员工将安全质量标准化管理相关知识记在脑中，同时使广大员工认识到安全质量标准化建设是对安全管理的质的提升。集团在实施安全质量标准化过程中，还与创建北京市文明安全工地和集团文明工地相结合，做到树先进典型，推先进做法，创优秀工地，全面提升了集团文明施工的管理水平。

在全面开展安全质量标准化的同时，公司还积极探索安全监督保障体系化建设。完善和健全安全体系是实现和落实安全生产责任制的根基所在，也是实现安全质量标准化的重要保障，根据北京市建委的规定，集团和所属企业全部设立安全生产委员会，所有单位全部设立了安全监管部门，使安全管理体系得到了强化与健全，根据目前安全形势和安全发展的需要，集团又推行了工程项目安全经理制度。在重点工程设置项目安全经理岗位，从而努力改变目前普遍存在的安全管理工作责任重、权力小、利益少的不平衡现状。目前集团通过此项制度的实施，已经吸引了一批集团内外的青年优秀人才加入安全管理队伍之中，并在岗位上发挥了至关重要的作用。在推行监督保障体系化过程中，集团和所属企业不断创新安全监管手段，充分运用现代科技手段，采用计算机视频监控系统对施工现场进行实时监控，一方面有效地提高了安全监管效能，另一方面被动或主动地提升了作业人员的安全意识。促进和规范了作业人员的安全行为。近年来集团已经在许多工地采用了这种监控手段，使安全监管手段有了质的提升，并及时完整真实地建立了安全监管图像文档，逐步使安全监管工作更加科学化、现代化。

3. 积极推行“三不伤害”活动，关爱员工保安康

“三不伤害”是住总集团“0123”安全管理模式的着眼点和重要内容，既是对所有员工的基本要求，同时也是对安全管理工作的过程要求，然而要真正做到“三不伤害”，确实要下大力气，使真功夫。正如住总集团总经理提出的要抓好“三基”建设，即抓基层，打基础，练好基本功。

对此集团和所属各单位都全面强化了全员的安全教育和培训工作，严格落实三级安全教育制度，并做到随入场、随教育、随考试。集团公司将《“0123”安全管理模式建设手册》发送到每位农民工的手中。2007年集团按照市建委、市总工会、市安监局建立“农民工夜校”组织农民工安全培训的通知要求，集团已于2007年3月10日在各工地成立了农民工夜校，并统一制定了铜制校牌。集团各工地统一时间、统一挂牌开班，集团领导要求各单位负责人要讲第一课，要讲“大安全”，要将安全意识根植于每一名员工心中，并让每一名员工掌握安全知识与技能，通过不断地深化培训与学习，才能真正保证员工做到安全生产，做到“三不伤害”。

在安全管理工作中根据统计数据显示，企业的伤亡事故80%以上是由于“三违”造成的，因此要做到“三不伤害”就要杜绝“三违”现象的发生，要从每一名员工抓起，从每一位管理者抓起，严格规章制度，严格操作规程，严格安全教育培训，严格安全监管，多方面、全方位地对每一名员工负责，同时教育每名员工要自觉地、认真地对自己负责，对企业负责，对社会负责，只有这样，“三不伤害”这句“言之易，行之难”的预防伤亡事故的行为要求，才能真正得以实现。

六、江西化纤公司做好夏季安全防火工作消除风险的做法

江西化纤化工有限责任公司是一个以化工为主，集化纤和建材为一体的联合性大型国有企业。生产过程中大量使用、储存、运输易燃易爆危险化学物品，如甲醇、乙酸乙烯酯、乙炔、乙醇、液化石油气等。因其生产的危险性，属江西省重点防火安全单位。

夏季高温季节是各类火灾事故和爆炸事故的多发期。该公司的易燃易爆化学物品特性是着火点低、闪点低、化学性能活泼、机械作用敏感。相对来说，易燃易爆物品在冬季、春季、秋季比较稳定，而在夏季，由于光照时间长、气温高，促使易燃易爆物品加速分解、气化、发热、膨胀、聚合，增大了危险性。针对这些生产特点，该公司及时采取了切实有效的措施，加强了夏季防火安全管理，全力遏制各类火灾事故发生，特别是将各重点部位和高危场所的防火安全，设为当前公司各项工作的重中之重。

1. 完善措施，落实责任

在夏季高温来临之前，该公司安全职能部门就召开专题会议，全面布置公司夏季防火安全工作。要求各基层单位加强对本单位夏季防火重点区域的监控工作，特别是对易燃易爆化学物品的生产、使用、储存、经营和运输等高危作业场所和工艺，要求严格落实防火安全责任制。针对化学物品易挥发、易自燃等易引起火灾爆炸事故的特点，该公司及时采取了通风、降温等预防措施。例如：在做好仓库通风降温等措施外，对罐区进行喷淋并在每个槽罐上安装了冷凝器，对每个槽罐与稽罐之间的可燃液体蒸气进行冷却；同时严格控制槽罐的贮存量；对一些特殊的危险化学物品贮存采取特殊的措施，如偶氮仓库和乙醇槽公司专门安装了空调和盐水管，对仓库和槽罐内的温度进行严格控制，并派专人进行管理。针对夏季高温、生产负荷大、用电设备多、电气设备老化等不安全因素，对所有的配电室进行通风降温并安装空调，同时对老化和不符合用电负荷的线路进行改造，减小电气设备负荷等防火防爆措施。在易燃易爆物品装卸作业中，公司主要采取了从操作时间上加以控制的措施。在夏季高温暑期，各单位对属于甲类危险化学物品的易燃易爆物品，收发装卸均选择在早上或傍晚进行，以避开中午前后的高温时间，使物品不受强烈的暴晒。

在日常工作中该公司做到了勤检查，克服了工作中存在的麻痹思想、侥幸心理，各单位领导已将本单位的夏季防火安全工作，作为当前安全工作的头等大事来抓。严格落实各项消防安全管理制度及操作规程，严格杜绝违章操作、违章指挥和违反劳动纪律的“三违”行为发生。对用火、用电的安全管理，做到了严格执行各种审批手续。

2. 加强检查，消除隐患

公司安委会在夏季多次组织有关专家，对公司各重点部位的防火安全工作进行监督检查。各基层单位也积极行动起来，以“周检、日检”为契机，以夏季防火安全为重点，结合本单位的防火特点，组织开展形式多样的夏季防火安全自查工作，此次检查做到全面细致，不留死角。对检查中发现的火灾隐患均及时加以整改，对一些一时无法整改或存在先天性不足的隐患也已采取了有效的防范措施，杜绝火灾事故的发生。进入夏季以来，公司安全职能部门共开展各类防火安全检查 20 余次，检出各类火险隐患 30 余起，下达书面《火险隐患整改通知书》一份。

该公司有机分厂扩产项目是关系公司“十五”规划的重点工程。为确保该工程夏季施工期间的防火安全，公司安全职能部门对扩产工地做到了每日检查制度，并多次会同安全生产监督管理局和建设局等地方部门开展专项检查，有效确保了扩产期间的施工安全。特别是对易燃易爆化学物品生产、使用、经营、运输等防火重点部位的防火安全检查做到“三定”，即定人、定时、定措施，杜绝生产过程中存在的跑、冒、滴、漏现象。加强对高危生产场所电气设备的检查，对超负荷用电，电源线路老化等问题及时加以整改。对各单位的消防设施也进行一次彻底的检查，以保证各类消防设施的完好使用，做到有备无患。严格纠正各种堵塞消防通道和挪用消防设施的现象。在这次检查中发现的问题，安全部门在认真做好记录的同时，还要求检查人员和被检查单位负责人一起在记录上签字，以此作为检查的原始依据，以保证有据可查，真正将“谁主管、谁负责；谁检查、谁负责；谁签字、谁负责”的安全生产责任制落到实处。

3. 加强宣传教育，提高防火安全意识

公司安全部门和基层单位结合夏季单位防火安全工作特点，充分利用广播、内部电视、内部报纸、橱窗、黑板报等宣传工具，采取多种形式大张旗鼓地开展宣传工作。通过全员学习《火灾事故警示录》，剖析公司历年来夏季发生的火警、火灾事故教训，重点宣传消防法律、法规，普及消防安全常识，使广大员工对夏季防火安全的重要性有一个清醒的认识，并通过防火安全宣传教育，加强广大员工的防火安全意识，提高自防自救能力。

通过采取上述措施，有效保证了江西化纤有限责任公司夏季生产的安全、平稳运行。

第三章 企业保险基本知识

保险来自于风险，有风险才会有保险。这是因为，风险具有必然发生的特性和不确定性的特点，为了回避风险造成的损失，于是产生了相应的保险，风险有多大，保险就会有多大。据史料记载，公元前2500年，在西亚两河（底格里斯河和幼发拉底河）流域的古巴比伦王国，国王下令僧侣、法官及村长等对他们所辖境内的居民收取赋金，用以救济遭受火灾及其他天灾的人们。这被公认为是世界上最早的保险。随着社会的发展与进步，保险逐渐成为一个重要的产业，支持社会和经济的平稳发展。

第一节 保险概念与分类

保险是集合同类风险单位以分摊损失的一项经济制度，是一种风险转移机制，也是一种合同行为。它与储蓄、赌博、自保和救济有着本质的差异。应当说，保险的产生与发展有其必然性，是经济社会发展到一定阶段的产物，并随着经济社会的发展而发展。

一、保险相关概念

1. 保险的含义

保险是指投保人根据合同约定，向保险人支付保险费，保险人对于合同约定的可能发生的事故所造成的财产损失承担赔偿保险金责任，或者当被保险人死亡、伤残、疾病或者达到合同约定的年龄、期限时承担给付保险金责任的商业保险行为。

保险人是指与投保人订立保险合同，并承担赔偿或给付保险金责任的人，通常指各类保险公司。投保人是指与保险人订立保险合同，并负有支付保险费义务的人。被保险人是指其财产或者人身受保险合同保障，享有保险金请求权的人，投保人可以为被保险人。受益人则是指在保险合同中由被保险人或投保人指定，在被保险人死亡后有权领取保险金的人，一般见于人身保险合同。如果投保人或被保险人未指定受益人，则他的法定继承人即受益人。

在具体实践中，根据保险合同的不同约定，投保人、被保险人和受益人三者之间往往会出现交叉重合。

对于保险这个概念，可以从几个角度来分析。

（1）保险是一项经济制度。保险是集合同类风险单位以分摊损失的一项经济制度，其手段是集合大量同类风险单位，其作用是分摊损失，其目的是补偿风险事故所造成的损失以确保经济生活的安定。保险制度体现一定的经济关系。在投保人与保险人之间，是一种商品交换关系。当面临某种风险的个人或者企业需要一种经济保障的时候，保险人则能提供这种保障服务，这种保障服务就是一种特殊的商品。在投保人之间，体现的是国民收入的一种再分配关系。一定时期内少数个人或者企业所遭受的风险损失，由参加保险的全体人员或者企业分摊，发挥“千家万户帮一家”的作用，因此，投保人（被保险人）之间也是一种互助共济关系。

（2）保险是一种合同行为。保险合同反映投保人与保险人之间的权利义务关系。保险人的主要权利是向投保人收取保险费，其主要义务是当约定的风险事故（即保险事故或保险事件）发生时向被保险人（或受益人）给付保险金；被保险人（或受益人）的主要权利是当约定的风险事故发生时可以向保险人请求给付保险金，同时投保人必须履行支付保险费义务及合同规定的其他义务。商业保险中，投保人与保险人在法律上地位平等，在平等、自愿的基础上，经过要约和承诺，订立保险合同，确立权利义务关系。

（3）保险是一种风险转移机制。通过这一机制，众多个人或者企业结合在一起，建立保险基金，共同应对不幸事故。面临风险的个人或者企业通过参加保险，将风险转移给保险公司，以财务上确定的小额支出代替经济生活中的不确定性（可能的大额不确定损失）。而保险公司则是借助概率论中的大数定律，将足够多的面临同样风险的经济单位组织起来，按照损失分摊原则，建立保险基金，使整个社会的经济生活得以稳定。

2. 保险的要素

保险要素是指构成保险关系的主要因素。主要有：

（1）特定的风险事故。保险是基于风险的客观存在而产生的，无风险则无保险。就某一具体险种而言，总是为相应的风险所设立的。给付保险金必须以约定的某种风险事故发生为条件。风险事故具有偶然性，这种偶然性着重表现为：风险事故发生与否不确定，发生的时间不确定，发生的结果不确定。

（2）面临相同风险的众多经济单位。这里的经济单位是指面临某种特定风险、需要经济保障的经济主体，如企事业单位、机关团体、个人、家庭等。只有将众多面临同样风险的经济单位集合起来，才能比较准确地预测风险事故，从而降低风险处理的代价。

（3）保险机构。保险机构即专业从事风险保障服务的机构，如保险公司、社会保险部门、互助合作保险组织等。

（4）保险合同。保险活动当事人需要通过订立保险合同，来明确相应的权利和义务。保险合同受法律保护，这就意味着保险活动受到法律的保护。

（5）保险费的合理负担。保险费是投保人将风险转移给保险公司所应支付的代价，因此，这种费用必须与所转移的风险相一致。显然，保险费与保险公司所承担的保险责任限额——保险金额有关。保险金额越高，则保费越高。同时，保险费也与风险事故损失率相对应，因为风险的大小是基于对风险事故损失率的判断。损失率越高，则保费也越高。

（6）保险基金。这是社会后备基金的一种，是实现保险职能的物质基础。保险基金来源于保险费、保险机构的开业资金，以及投资收益等，由保险人用于组织、管理并执行补偿与给付职能。

3. 保险的特征

保险是一种经济保障活动，这种经济保障活动是整个国民经济活动的一个组成部分，同时，保险又体现为一种经济关系，即商品等价交换关系，因而保险经营具有商品的属性。概括地讲，保险具有互助性、经济性、商品性、法律性、科学性的特征。

（1）互助性。保险是基于个体对损失规律把握的困难性和团体对损失规律把握的可能性而建立起来的一种互助机制。有了这种互助机制，可以降低社会后备基金的规模，从而降低全社会的风险管理成本。在这种互助机制下，参加者以利己的动机实现了利他的社会效果，因此，保险是众多互助机制中最容易推广、可持续性最强的一种。

（2）经济性。保险是通过集合风险单位而实现损失分摊的一种经济保障活动。其目的是确保社会经济生活的稳定；其所保障的对象即财产和人身，都直接或间接属于社会再生产中的生产资料和劳动力两大经济要素；其实现保障的手段，大多采取支付货币的形式进行补偿或给付。

（3）商品性。在保险活动中，保险人销售保险产品，投保人购买保险产品，这是一种商品交换活动。这里所交换的是一种风险保障服务。投保人通过支付保险费获得风险保障服务，保险人则通过提供风险保障服务而收取保险费，这就体现了对价交换的一种商品经济关系。

（4）法律性。保险关系的确立，以保险合同为基础，受法律的保护和规范。从这个意义上说，保险是一种合同行为，是双方订立、履行保险合同的过程。另一方面，保险是一个特殊的产业，国家有专门的立法，建立专门的机构，对保险人、保险中介人的行为进行监管。

（5）科学性。保险经营以概率论和数理统计等学科的理论和方法为基础，从产品设计到保险费率厘定，从准备金计提到再保险安排，都以精算科学为依据。

4. 保险与类似制度的比较

保险具有“花小钱办大事”的功能，而且保险合同可以约定未来若干年，乃至终身的利益，同时，保险管理现金十分安全，可以作为长期理财工具。这些特点，与银行储蓄、社会救济、赌博都明显不同。

(1) 保险与储蓄的比较。保险与储蓄都是用现在的剩余为未来做准备，以应付将来的经济需要。在生存保险和生死两全保险中，两者更具相似性，但它们毕竟是不同的。

第一，保险是一种互助行为，需要自力与他力的结合。这种结合，需要以科学合理的计算——精算科学为基础。而储蓄则属于个人行为，无求于他人，且对计算技术要求较低。

第二，保险基金来源于众多经济单位所缴的保险费，不得随意处分，而要由保险条件来决定其用途和用法。储蓄则是单个经济单位所形成的一种准备，可自由使用处分，“存款自愿，取款自由”就是这个意思。

第三，保险事故发生后，不论已经缴付了多少保险费，也不论缴费的时间长短，被保险人（或受益人）都可以获得保险金的给付。储蓄行为可获得本金和利息，但其中的利息除与本金有关外，还与储蓄时间的长短有关系。

(2) 保险与自保的比较。保险与自保都是处理风险的财务型方法，对于风险事故所造成的损失，两者都是以科学方法为基础形成资金准备而应付之。两者的不同点在于：

第一，保险是众多经济单位的共同行为，而自保是个别经济单位的单独行为。前者通过风险转移来实现，而后者仍属风险自留，是风险自留的一种特殊形式，并无风险的转移。

第二，参加保险后，如保险事故发生，被保险人（或受益人）即可获得保险金；而自保基金的积聚需要相当的一段时间，如果在自保基金形成之前发生风险事故，则经济单位不能获得充分的补偿。从这一点上讲，自保与储蓄接近。

第三，保险费的缴付，意味着这笔资金的所有权完全转移给保险公司，如无保险事故发生，投保人不得收回。而自保不同，如果风险事故不发生或损失较少，则剩余的准备资金仍属于该经济单位。

(3) 保险与救济的比较。保险与救济都是对不幸事故损失进行补偿的行为，但两者是不同的。

第一，保险是一种合同行为，要受合同的约束；而救济是一种施舍行为，任何一方都不受约束。

第二，保险是以投保人缴付保险费为前提，双方有着对价交易，保险人承诺承担赔偿责任，被保险人承诺遵守合同条件；而救济则是单方面行为。

第三，保险金的给付有一定的计算方法，且与投保人支付的对价有一定的联系；而救济金的给付与否及金额多少，则完全出于施舍人的心愿，无一定的对价做基础。

(4) 保险与赌博的比较。保险与赌博都具有射幸性（人们通常把主观上具有猜测性和客观上具有不确定性的事项称为机会性事项，参与这类事项的活动如赌博，学理上的名字为射幸，即取决于不确定的偶然性)，都是决定于偶然事件的发生而获得金钱或财物，但两者有着本质的差异。

第一，保险的目的是基于人类互助合作的精神，谋求经济生活的安定；而赌博的目的则是基于人类欺诈贪婪的恶性，侥幸图利。保险为合法行为，而赌博一般为非法行为。

第二，保险以转移风险为动机，利己不损人；而赌博则以损人利己、冒险获利为动机。

第三，通过保险，变不确定为确定，变危险为安全，可谓化险为夷，是风险的转移；而赌博则变确定为不确定，变安全为危险，是风险的制造和增加。

第四，保险基于科学的精算基础，而赌博则完全以偶然性为基础。

二、保险的分类

保险分类是基于研究的需要，通过分类，可以明确保险的外延，清晰地了解保险体系。保险依照经营目的、实施方式、保险标的、风险转移方式进行的分类是最常见的分类方法。

1. 按照经营目的的分类

按照经营目的的不同，保险可分为营利性保险与非营利性保险。商业保险属于营利性保险，社会保险、政策性保险和互助合作保险属于非营利性保险。

（1）商业保险。商业保险是以营利为目的的一种商业行为，多数采用保险机构的形式，但也有以个人形式经营的，例如劳合社中的承保人（劳合社是英国最大的保险组织，本身是个社团，更确切地说是一个保险市场，只向其成员提供交易场所和有关的服务，本身并不承保业务。伦敦劳合社是从劳埃德咖啡馆演变而来的，故又称“劳埃德保险社”）。商业保险机构一般为民资民营，股份制保险公司较为常见。商业保险主要实行自愿保险，在得到授权后也可办理强制保险。通常情况下，若无特殊声明，保险即指商业保险。

（2）社会保险。社会保险是依据国家立法强制实施的一类保险，是社会保障体系的重要组成部分。显然，社会保险是非营利的。社会保险通常有社会养老保险、社会医疗保险、失业保险、工伤保险和生育保险等。社会保险业务一般由政府部门或事业单位直接经办，有时也可委托商业保险机构或其他非营利性保险机构代办。

（3）政策性保险。政策性保险是为国家推行某种政策而配套的一类保险。例如，国家为鼓励出口贸易而开设出口信用保险，国家为支持农业发展而开设农业保险，国家为减轻群众地震灾害的损失而开设地震保险，国家为交通事故妥善处理而开设机动车交通事故责任强制保险等。政策性保险业务可以通过建立专门的机构直接办理，也可以委托商业保险、互助合作保险等机构办理。

（4）互助合作保险。互助合作保险是由民间举办的非营利性保险，这是最古老的保险形式。在各种行业组织、民间团体中存在较多。例如职工互助会、船东互保协会和农产品保险协会等。

2. 按照实施方式分类

按照实施方式分，保险可分为强制保险和自愿保险两大类。

（1）强制保险。强制保险又称法定保险，是国家通过法规条令强制国民必须参加的保险。国家实行强制保险通常有两种情况：一是国家为了实行某项社会政策，如社会保险；二是开展某种保险有益于社会公共利益，如对机动车辆第三者责任实行强制保险，有利于保障交通事故受害者的利益。在实施强制保险的过程中，不同险种的强制程度是不同的。有的强制保险要求国民必须向指定的保险人投保，投保额度一致。但也有一些强制保险只要求国民拥有这种保险，至于向哪一个保险人投保，保险金额多少，则可以自由选择。

（2）自愿保险。自愿保险是投保人根据自己的需求自由决定是否参加保险，保险人也可根据情况决定是否承保，双方都有选择的权利。

3. 按照保险标的分类

按保险标的不同，保险可分为财产保险和人身保险两大类。其中，财产保险是以财产及其有关的利益为保险标的的一类保险，它又可以分为财产损失保险、责任保险和信用保证保险三类；人身保险是以人的寿命或身体为保险标的的一类保险，它又可以分为人寿保险、人身意外伤害保险和健康保险三类。

（1）财产损失保险。财产损失保险是以有形的物质财产为保险标的，对因自然灾害或意外事故所造成的财产损失给予经济补偿的一种保险。它又称普通财产保险，包括单位（企业）的财产保险、家庭财产保险、工程保险、运输工具保险和货物运输保险、农业保险等。

（2）责任保险。责任保险是以被保险人可能的民事损害赔偿责任为保险标的的一种保险。无论是法人还是自然人，在进行业务活动或日常生活中，都有可能因疏忽、过失等行为而导致他人遭受损害，责任保险就是承保这种风险的。风险事故发生时，被保险人依法对他人负有赔偿责任，保险人对此在一定的限额内予以经济补偿。

（3）信用保证保险。信用保证保险是以信用风险为保险标的的一类保险。保险人对信用关系的一方因对方未履行义务或不法行为（如盗窃、诈骗等）而遭受的损失负经济赔偿责任。信用关系的双方（权利方和义务方）都可以投保。权利方作为投保人要求保险人担保义务方履约，称之为信用保险；义务方作为投保人要求保险人为其自己的信用提供担保，称之为保证保险。

（4）人寿保险。人寿保险是以人的寿命为保险标的的人身保险。当被保险人死亡或达到保险合同约定的年龄或期限时，由保险人承担给付保险金的责任。人寿保险是人身保险中发展得最早的一种，主要被用于处理两类人身风险：一是被保险人死得过早，未能完成其社会责任，而使依靠其维持生活的人或者与其合作的人陷于困境；二是被保险人长寿但又无充分的物质准备，而使自己年老时的生活失去依靠。此外，购买人寿保险也可以作为一种投资手段。

(5) 人身意外伤害保险。人身意外伤害保险是指在保险有效期间，因遭遇非本意的、外来的、突然的意外事故，被保险人受到伤害而受伤、残疾或死亡，由保险人承担给付保险金责任的人身保险。现代社会中，人人面临意外伤害风险，但事故发生率较低，因而人身意外伤害保险的费率相对较低。

(6) 健康保险。健康保险是以人的身体为保险标的，当被保险人在保险有效期间因疾病、分娩或遭受意外伤害导致医疗费用支出或经济收入损失时，由保险人承担给付保险金责任的一种人身保险。

4. 按照风险转移方式分类

按照风险转移方式的不同，保险可分为原保险和再保险。

(1) 原保险。原保险是指投保人与保险人之间直接签订保险合同而订立的保险关系，故又称直接保险。它是风险的第一次转移。

(2) 再保险。再保险也叫分保，是指保险人将其承担的保险业务，以承保形式，部分转移给其他保险人。进行再保险，可以分散保险人的风险，有利于其控制损失，稳定经营。再保险是在原保险合同的基础上建立的。在再保险关系中，直接接受保险业务的保险人称为原保险人，也叫再保险分出人；接受分出保险责任的保险人称为再保险接受人，也叫再保险人或分入人。再保险的权利义务关系是由再保险分出人与再保险接受人通过订立再保险合同确立的，再保险合同的存在虽然是以原保险合同的存在为前提，但两者在法律上是各自独立存在的合同，所以再保险的权利义务关系与原保险的权利义务关系，是相互独立的法律关系，不能混淆。

再保险的具体形式可以分为比例再保险和非比例再保险两类。比例再保险是原保险人与再保险人，即分出人与分入人之间订立再保险合同，按照保险金额，约定比例，分担责任。对于约定比例内的保险业务，分出人有义务及时分出，分入人则有义务接受，双方都无选择权。比例再保险，又可以分为成数再保险和溢额再保险。成数再保险是原保险人在双方约定的业务范围内，将每一笔保险业务按固定的再保险比例，分为自留额和再保险额，其保险金额、保险费、赔付保险金的分摊都按同一比例计算，自动生效，不必逐笔通知，办理手续。溢额再保险是由原保险人先确定自己承保的保险限额，即自留额，当保险业务超出其自留额而产生溢额时，就将这个溢额根据再保险合同分给再保险人，再保险人根据双方约定的比例，计算每一笔分入业务的保险金额、保险费以及分摊的赔付保险金数额。

在非比例再保险中，原保险人与再保险人协商议定一个由原保险人赔付保险金的额度，在此额度以内的由原保险人自行赔付，超过该额度的，就须按协议的约定由再保险人承担部分或全部赔付责任。非比例再保险的保险费率由双方当事人议定。

第二节　保险的功能、作用与社会价值

“无风险，无保险”。保险起源于古代的风险损失分摊与民间互助共济，并基于风险的存在而产生，因风险的变化而变化，并随社会经济的发展而逐渐完善和成熟。保险从最初的互助合作，到商业化运作，再到社会保险，这三种保险形态在现代社会中合理分工，成为风险管理的基本工具，构成全社会风险保障体系的核心部分。在现代社会，保险的功能与作用越来越大，已经发展成为一种预防风险的行为。保险对于保障企业和家庭财务的稳定，维护人们的内心安宁，促进企业和个人有效控制风险，促进金融繁荣和金融稳定，推动贸易和商务活动的繁荣和发展，都有着积极的作用。

一、保险的功能

保险功能是指保险制度可以发挥的作用和功效，它是由保险的特性决定的，是保险本质的客观反映。一般认为，现代保险具有经济补偿、资金融通和社会管理三大功能。保险的三大功能之间既相互独立，又相互联系、相互作用，形成了一个统一开放的现代保险功能体系。

1. 保险的经济补偿功能

从保险产生的那一天起，保险就具有分散风险、进行经济补偿的功能。从保险制度运作的基本原理来看，保险作为一种风险转移手段，主要是运用风险汇聚机制，集合投保人并收取保费建立保险基金，向少数发生保险事故的被保险人进行经济补偿或给付，从而实现风险在投保人之间的分散。可以说，经济补偿是保险的基本功能。

（1）分散风险。从本质来说，保险是一种分散风险、分摊损失的机制。这种分散风险的机制是建立在灾害事故发生的偶然性和必然性这一对立统一的矛盾基础之上的。对个别投保人来说，灾害事故的发生是偶然和不确定的；但对于由大量个体组成的投保人全体来说，灾害事故的发生就有着必然性，损失的概率分布也就成了可以确定的。保险机制之所以能够存在，就是因为投保人愿意以支付小额的、确定的保险费，来换取未来的、不确定的大额损失补偿；而保险公司通过向众多投保人收取保险费，所形成的保险基金也足以补偿一小部分投保人由于灾害事故而遭受的损失。这些遭到损失的一小部分投保人，因为加入保险集合而获得了补偿，从而把自身的损失风险分散到了所有投保人身上，最终实现了损失共担。

(2) 赔偿与给付。根据保险合同，投保人有义务按合同约定缴纳保费，而保险人也有义务在特定风险损害发生时，在保险合同约定的责任范围内，按照合同约定的数额或计算方法对投保人（或受益人）给予赔付，从而使得保险具备了经济补偿功能。

在财产保险和责任保险的场合，一般是由保险公司根据实际损失的情况进行赔偿。这种赔偿是根据标的物的实际价值、损失程度以及被保险人对其拥有的保险利益等因素而确定的，其目的是使社会财富因为灾害事故导致的实际损失在使用价值上得以恢复，从而使社会再生产过程得以迅速恢复和延续。

而在人身保险的场合，一般是由保险公司根据合同约定的数额进行给付。这是因为人身保险的标的物——人的身体和生命的价值是很难用货币来衡量的，并且很多人身保险具有较强的储蓄性质，无论是在理论上还是在实践上，都不能说保险人在被保险人发生责任范围内的事故时所支付的保险金可以完全地弥补其受益人所承受的打击和损失，也就是说，人身保险金不具有充分的“补偿性”，所以一般被称为“给付”。

2. 保险的资金融通功能

保险具有“事前收费，事后补偿”的特点，因而使保费收入和保额赔付给付经常在时间上不一致，从而使保险这种经济活动具有显著的聚集社会资金的能力。作为金融体系中的重要组成部分，保险业承载和发挥了资金融通的功能。

保险的资金融通功能主要体现在：一方面，通过承保业务获取并分流部分社会储蓄，另一方面，通过投资将积累的保险资金运用出去，满足未来的支付需要。保险体系（特别是寿险）吸收的资金大部分是长期资金，这是其区别于银行储蓄资金的主要特点。随着保险业的壮大，西方发达国家中许多商业保险公司作为“契约型储蓄机构”，发挥其资金来源稳定、期限长、规模大的优势，通过持股和相互参股等方式，成为资本市场上重要的机构投资者和稳定力量。近年来，我国保险业快速发展，资金融通的功能也逐步显现。

保险的资金融通功能，是实现其经济补偿功能的重要保证。例如，在人寿保险和储蓄性保险，特别是在长期人寿保险中，保险人在收取保险费时，都必须考虑保险资金的预期投资收益，预期投资收益率越高，保险人确定的保险费率就越低，其产品也就更有竞争力；而相应地，只有将那些处于“待命”状态的保险资金积极、稳妥、有效地运用好，实现预期的投资收益，才能保证保险人的预期赔付额，保证保险补偿功能的实现。保险的资金融通以实现保险赔付给付为基本目的，这是保险资金在进行投资时不同于其他以追求收益为目的的投资基金的地方。因此，保险资金的投资组合必须服从于保险赔付在风险承担能力方面的要求，以安全性、盈利性、流动性为原则，以能够满足保险赔付给付为首要目标。

保险的资金融通功能，使保险业参与到社会资金的整体循环过程中，在对各种风险进行合理控制的基础上实现保险资金的保值增值，同时为社会经济的繁荣发展做出贡献。

3. 保险的社会管理功能

保险所具有社会管理功能，主要体现在以下几个方面：

(1) 社会风险管理。保险公司不仅具有识别、衡量和分析风险的专业知识，可以在国家应对公共突发事件应急处理机制中发挥作用，而且保险业积累了大量风险损失资料，可以为全社会风险管理提供有力的数据支持。同时，保险公司能够积极配合有关部门做好防灾防损并通过采取差别费率等措施，鼓励投保人和被保险人主动做好各项防损减损工作，实现对风险的控制和管理。

(2) 社会关系管理。通过发展各种责任保险，保险可以有效调节雇主与雇员的关系、病人与医院医生的关系、学生与学校的关系等。通过介入灾害处理的全过程，参与社会关系管理之中，保险可以改变社会主体的行为模式，为维护政府、企业和个人之间正常、有序的社会关系创造有利条件，减少社会摩擦，起到社会润滑剂的作用，提高社会运行的效率。

(3) 社会信用管理。保险公司经营的产品实际上是一种以信用为基础、以法律为保障的承诺，在培养和增强社会的诚信意识方面具有潜移默化的作用。保险在经营过程中可以收集企业和个人的履约行为记录，为社会信用体系的建立和管理提供重要的信息资料来源，实现社会信用资源的共享。

(4) 社会保障管理。商业保险是社会保障体系的重要组成部分，在完善社会保障体系方面发挥着重要作用。商业保险可以为城镇职工、个体工商户、农民和机关事业单位等没有参与社会基本保险制度的劳动者提供保险保障，有利于扩大社会保障的覆盖面。同时，商业保险具有产品灵活多样、选择范围广等特点，可以为社会提供多层次的保障服务，提高社会保障的水平，减轻政府在社会保障方面的压力。

保险社会管理功能的理论创新意义重大，为保险业全面服务国民经济和社会发展提供了理论依据，大大拓展了保险业的市场空间，提高了保险业的社会地位。

二、保险的作用

保险的作用是保险的功能在特定历史和社会条件下的反映，体现为对企业、家庭以及对整个社会、经济的影响。保险的作用主要是提供保障，人们无论何时何地、因任何事故所造成的损害，都可以避免让自己及家人陷入绝境，且无须担心本身收入能力降低或丧失谋生能力。除此之外，保险还不断衍生出其他作用。

1. 保险的微观作用

保险的微观作用主要是指对于个人、家庭、企业以及其他社会组织所起的作用。

（1）保障企业和家庭的财务稳定，维护人们的内心安宁。几乎没有企业、个人或家庭能够利用其自身的财力去承担所有的损失风险，他们往往必须将很多潜在的损失风险通过购买保险的方式转移出去，从而降低企业破产的可能性，避免家庭生活水平的大幅降低，保持生产生活的稳定。此外，由于担心失去生命、健康、财产等所产生的忧虑，通常会使人们情绪低沉，甚至无法决策，从而影响到日常学习、生活以及工作质量，影响到企业的正常运转。而通过为引起焦虑的事件投保，可以使人的焦虑情绪得到相当程度的缓解。例如，在损失发生前，已投保的财产的所有者就会相对镇定，因为他们清楚自己的财产在保险范围之内，担心和恐惧在损失发生前后会大为减少，从而有了经济安全感。这种经济安全感体现了保险对人们心理产生的巨大作用。在一个社会中，当所有成员都具有较强的安全感时，所承担的身体上的和精神上的压力就会更小，经济活力与社会和谐的微观基础大大加强。

（2）促进企业和家庭有效控制风险。由于保险（主要是指财产保险）具有损失补偿的功能，投保人不可能利用保单从中获利，即保险人对被保险人的补偿不会超过损失前的状态，这就为被保险人采取必要的风险管理措施以减少预期损失提供了可能性。同时，当被保险人参加保险后，保险人为了降低赔付率，获得更好的经济效益，一般都会非常注重企业或个人的风险管理状况。由于保险公司掌握着有关造成损失的事件、行为和工艺条件的详细统计资料和其他知识，在风险评估和控制方面有着其他企业所不具备的优势，而且保险定价或承保决定通常是与被保险人以往的损失记录和减损行为联系在一起的，因此被保险人具有控制损失的经济动机。事实上，很多企业和个人在购买了保险后，对自身风险的管理并不是放松了，而是加强了。

相应地，保险公司在为企业和个人提供保障的同时，也会协助和鼓励被保险人进行减损和防损。保险公司由于长年与各种灾害打交道，积累了丰富的风险管理经验，可以帮助和指导被保险人尽可能消除各种风险隐患，达到防损减损的目的。保险公司还熟悉许多损失控制方案，如在防火、职业健康和安全保障、工业损失预防、控制汽车损毁、预防盗窃、人身伤害预防等方面，这些方案的实施可以有效地减少企业和个人的直接损失和间接损失。

保险人和被保险人共同做好风险管理工作，实际上对双方都是有利的选择。当然，减损的成本应该与其带来的直接或间接收益进行比较，而不是一味地强调减损本身的收益。例如，某些风险是被保险人无法规避的，如衰老风险等，这就需要保险人加强对养老保险资金的有效管理，提高偿付能力。

2. 保险的宏观作用

保险的宏观作用主要是指对于社会的作用。

(1) 保险是政府履行社会安全保障职能的重要手段。提供社会安全保障是政府的主要职能，保险在辅助政府实施社会风险管理，建设和谐社会方面，可以发挥出重要的作用。

第一，保险为被保险的企业和家庭提供了经济上的保护伞、财务上的“稳定器”，可以使得这些企业和家庭避免由于突如其来的灾害而陷入财务困境，降低了企业因意外灾害损失而破产的可能性。企业安全了，家庭稳定了，整个社会才会安全。

第二，随着经济和社会发展，世界各国现在都面临着愈来愈大的来自社会保障方面的压力，因此开始尝试鼓励商业保险来参与社会风险管理。例如，在我国，很多保险公司在政府政策的支持下，参与提供社会补充养老保险、社会医疗保险、工伤保险、巨灾保险、农业保险等。又如，很多国家政府都注意到商业养老保险、医疗保险可以作为社会保险的重要补充，有助于缓解社会保障的巨大压力，因此通常都对投保人购买和保险人承保这类保险给予税收优惠，以鼓励商业养老保险和医疗保险的发展。这充分体现了商业保险在参与社会风险管理方面的重要作用。

第三，很多商业保险本身也有助于降低社会风险水平，提高社会管理效率。例如，将机动车辆的保险费率与驾驶员交通违章行为挂钩，从而有利于引导公众遵纪守法，改善交通安全状况，促进社会稳定。又如，在煤炭开采等高危行业建立严格的雇主责任保险制度，有利于促进企业加强安全管理，妥善处理安全生产事故，缓解社会矛盾，分担政府责任，提高社会管理效率。

(2) 保险可以促进资本的有效配置。现代意义上的保险不仅是一次对国民收入的再分配，更是一次对经济资本的再配置。保险公司将保费汇集而成的保险资金必须随着国民经济的整体发展而保值、增值，这是对投保人未来风险损失补偿的重要前提。因此，保险公司对保险资金进行有效管理具有内在动力。

在资本市场上，保险公司作为拥有大量资金的机构投资者，可以更有效地对融资需求旺盛的企业进行投资；同时，保险公司能够更好地发挥理性投资者的作用，对被投资方掌握更全面的信息，进行更深入的分析，对其风险状况以及经营情况进行识别，从而决定是否投资，使得保险资金在投资过程中得到更有效的配置。另外，很多企业处在新起步阶段或者扩张阶段，预期收益较高但风险也相应较大，因此难以开拓融资渠道，但保险公司本身具备更高的风险管理水平，因此能够更好地识别这类企业的风险状况，在此基础上进行投资，为这类企业的发展提供及时的支持。

在资本配置过程中，保险的信号作用也是不可忽视的。一方面，一个企业购买了保险本身就说明，该企业进行了必要的风险管理，可以改善企业在资本市场上的形象，降低企业的融资成本，从而提高企业的融资能力；另一方面，保险公司作为机构投资者，对企业进行投资，这种行为也可以作为有利的信号而被市场接收，从而提高资本市场对企业和项目进行选择和判断的能力，提高市场整体的投资有效性。

(3) 保险可以促进金融繁荣和金融稳定。主要体现在以下两个方面：

第一，作为金融中介，保险人减少了储蓄者和借款者之间的交易成本。由于保险公司在保险资金运用方面的高效率和保险保障的实用性，使得居民更愿意将当期消费之外的结余，通过购买保险的形式进行储蓄；保险人将汇集起来的资金进行投资，避免了投保人直接发放贷款和投资所浪费的时间和财力，并因为保险人专业化的运作经验，使得其动员的储蓄可以获得更高的收益。保险人通过激活储蓄并对其有效利用，可以显著地促进金融繁荣。

第二，保险可以改变金融资产的期限结构。人们购买保险，实际上是将现在的一部分财富积累起来，以满足未来的经济需要。对企业来讲，企业在生产经营过程中难免发生意外事故，导致巨额损失，而损失的发生会影响到企业资金的流动性，还可能会影响企业现有项目和新投资项目所需要的资金，所以，企业可能需要留出预防性的储备资金。对个人而言，为了保证家庭财务收支水平的长期均衡，减轻人们对未来因意外或年老等原因遭受的经济收入不足的担忧，也需要进行预防性储蓄。这些都将使得相当一部分社会资金以高流动性的短期资产形式存在，而这种金融结构难以满足经济中的长期投资资金需求。对于一些经济正在快速发展的国家和地区而言，很多投资项目不仅规模大，而且周期长，特别需要长期资金。保险在这里可以起到非常重要的作用。一方面，投保人通过定期缴纳保费，为风险做准备；另一方面，保险人通过聚集大量的被保险人，可以形成大规模的中长期资金沉淀，用于满足经济中的中长期投资需求，同时避免金融体系中资产与负债的期限结构不匹配的危险。这对于一国的金融稳定而言至关重要。

(4) 保险有助于活跃经济，促进贸易。现代社会经济发展的经验表明，企业之间的贸易和商务活动越来越离不开保险的推动作用。一些保险合同本身就是企业进行正常贸易活动的前提。比如出口商如果担心由于进口商违约而遭到损失，可以投保出口信用保险，由保险公司承担债权损失的经济补偿责任。信用保险的推出，大大促进了贸易活动的繁荣。另外，保险可以增强顾客的资信程度，来支撑商务活动的进行。比如银行和贷款人通常会要求借款人为抵押物投保，否则不予贷款；还可能在个人贷款时要求借款人个人投保人身保险等。

(5) 保险可以稳定居民未来预期，刺激即期消费，拉动内需，从而推动经济发展。根据经济学基本常识，居民消费不仅受当期自身经济条件等因素约束，还会受未来收入预期的制约。如果消费者对未来收入预期不好，就不会盲目增加当期消费。保险恰好可以减轻人们对未来经济保障不足的忧虑，减少未来生活中的不确定性，使本来打算用于规避未来收入风险的储蓄被“释放”出来，用于提高即期消费水平，从而达到扩大内需，促进经济发展的积极作用。

三、保险的社会价值

保险的社会价值是建立在保险的功能和作用基础上、对社会意识形态的发展和进步所产生的影响。深入理解保险在其发展进程中逐渐形成的伦理基础和文化理念，可以使我们更加全面地觉察到，保险在给人们和社会带来经济保障的同时，还在影响和改变着社会的伦理和文化，哺育着人类所特有的相互关爱之心。

1. 保险的伦理基础

保险在自身的发展过程中，经历了由简单到成熟、由单一到丰富的过程，在这一过程中，奠定了保险的伦理基础。保险的伦理基础主要包括利己与利他和谐统一的经济伦理、崇尚最大诚信的社会伦理、爱岗敬业的职业伦理三个方面。

（1）利己与利他和谐统一的经济伦理。从保险消费者的角度出发，支付保费的目的是合理转移风险，保障自身的财产安全或为亲属的生活提供安全的经济保障，这无疑是出于“利己”动机。从保险提供者的角度出发，接受并汇集消费者转移的风险，同时收取相应的保费，其目的也是为了获取合理的商业利润（对商业保险而言）。因此，无论是保险的消费者还是提供者，他们参与风险的交易，都是出于“利己”动机。但这种交易最后为全体社会带来了非常积极的客观效果：经济个体的风险得以转移，损失得以分摊，为整体经济和社会的平稳运行提供了有效的制度保障。可以说，保险是一种基于市场规律的社会慈善机制，是经济运行的内在稳定机制，从而使“利己”和“利他”达到了和谐的统一。

（2）崇尚最大诚信的社会伦理。诚信不仅是市场经济的基础，也是体现一个社会文明进步的准绳。保险业在其发展的历史长河中，始终如一地强调最大诚信原则，并将最大诚信原则视为保险经营的基本原则和生存基础。这一原则不仅规范和促进了保险业自身的发展，同时也极大地促进了整个社会的诚信建设。例如，我国的《保险代理从业人员执业行为守则》第十四条规定：“保险代理从业人员在向客户提供保险建议前，应深入了解和分析客户需求，不得强迫或诱骗客户购买保险产品。”第十六条规定：“保险代理从业人员应当客观、全面、准确地向客户提供有关保险产品与服务的信息，不得夸大保障范围和保障功能；对于有关保险人责任免除、投保人和被保险人应履行的义务以及退保的法律法规规定和保险条款，应当向客户做出详细说明。”正是保险人这种对“诚”的坚持，才能保证保险双方“信”的关系的实现。

保险业的诚信还会给其他行业的诚信建设带来重要影响。一方面，保险活动中的诚信要求，能够促使企业进一步降低经营风险，改善财务状况，从而降低交易中的违约风险。另一方面，保险客户涉及社会的各个领域，保险交易中诚信环境的改善，有助于诚信成为广大社会成员参与经济活动的标准，意味着诚信关系从保险行业向其他领域的扩散。

(3) 爱岗敬业的职业伦理。保险行业由于其特殊性，要求从业人员，无论是精算师，还是中介，都更加需要爱岗敬业的精神。保险体现着投保人对保险人的高度信任，投保人将平时收入的一部分交给保险人，以获得出险时的保险赔付。这就决定了保险人肩负着重要的责任。保险人的工作效果影响着投保人未来的生产和生活，因此必须以更端正的态度对工作投入更多的精力，以保证工作高效准确地完成。

2. 保险的文化传统

从历史来看，伴随社会生产力的发展、经济制度的演进，保险的发展经历了数量规模的积累扩展和质量属性的飞跃变化，在这个过程中，保险文化也在不断传承发展。

(1) 保险文化的主要含义。文化一般是指人类所创造的精神财富，或者说是财富中的精神部分。随着历史的变迁和空间的转移，文化呈现出不同形态，体现着不同的精神内涵。具体来说，文化就是在特定区域、特定历史阶段中，人们对其周围事物的认识的总和。“保险文化”是人们在保险业发展进程中所表现出的对保险理念、制度、行为等相关事物的认知。

(2) 保险文化的核心是“以人为本”。保险文化的精神内涵是非常丰富的，这也正是保险行业繁荣和发展的重要基础。而最核心的精神思想是以人为本的人本主义思想。

人从开始意识到自身的存在，就开始了对自身环境的思考，这种生存本能的反应，导致了人对周边环境各种变化的探究。这个历程的不断深入，使得人类逐渐认识到风险存在的客观性，以及管理风险的必要性。后来人们意识到，运用集体的力量，会更容易规避个人风险。于是他们把积蓄汇集到一起，用于帮助陷于危难的他人，保险就这样产生了。而每一次人类对自身需要认识的发展，保险业都会做出相应的反应和创新。这种与时俱进的发展特征并非偶然，而是以人为本的文化内涵的体现。所以，保险文化是具有现代人文情怀的服务文化，是对生命和健康核心价值的推崇，是对稳定和谐生产生活的追求。保险文化的核心是人类自我认识、自我关怀的人文精神，是人与人之间和谐友爱，人与自然和谐相处的和谐理念。

(3) 保险文化的历史变迁。人类社会的发展从不同侧面影响着当时人们对风险和风险管理的认识，从而影响着保险文化。应该说，人类社会的经济、政治等方面，都对保险文化的发展起着重要作用。保险是随着社会的发展而发展，进入现代社会后，人类的生产和生活方式发生了巨大变化，开始面临许多新的过去不曾遇到的风险，从而迫使人们开始思考和建立能够抵御这些风险的有效机制，并逐渐形成了对现代保险业的认知。今天，我们眼中的保险正是人类在与风险进行长期抗争中形成的精神财富。和现代社会发展的早期相比，当代的人们愈发意识到，在共同面对风险时，人与人之间的相互信赖、相互友爱、相互帮助的重要性。保险正是这样一种精神的反映。

(4) 保险文化对保险发展的反作用。保险业的发展，也需要保险文化的支撑。保险文化对保险发展的反作用，主要体现为对本国或本地区保险发展过程的促进作用。保险人如果能够顺应市场的环境，了解投保人对保险的认知，就能提供更适合的保险产品和服务，促进保险业的发展；反之，则会影响保险业的发展。

现代社会中保险文化的反作用还体现在，在全球化进程中，一国保险公司进入另一国市场时，如果缺乏对当地人口状况、经济状况和宗教状况的分析，缺乏与当地人的交流，不能获得当地人的认同，就很难推动自身业务的发展；反之，如果对该国独特的情况给予重视，加强与当地人的沟通，就可以大大加快保险业务本地化的进程。

3. 保险的社会定位

保险的社会定位主要体现在以下几个方面：

(1) 保险是社会经济发展的稳定器。首先，保险通过提供经济损失补偿与给付，帮助被保险人尽快恢复生产和生活秩序，保障了社会再生产的顺利进行，有利于社会的稳定。可以说，商业保险是一种市场化的风险转移和社会互助制度。其次，保险分担了政府的社会保障职能。从国外的经验来看，建立多层次的社会保障体系是政府所追求的目标。一般来说，政府、企业和个人共同构筑了社会安全保障网。而在这三个层次的保障中，企业和个人提供的自我保障大多是由商业保险来直接运作的。

保险不仅在微观上为企业和家庭提供了经济保障，从宏观上来看，也起到了稳定经济发展的作用。例如，在经济发展相对繁荣时，保险可以吸纳较多的“储蓄”，减少即期消费，为经济适当降温；在经济发展相对萧条时，保险可以通过支付养老保险金、失业保险金等方式，维持一定的消费水平，为经济适当增温。

(2) 保险是社会经济增长的助推器。保险能够有效激活储蓄，从而促进经济增长。保险公司通过销售保险产品，吸引、积聚社会资金。特别是寿险资金具有规模大、期限长的特点，是政府和企业所需长期资金的重要来源之一。同时，保险可以促进商品的流通和消费。保险可以通过提供诸如信用保险、履约保证保险等方式，促进商品的流通和契约的建立。在消费领域，保险通过为产品提供质量责任保险，消除消费者的顾虑，加快消费者对新产品的认同过程，一方面促进了新产品的开发，另一方面促进了消费。在我国现阶段，保险特别有助于科学技术向生产力的转化。高新技术在研究、开发和使用的各环节上都充满了不确定性，使得当事人承担了很大的风险。保险可以对高新技术的研究、开发和使用等各个环节提供风险保障，为高新技术向生产力的转化保驾护航。

（3）保险是社会经济运行的润滑剂。保险能够协调社会矛盾，减少社会摩擦。社会运转中经常存在各种各样的矛盾，因此需要一种能消除各主体之间矛盾与摩擦，减少冲突，从而保障社会正常运转的机制。保险通过提供诸如各种商业责任保险、信用保险和保证保险等参与到社会关系的管理当中，一旦被保险人需要承担赔偿责任时，通过保险就可以得到妥善解决，不必依赖于政府和法律诉讼，从而降低了社会运行成本，也逐步改变了社会主体的行为模式，为维护政府、企业和个人之间正常、有序的社会关系创造了有利条件，起到了社会润滑剂的作用，提高了社会运行效率。

保险能够在社会动力机制和稳定机制之间发挥协调作用。作为一种对损失的补偿，它可以使竞争中的弱者获得保护，能使因意外原因在竞争中遭遇困难的企业和个人获得喘息和调整的机会，从而减少了因企业陷入困境和社会成员心理失衡而导致的社会动荡的可能性。作为一项社会互助制度，由于保险互助行为转变为一种义务规范，能增强社会成员之间、组织之间、地区之间的互助意识和社会责任感，从而促进了社会系统的协调。

第三节　保险相关法律法规

随着经济发展和社会进步，保险的功能不断深化拓展，将推动传统保险向现代保险转变，使社会对保险需求向更高层次发展。对政府来说，可以运用保险这一市场经济手段辅助社会管理，降低管理成本，提高管理效率。对企业来说，风险管理日益成为经营管理的重要内容，保险作为风险管理的有效手段，在提高企业管理水平方面可以发挥重要作用。对个人和家庭来说，不管是保障人们的生存需求，还是提升生活质量，实现人的全面发展，都需要保险发挥应有的作用，保险将逐步成为个人生涯规划和家庭保障计划的重要内容。在对保险的管理上，国家制定了相关法律法规，用以规范保险行为，促进保险业的发展。

一、《保险法》相关要点

《中华人民共和国保险法》（以下简称《保险法》）于 1995 年 6 月 30 日第八届全国人民代表大会常务委员会第十四次会议通过，2002 年 10 月 28 日第九届全国人民代表大会常务委员会第三十次会议《关于修改〈中华人民共和国保险法〉的决定》进行修正，2009 年 2 月 28 日第十一届全国人民代表大会常务委员会第七次会议进行修订，自 2009 年 10 月 1 日起施行。

修订后的《保险法》，分为8章187条，各章内容为：第一章总则，第二章保险合同，第三章保险公司，第四章保险经营规则，第五章保险代理人和保险经纪人，第六章保险业监督管理，第七章法律责任，第八章附则。制定《保险法》的目的，是规范保险活动，保护保险活动当事人的合法权益，加强对保险业的监督管理，维护社会经济秩序和社会公共利益，促进保险事业的健康发展。

1. 总则中的有关规定

在第一章总则中，对相关事项做了规定。

（1）本法所称保险，是指投保人根据合同约定，向保险人支付保险费，保险人对于合同约定的可能发生的事故因其发生所造成的财产损失承担赔偿保险金责任，或者当被保险人死亡、伤残、疾病或者达到合同约定的年龄、期限等条件时承担给付保险金责任的商业保险行为。

（2）在中华人民共和国境内从事保险活动，适用本法。

（3）从事保险活动必须遵守法律、行政法规，尊重社会公德，不得损害社会公共利益。

（4）保险活动当事人行使权利、履行义务应当遵循诚实信用原则。

（5）保险业务由依照本法设立的保险公司以及法律、行政法规规定的其他保险组织经营，其他单位和个人不得经营保险业务。

（6）在中华人民共和国境内的法人和其他组织需要办理境内保险的，应当向中华人民共和国境内的保险公司投保。

（7）保险业和银行业、证券业、信托业实行分业经营、分业管理，保险公司与银行、证券、信托业务机构分别设立。国家另有规定的除外。

（8）国务院保险监督管理机构依法对保险业实施监督管理。国务院保险监督管理机构根据履行职责的需要设立派出机构。派出机构按照国务院保险监督管理机构的授权履行监督管理职责。

2. 有关保险合同的规定

在第二章保险合同中，对相关事项做了规定。

（1）保险合同是投保人与保险人约定保险权利义务关系的协议。投保人是指与保险人订立保险合同，并按照合同约定负有支付保险费义务的人。保险人是指与投保人订立保险合同，并按照合同约定承担赔偿或者给付保险金责任的保险公司。

（2）订立保险合同，应当协商一致，遵循公平原则确定各方的权利和义务。除法律、行政法规规定必须保险的外，保险合同自愿订立。

（3）人身保险的投保人在保险合同订立时，对被保险人应当具有保险利益。财产保险的被保险人在保险事故发生时，对保险标的应当具有保险利益。人身保险是以人的寿命和身体为保险标的的保险。财产保险是以财产及其有关利益为保险标的的保险。被保险人是指其财产或者人身受保险合同保障，享有保险金请求权的人。投保人可以为被保险人。保险利益是指投保人或者被保险人对保险标的具有的法律上承认的利益。

（4）投保人提出保险要求，经保险人同意承保，保险合同成立。保险人应当及时向投保人签发保险单或者其他保险凭证。保险单或者其他保险凭证应当载明当事人双方约定的合同内容。当事人也可以约定采用其他书面形式载明合同内容。依法成立的保险合同，自成立时生效。投保人和保险人可以对合同的效力约定附条件或者附期限。

（5）保险合同成立后，投保人按照约定交付保险费，保险人按照约定的时间开始承担保险责任。

（6）除本法另有规定或者保险合同另有约定外，保险合同成立后，投保人可以解除合同，保险人不得解除合同。

（7）订立保险合同，保险人就保险标的或者被保险人的有关情况提出询问的，投保人应当如实告知。投保人故意或者因重大过失未履行前款规定的如实告知义务，足以影响保险人决定是否同意承保或者提高保险费率的，保险人有权解除合同。

前款规定的合同解除权，自保险人知道有解除事由之日起，超过 30 日不行使而消灭。自合同成立之日起超过两年的，保险人不得解除合同；发生保险事故的，保险人应当承担赔偿或者给付保险金的责任。

投保人故意不履行如实告知义务的，保险人对于合同解除前发生的保险事故，不承担赔偿或者给付保险金的责任，并不退还保险费。

投保人因重大过失未履行如实告知义务，对保险事故的发生有严重影响的，保险人对于合同解除前发生的保险事故，不承担赔偿或者给付保险金的责任，但应当退还保险费。

保险人在合同订立时已经知道投保人未如实告知的情况的，保险人不得解除合同；发生保险事故的，保险人应当承担赔偿或者给付保险金的责任。

保险事故是指保险合同约定的保险责任范围内的事故。

（8）订立保险合同，采用保险人提供的格式条款的，保险人向投保人提供的投保单应当附格式条款，保险人应当向投保人说明合同的内容。对保险合同中免除保险人责任的条款，保险人在订立合同时应当在投保单、保险单或者其他保险凭证上做出足以引起投保人注意的提示，并对该条款的内容以书面或者口头形式向投保人做出明确说明；未作提示或者明确说明的，该条款不产生效力。

（9）保险合同应当包括下列事项：

◆保险人的名称和住所；

◆投保人、被保险人的姓名或者名称、住所，以及人身保险的受益人的姓名或者名称、住所；

◆保险标的；

◆保险责任和责任免除；

◆保险期间和保险责任开始时间；

◆保险金额；

◆保险费以及支付办法；

◆保险金赔偿或者给付办法；

◆违约责任和争议处理；

◆订立合同的年、月、日。

投保人和保险人可以约定与保险有关的其他事项。

受益人是指人身保险合同中由被保险人或者投保人指定的享有保险金请求权的人。投保人、被保险人可以为受益人。

保险金额是指保险人承担赔偿或者给付保险金责任的最高限额。

（10）采用保险人提供的格式条款订立的保险合同中的下列条款无效：

◆免除保险人依法应承担的义务或者加重投保人、被保险人责任的；

◆排除投保人、被保险人或者受益人依法享有的权利的。

（11）投保人和保险人可以协商变更合同内容。变更保险合同的，应当由保险人在保险单或者其他保险凭证上批注或者附贴批单，或者由投保人和保险人订立变更的书面协议。

（12）投保人、被保险人或者受益人知道保险事故发生后，应当及时通知保险人。故意或者因重大过失未及时通知，致使保险事故的性质、原因、损失程度等难以确定的，保险人对无法确定的部分，不承担赔偿或者给付保险金的责任，但保险人通过其他途径已经及时知道或者应当及时知道保险事故发生的除外。

（13）保险事故发生后，按照保险合同请求保险人赔偿或者给付保险金时，投保人、被保险人或者受益人应当向保险人提供其所能提供的与确认保险事故的性质、原因、损失程度等有关的证明和资料。保险人按照合同的约定，认为有关的证明和资料不完整的，应当及时一次性通知投保人、被保险人或者受益人补充提供。

（14）保险人收到被保险人或者受益人的赔偿或者给付保险金的请求后，应当及时做出核定；情形复杂的，应当在 30 日内做出核定，但合同另有约定的除外。保险人应当将核定结果通知被保险人或者受益人；对属于保险责任的，在与被保险人或者受益人达成赔偿或者给付保险金的协议后 10 日内，履行赔偿或者给付保险金义务。保险合同对赔偿或者给付保险金的期限有约定的，保险人应当按照约定履行赔偿或者给付保险金义务。

保险人未及时履行前款规定义务的，除支付保险金外，应当赔偿被保险人或者受益人因此受到的损失。

任何单位和个人不得非法干预保险人履行赔偿或者给付保险金的义务，也不得限制被保险人或者受益人取得保险金的权利。

(15) 保险人依照本法相关规定做出核定后，对不属于保险责任的，应当自做出核定之日起 3 日内向被保险人或者受益人发出拒绝赔偿或者拒绝给付保险金通知书，并说明理由。

(16) 保险人自收到赔偿或者给付保险金的请求和有关证明、资料之日起 60 日内，对其赔偿或者给付保险金的数额不能确定的，应当根据已有证明和资料可以确定的数额先予支付；保险人最终确定赔偿或者给付保险金的数额后，应当支付相应的差额。

(17) 人寿保险以外的其他保险的被保险人或者受益人，向保险人请求赔偿或者给付保险金的诉讼时效为两年，自其知道或者应当知道保险事故发生之日起计算。人寿保险的被保险人或者受益人向保险人请求给付保险金的诉讼时效为 5 年，自其知道或者应当知道保险事故发生之日起计算。

(18) 未发生保险事故，被保险人或者受益人谎称发生了保险事故，向保险人提出赔偿或者给付保险金请求的，保险人有权解除合同，并不退还保险费。

投保人、被保险人故意制造保险事故的，保险人有权解除合同，不承担赔偿或者给付保险金的责任；除本法相关规定外，不退还保险费。

保险事故发生后，投保人、被保险人或者受益人以伪造、变造的有关证明、资料或者其他证据，编造虚假的事故原因或者夸大损失程度的，保险人对其虚报的部分不承担赔偿或者给付保险金的责任。

投保人、被保险人或者受益人有相关规定行为之一，致使保险人支付保险金或者支出费用的，应当退回或者赔偿。

(19) 保险人将其承担的保险业务，以分保形式部分转移给其他保险人的，为再保险。应再保险接受人的要求，再保险分出人应当将其自负责任及原保险的有关情况书面告知再保险接受人。

(20) 再保险接受人不得向原保险的投保人要求支付保险费。原保险的被保险人或者受益人不得向再保险接受人提出赔偿或者给付保险金的请求。再保险分出人不得以再保险接受人未履行再保险责任为由，拒绝履行或者迟延履行其原保险责任。

(21) 采用保险人提供的格式条款订立的保险合同，保险人与投保人、被保险人或者受益人对合同条款有争议的，应当按照通常理解予以解释。对合同条款有两种以上解释的，人民法院或者仲裁机构应当做出有利于被保险人和受益人的解释。

(22) 投保人对下列人员具有保险利益：

◆本人；

◆配偶、子女、父母；

◆前项以外与投保人有抚养、赡养或者扶养关系的家庭其他成员、近亲属；

◆与投保人有劳动关系的劳动者。

除前款规定外，被保险人同意投保人为其订立合同的，视为投保人对被保险人具有保险利益。

订立合同时，投保人对被保险人不具有保险利益的，合同无效。

(23) 投保人申报的被保险人年龄不真实，并且其真实年龄不符合合同约定的年龄限制的，保险人可以解除合同，并按照合同约定退还保险单的现金价值。保险人行使合同解除权，适用《中华人民共和国保险法》第十六条相关规定。

投保人申报的被保险人年龄不真实，致使投保人支付的保险费少于应付保险费的，保险人有权更正并要求投保人补交保险费，或者在给付保险金时按照实付保险费与应付保险费的比例支付。

投保人申报的被保险人年龄不真实，致使投保人支付的保险费多于应付保险费的，保险人应当将多收的保险费退还投保人。

(24) 投保人不得为无民事行为能力人投保以死亡为给付保险金条件的人身保险，保险人也不得承保。父母为其未成年子女投保的人身保险，不受前款规定限制。但是，因被保险人死亡给付的保险金总和不得超过国务院保险监督管理机构规定的限额。

(25) 以死亡为给付保险金条件的合同，未经被保险人同意并认可保险金额的，合同无效。按照以死亡为给付保险金条件的合同所签发的保险单，未经被保险人书面同意，不得转让或者质押。父母为其未成年子女投保的人身保险，不受本条规定限制。

(26) 投保人可以按照合同约定向保险人一次支付全部保险费或者分期支付保险费。

(27) 合同约定分期支付保险费，投保人支付首期保险费后，除合同另有约定外，投保人自保险人催告之日起超过30日未支付当期保险费，或者超过约定的期限60日未支付当期保险费的，合同效力中止，或者由保险人按照合同约定的条件减少保险金额。

被保险人在前款规定期限内发生保险事故的，保险人应当按照合同约定给付保险金，但可以扣减欠交的保险费。

(28) 合同效力依照本法相关规定中止的，经保险人与投保人协商并达成协议，在投保人补交保险费后，合同效力恢复。但是，自合同效力中止之日起满两年双方未达成协议的，保险人有权解除合同。保险人依照前款规定解除合同的，应当按照合同约定退还保险单的现金价值。

(29) 保险人对人寿保险的保险费，不得用诉讼方式要求投保人支付。

(30) 人身保险的受益人由被保险人或者投保人指定。投保人指定受益人时须经被保险人同意。投保人为与其有劳动关系的劳动者投保人身保险，不得指定被保险人及其近亲属以外的人为受益人。被保险人为无民事行为能力人或者限制民事行为能力人的，可以由其监护人指定受益人。

（31）被保险人或者投保人可以指定一人或者数人为受益人。受益人为数人的，被保险人或者投保人可以确定受益顺序和受益份额；未确定受益份额的，受益人按照相等份额享有受益权。

（32）被保险人或者投保人可以变更受益人并书面通知保险人。保险人收到变更受益人的书面通知后，应当在保险单或者其他保险凭证上批注或者附贴批单。投保人变更受益人时须经被保险人同意。

（33）被保险人死亡后，有下列情形之一的，保险金作为被保险人的遗产，由保险人依照《中华人民共和国继承法》的规定履行给付保险金的义务：

◆没有指定受益人，或者受益人指定不明无法确定的；

◆受益人先于被保险人死亡，没有其他受益人的；

◆受益人依法丧失受益权或者放弃受益权，没有其他受益人的。

受益人与被保险人在同一事件中死亡，且不能确定死亡先后顺序的，推定受益人死亡在先。

（34）投保人故意造成被保险人死亡、伤残或者疾病的，保险人不承担给付保险金的责任。投保人已交足两年以上保险费的，保险人应当按照合同约定向其他权利人退还保险单的现金价值。受益人故意造成被保险人死亡、伤残、疾病的，或者故意杀害被保险人未遂的，该受益人丧失受益权。

（35）以被保险人死亡为给付保险金条件的合同，自合同成立或者合同效力恢复之日起两年内，被保险人自杀的，保险人不承担给付保险金的责任，但被保险人自杀时为无民事行为能力人的除外。保险人依照前款规定不承担给付保险金责任的，应当按照合同约定退还保险单的现金价值。

（36）因被保险人故意犯罪或者抗拒依法采取的刑事强制措施导致其伤残或者死亡的，保险人不承担给付保险金的责任。投保人已交足两年以上保险费的，保险人应当按照合同约定退还保险单的现金价值。

（37）被保险人因第三者的行为而发生死亡、伤残或者疾病等保险事故的，保险人向被保险人或者受益人给付保险金后，不享有向第三者追偿的权利，但被保险人或者受益人仍有权向第三者请求赔偿。

（38）投保人解除合同的，保险人应当自收到解除合同通知之日起30日内，按照合同约定退还保险单的现金价值。

（39）保险事故发生时，被保险人对保险标的不具有保险利益的，不得向保险人请求赔偿保险金。

（40）保险标的转让的，保险标的的受让人承继被保险人的权利和义务。保险标的转让的，被保险人或者受让人应当及时通知保险人，但货物运输保险合同和另有约定的合同除外。

因保险标的转让导致危险程度显著增加的，保险人自收到前款规定的通知之日起 30 日内，可以按照合同约定增加保险费或者解除合同。保险人解除合同的，应当将已收取的保险费，按照合同约定扣除自保险责任开始之日起至合同解除之日止应收的部分后，退还投保人。

被保险人、受让人未履行本条第二款规定的通知义务的，因转让导致保险标的危险程度显著增加而发生的保险事故，保险人不承担赔偿保险金的责任。

(41) 货物运输保险合同和运输工具航程保险合同，保险责任开始后，合同当事人不得解除合同。

(42) 被保险人应当遵守国家有关消防、安全、生产操作、劳动保护等方面的规定，维护保险标的的安全。

保险人可以按照合同约定对保险标的的安全状况进行检查，及时向投保人、被保险人提出消除不安全因素和隐患的书面建议。

投保人、被保险人未按照约定履行其对保险标的的安全应尽责任的，保险人有权要求增加保险费或者解除合同。

保险人为维护保险标的的安全，经被保险人同意，可以采取安全预防措施。

(43) 在合同有效期内，保险标的的危险程度显著增加的，被保险人应当按照合同约定及时通知保险人，保险人可以按照合同约定增加保险费或者解除合同。保险人解除合同的，应当将已收取的保险费，按照合同约定扣除自保险责任开始之日起至合同解除之日止应收的部分后，退还投保人。

被保险人未履行前款规定的通知义务的，因保险标的的危险程度显著增加而发生的保险事故，保险人不承担赔偿保险金的责任。

(44) 有下列情形之一的，除合同另有约定外，保险人应当降低保险费，并按日计算退还相应的保险费：

◆据以确定保险费率的有关情况发生变化，保险标的的危险程度明显减少的；

◆保险标的的保险价值明显减少的。

(45) 保险责任开始前，投保人要求解除合同的，应当按照合同约定向保险人支付手续费，保险人应当退还保险费。保险责任开始后，投保人要求解除合同的，保险人应当将已收取的保险费，按照合同约定扣除自保险责任开始之日起至合同解除之日止应收的部分后，退还投保人。

(46) 投保人和保险人约定保险标的的保险价值并在合同中载明的，保险标的发生损失时，以约定的保险价值为赔偿计算标准。

投保人和保险人未约定保险标的的保险价值的，保险标的发生损失时，以保险事故发生时保险标的的实际价值为赔偿计算标准。

保险金额不得超过保险价值。超过保险价值的，超过部分无效，保险人应当退还相应的保险费。

保险金额低于保险价值的，除合同另有约定外，保险人按照保险金额与保险价值的比例承担赔偿保险金的责任。

(47) 重复保险的投保人应当将重复保险的有关情况通知各保险人。重复保险的各保险人赔偿保险金的总和不得超过保险价值。除合同另有约定外，各保险人按照其保险金额与保险金额总和的比例承担赔偿保险金的责任。重复保险的投保人可以就保险金额总和超过保险价值的部分，请求各保险人按比例返还保险费。重复保险是指投保人对同一保险标的、同一保险利益、同一保险事故分别与两个以上保险人订立保险合同，且保险金额总和超过保险价值的保险。

(48) 保险事故发生时，被保险人应当尽力采取必要的措施，防止或者减少损失。保险事故发生后，被保险人为防止或者减少保险标的的损失所支付的必要的、合理的费用，由保险人承担；保险人所承担的费用数额在保险标的损失赔偿金额以外另行计算，最高不超过保险金额的数额。

(49) 保险标的发生部分损失的，自保险人赔偿之日起 30 日内，投保人可以解除合同；除合同另有约定外，保险人也可以解除合同，但应当提前 15 日通知投保人。合同解除的，保险人应当将保险标的未受损失部分的保险费，按照合同约定扣除自保险责任开始之日起至合同解除之日止应收的部分后，退还投保人。

(50) 保险事故发生后，保险人已支付了全部保险金额，并且保险金额等于保险价值的，受损保险标的的全部权利归于保险人；保险金额低于保险价值的，保险人按照保险金额与保险价值的比例取得受损保险标的的部分权利。

(51) 因第三者对保险标的的损害而造成保险事故的，保险人自向被保险人赔偿保险金之日起，在赔偿金额范围内代位行使被保险人对第三者请求赔偿的权利。

前款规定的保险事故发生后，被保险人已经从第三者取得损害赔偿的，保险人赔偿保险金时，可以相应扣减被保险人从第三者已取得的赔偿金额。

保险人依照本条第一款规定行使代位请求赔偿的权利，不影响被保险人就未取得赔偿的部分向第三者请求赔偿的权利。

(52) 保险事故发生后，保险人未赔偿保险金之前，被保险人放弃对第三者请求赔偿的权利的，保险人不承担赔偿保险金的责任。

保险人向被保险人赔偿保险金后，被保险人未经保险人同意放弃对第三者请求赔偿的权利的，该行为无效。

被保险人故意或者因重大过失致使保险人不能行使代位请求赔偿的权利的，保险人可以扣减或者要求返还相应的保险金。

(53) 除被保险人的家庭成员或者其组成人员故意造成《中华人民共和国保险法》第六十条第一款规定的保险事故外，保险人不得对被保险人的家庭成员或者其组成人员行使代位请求赔偿的权利。

(54) 保险人向第三者行使代位请求赔偿的权利时，被保险人应当向保险人提供必要的文件和所知道的有关情况。

(55) 保险人、被保险人为查明和确定保险事故的性质、原因和保险标的的损失程度所支付的必要的、合理的费用，由保险人承担。

(56) 保险人对责任保险的被保险人给第三者造成的损害，可以依照法律的规定或者合同的约定，直接向该第三者赔偿保险金。

责任保险的被保险人给第三者造成损害，被保险人对第三者应负的赔偿责任确定的，根据被保险人的请求，保险人应当直接向该第三者赔偿保险金。被保险人怠于请求的，第三者有权就其应获赔偿部分直接向保险人请求赔偿保险金。

责任保险的被保险人给第三者造成损害，被保险人未向该第三者赔偿的，保险人不得向被保险人赔偿保险金。

责任保险是指以被保险人对第三者依法应负的赔偿责任为保险标的的保险。

(57) 责任保险的被保险人因给第三者造成损害的保险事故而被提起仲裁或者诉讼的，被保险人支付的仲裁或者诉讼费用以及其他必要的、合理的费用，除合同另有约定外，由保险人承担。

3. 有关保险公司的规定

在第三章保险公司中，对相关事项做了规定。

(1) 设立保险公司应当经国务院保险监督管理机构批准。国务院保险监督管理机构审查保险公司设立申请时，应当考虑保险业的发展和公平竞争的需要。

(2) 设立保险公司应当具备下列条件：

◆主要股东具有持续盈利能力，信誉良好，最近3年内无重大违法违规记录，净资产不低于人民币两亿元；

◆有符合《中华人民共和国保险法》和《中华人民共和国公司法》规定的章程；

◆有符合《中华人民共和国保险法》规定的注册资本；

◆有具备任职专业知识和业务工作经验的董事、监事和高级管理人员；

◆有健全的组织机构和管理制度；

◆有符合要求的营业场所和与经营业务有关的其他设施；

◆法律、行政法规和国务院保险监督管理机构规定的其他条件。

（3）设立保险公司，其注册资本的最低限额为人民币两亿元。国务院保险监督管理机构根据保险公司的业务范围、经营规模，可以调整其注册资本的最低限额，但不得低于本条相关规定的限额。保险公司的注册资本必须为实缴货币资本。

（4）保险公司在中华人民共和国境内设立分支机构，应当经保险监督管理机构批准。保险公司分支机构不具有法人资格，其民事责任由保险公司承担。

4. 保险经营规则的有关规定

在第四章保险经营规则中，对相关事项做了规定。

（1）保险公司的业务范围：

◆人身保险业务，包括人寿保险、健康保险、意外伤害保险等保险业务；

◆财产保险业务，包括财产损失保险、责任保险、信用保险、保证保险等保险业务；

◆国务院保险监督管理机构批准的与保险有关的其他业务。

保险人不得兼营人身保险业务和财产保险业务。但是，经营财产保险业务的保险公司经国务院保险监督管理机构批准，可以经营短期健康保险业务和意外伤害保险业务。

保险公司应当在国务院保险监督管理机构依法批准的业务范围内从事保险经营活动。

（2）经国务院保险监督管理机构批准，保险公司可以经营本法所规定的保险业务的下列再保险业务：

◆分出保险；

◆分入保险。

（3）保险公司应当按照其注册资本总额的20%提取保证金，存入国务院保险监督管理机构指定的银行，除公司清算时用于清偿债务外，不得动用。

（4）保险公司应当根据保障被保险人利益、保证偿付能力的原则，提取各项责任准备金。保险公司提取和结转责任准备金的具体办法，由国务院保险监督管理机构制定。

（5）保险公司应当依法提取公积金。

（6）保险公司应当缴纳保险保障基金。

保险保障基金应当集中管理，并在下列情形下统筹使用：

◆在保险公司被撤销或者被宣告破产时，向投保人、被保险人或者受益人提供救济；

◆在保险公司被撤销或者被宣告破产时，向依法接受其人寿保险合同的保险公司提供救济；

◆国务院规定的其他情形。

保险保障基金筹集、管理和使用的具体办法，由国务院制定。

（7）保险公司的资金运用必须稳健，遵循安全性原则。保险公司的资金运用限于下列形式：

◆银行存款；

◆买卖债券、股票、证券投资基金份额等有价证券；

◆投资不动产；

◆国务院规定的其他资金运用形式。

保险公司资金运用的具体管理办法，由国务院保险监督管理机构依照前两款的规定制定。

(8) 经国务院保险监督管理机构会同国务院证券监督管理机构批准，保险公司可以设立保险资产管理公司。保险资产管理公司从事证券投资活动，应当遵守《中华人民共和国证券法》等法律、行政法规的规定。

(9) 保险公司应当按照国务院保险监督管理机构的规定，建立对关联交易的管理和信息披露制度。

(10) 保险公司的控股股东、实际控制人、董事、监事、高级管理人员不得利用关联交易损害公司的利益。

(11) 保险公司从事保险销售的人员应当符合国务院保险监督管理机构规定的资格条件，取得保险监督管理机构颁发的资格证书。

(12) 保险公司应当建立保险代理人登记管理制度，加强对保险代理人的培训和管理，不得唆使、诱导保险代理人进行违背诚信义务的活动。

(13) 保险公司开展业务，应当遵循公平竞争的原则，不得从事不正当竞争。

(14) 保险公司及其工作人员在保险业务活动中不得有下列行为：

◆欺骗投保人、被保险人或者受益人；

◆对投保人隐瞒与保险合同有关的重要情况；

◆阻碍投保人履行《中华人民共和国保险法》规定的如实告知义务，或者诱导其不履行《中华人民共和国保险法》规定的如实告知义务；

◆给予或者承诺给予投保人、被保险人、受益人保险合同约定以外的保险费回扣或者其他利益；

◆拒不依法履行保险合同约定的赔偿或者给付保险金义务；

◆故意编造未曾发生的保险事故、虚构保险合同或者故意夸大已经发生的保险事故的损失程度进行虚假理赔，骗取保险金或者牟取其他不正当利益；

◆挪用、截留、侵占保险费；

◆委托未取得合法资格的机构或者个人从事保险销售活动；

◆利用开展保险业务为其他机构或者个人牟取不正当利益；

◆利用保险代理人、保险经纪人或者保险评估机构，从事以虚构保险中介业务或者编造退保等方式套取费用等违法活动；

◆以捏造、散布虚假事实等方式损害竞争对手的商业信誉，或者以其他不正当竞争行为扰乱保险市场秩序；

◆泄露在业务活动中知悉的投保人、被保险人的商业秘密；

◆违反法律、行政法规和国务院保险监督管理机构规定的其他行为。

5. 有关保险代理人和保险经纪人的规定

在第五章保险代理人和保险经纪人中，对相关事项做了规定。

(1) 保险代理人是根据保险人的委托，向保险人收取佣金，并在保险人授权的范围内代为办理保险业务的机构或者个人。保险代理机构包括专门从事保险代理业务的保险专业代理机构和兼营保险代理业务的保险兼业代理机构。

(2) 保险经纪人是基于投保人的利益，为投保人与保险人订立保险合同提供中介服务，并依法收取佣金的机构。

(3) 保险代理机构、保险经纪人应当具备国务院保险监督管理机构规定的条件，取得保险监督管理机构颁发的经营保险代理业务许可证、保险经纪业务许可证。保险专业代理机构、保险经纪人凭保险监督管理机构颁发的许可证向工商行政管理机关办理登记，领取营业执照。保险兼业代理机构凭保险监督管理机构颁发的许可证，向工商行政管理机关办理变更登记。

(4) 以公司形式设立保险专业代理机构、保险经纪人，其注册资本最低限额适用《中华人民共和国公司法》的规定。保险专业代理机构、保险经纪人的注册资本或者出资额必须为实缴货币资本。

(5) 保险专业代理机构、保险经纪人的高级管理人员，应当品行良好，熟悉保险法律、行政法规，具有履行职责所需的经营管理能力，并在任职前取得保险监督管理机构核准的任职资格。

(6) 个人保险代理人、保险代理机构的代理从业人员、保险经纪人的经纪从业人员，应当具备国务院保险监督管理机构规定的资格条件，取得保险监督管理机构颁发的资格证书。

(7) 保险代理机构、保险经纪人应当有自己的经营场所，设立专门账簿记载保险代理业务、经纪业务的收支情况。

(8) 保险代理机构、保险经纪人应当按照国务院保险监督管理机构的规定缴存保证金或者投保职业责任保险。未经保险监督管理机构批准，保险代理机构、保险经纪人不得动用保证金。

(9) 个人保险代理人在代为办理人寿保险业务时，不得同时接受两个以上保险人的委托。

（10）保险人委托保险代理人代为办理保险业务，应当与保险代理人签订委托代理协议，依法约定双方的权利和义务。

（11）保险代理人根据保险人的授权代为办理保险业务的行为，由保险人承担责任。保险代理人没有代理权、超越代理权或者代理权终止后以保险人名义订立合同，使投保人有理由相信其有代理权的，该代理行为有效。保险人可以依法追究越权的保险代理人的责任。

（12）保险经纪人因过错给投保人、被保险人造成损失的，依法承担赔偿责任。

（13）保险活动当事人可以委托保险公估机构等依法设立的独立评估机构或者具有相关专业知识的人员，对保险事故进行评估和鉴定。接受委托对保险事故进行评估和鉴定的机构和人员，应当依法、独立、客观、公正地进行评估和鉴定，任何单位和个人不得干涉。因故意或者过失给保险人或者被保险人造成损失的，依法承担赔偿责任。

（14）保险佣金只限于向具有合法资格的保险代理人、保险经纪人支付，不得向其他人支付。

（15）保险代理人、保险经纪人及其从业人员在办理保险业务活动中不得有下列行为：

◆欺骗保险人、投保人、被保险人或者受益人；

◆隐瞒与保险合同有关的重要情况；

◆阻碍投保人履行本法规定的如实告知义务，或者诱导其不履行本法规定的如实告知义务；

◆给予或者承诺给予投保人、被保险人或者受益人保险合同约定以外的利益；

◆利用行政权力、职务或者职业便利以及其他不正当手段强迫、引诱或者限制投保人订立保险合同；

◆伪造、擅自变更保险合同，或者为保险合同当事人提供虚假证明材料；

◆挪用、截留、侵占保险费或者保险金；

◆利用业务便利为其他机构或者个人牟取不正当利益；

◆串通投保人、被保险人或者受益人，骗取保险金；

◆泄露在业务活动中知悉的保险人、投保人、被保险人的商业秘密。

6. 保险业监督管理的有关规定

在第六章保险业监督管理中，对相关事项做了规定。

（1）保险监督管理机构依照本法和国务院规定的职责，遵循依法、公开、公正的原则，对保险业实施监督管理，维护保险市场秩序，保护投保人、被保险人和受益人的合法权益。

（2）国务院保险监督管理机构依照法律、行政法规制定并发布有关保险业监督管理的规章。

（3）关系社会公众利益的保险险种、依法实行强制保险的险种和新开发的人寿保险险种等的保险条款和保险费率，应当报国务院保险监督管理机构批准。国务院保险监督管理机构审批时，应当遵循保护社会公众利益和防止不正当竞争的原则。其他保险险种的保险条款和保险费率，应当报保险监督管理机构备案。保险条款和保险费率审批、备案的具体办法，由国务院保险监督管理机构依照前款规定制定。

（4）保险公司使用的保险条款和保险费率违反法律、行政法规或者国务院保险监督管理机构的有关规定的，由保险监督管理机构责令停止使用，限期修改；情节严重的，可以在一定期限内禁止申报新的保险条款和保险费率。

（5）国务院保险监督管理机构应当建立健全保险公司偿付能力监管体系，对保险公司的偿付能力实施监控。

（6）保险监督管理机构依法履行职责，被检查、调查的单位和个人应当配合。

（7）保险监督管理机构工作人员应当忠于职守，依法办事，公正廉洁，不得利用职务便利牟取不正当利益，不得泄露所知悉的有关单位和个人的商业秘密。

7. 法律责任的有关规定

在第七章法律责任中，对相关事项做了规定。

（1）违反《中华人民共和国保险法》规定，擅自设立保险公司、保险资产管理公司或者非法经营商业保险业务的，由保险监督管理机构予以取缔，没收违法所得，并处违法所得1倍以上5倍以下的罚款；没有违法所得或者违法所得不足20万元的，处20万元以上100万元以下的罚款。

（2）违反《中华人民共和国保险法》规定，擅自设立保险专业代理机构、保险经纪人，或者未取得经营保险代理业务许可证、保险经纪业务许可证从事保险代理业务、保险经纪业务的，由保险监督管理机构予以取缔，没收违法所得，并处违法所得1倍以上5倍以下的罚款；没有违法所得或者违法所得不足5万元的，处5万元以上30万元以下的罚款。

（3）保险公司违反《中华人民共和国保险法》规定，超出批准的业务范围经营的，由保险监督管理机构责令限期改正，没收违法所得，并处违法所得1倍以上5倍以下的罚款；没有违法所得或者违法所得不足10万元的，处10万元以上50万元以下的罚款。逾期不改正或者造成严重后果的，责令停业整顿或者吊销业务许可证。

（4）投保人、被保险人或者受益人有下列行为之一，进行保险诈骗活动，尚不构成犯罪的，依法给予行政处罚：

◆投保人故意虚构保险标的，骗取保险金的；

◆编造未曾发生的保险事故，或者编造虚假的事故原因或者夸大损失程度，骗取保险金的；

◆故意造成保险事故，骗取保险金的。

保险事故的鉴定人、评估人、证明人故意提供虚假的证明文件，为投保人、被保险人或者受益人进行保险诈骗提供条件的，依照前款规定给予处罚。

（5）违反《中华人民共和国保险法》规定，给他人造成损害的，依法承担民事责任。

（6）拒绝、阻碍保险监督管理机构及其工作人员依法行使监督检查、调查职权，未使用暴力、威胁方法的，依法给予治安管理处罚。

（7）违反法律、行政法规的规定，情节严重的，国务院保险监督管理机构可以禁止有关责任人员一定期限直至终身进入保险业。

（8）违反《中华人民共和国保险法》规定，构成犯罪的，依法追究刑事责任。

二、《国务院关于保险业改革发展的若干意见》相关要点

2006年6月15日，国务院印发《关于保险业改革发展的若干意见》（国发［2006］23号）（以下简称《意见》），《意见》指出：改革开放特别是党的十六大以来，我国保险业改革发展取得了举世瞩目的成就。保险业务快速增长，服务领域不断拓宽，市场体系日益完善，法律法规逐步健全，监管水平不断提高，风险得到有效防范，整体实力明显增强，在促进改革、保障经济、稳定社会、造福人民等方面发挥了重要作用。但是，由于保险业起步晚、基础薄弱、覆盖面不宽，功能和作用发挥不充分，与全面建设小康社会和构建社会主义和谐社会的要求不相适应，与建立完善的社会主义市场经济体制不相适应，与经济全球化、金融一体化和全面对外开放的新形势不相适应。面向未来，保险业发展站在一个新的历史起点上，发展的潜力和空间巨大。为全面贯彻落实科学发展观，明确今后一个时期保险业改革发展的指导思想、目标任务和政策措施，加快保险业改革发展，促进社会主义和谐社会建设，现提出如下意见：

1. 充分认识加快保险业改革发展的重要意义

保险具有经济补偿、资金融通和社会管理功能，是市场经济条件下风险管理的基本手段，是金融体系和社会保障体系的重要组成部分，在社会主义和谐社会建设中具有重要作用。

加快保险业改革发展有利于应对灾害事故风险，保障人民生命财产安全和经济稳定运行。我国每年因自然灾害和交通、生产等各类事故造成的人民生命财产损失巨大。由于受体制机制等因素制约，企业和家庭参加保险的比例过低，仅有少部分灾害事故损失能够通过保险获得补偿，既不利于及时恢复生产生活秩序，又增加了政府财政和事务负担。加快保险业改革发展，建立市场化的灾害、事故补偿机制，对完善灾害防范和救助体系，增强全社会抵御风险的能力，促进经济又快又好发展，具有不可替代的重要作用。

加快保险业改革发展有利于完善社会保障体系，满足人民群众多层次的保障需求。我国正处在完善社会主义市场经济体制的关键时期，人口老龄化进程加快，人民生活水平提高，保障需求不断增强。加快保险业改革发展，鼓励和引导人民群众参加商业养老、健康等保险，对完善社会保障体系，提高全社会保障水平，扩大居民消费需求，实现社会稳定与和谐，具有重要的现实意义。

加快保险业改革发展有利于优化金融资源配置，完善社会主义市场经济体制。我国金融体系发展不平衡，间接融资比例过高，影响了金融资源配置效率，不利于金融风险的分散和化解。21 世纪头 20 年是我国加快发展的重要战略机遇期，金融在现代经济中的核心作用更为突出。加快保险业改革发展，发挥保险在金融资源配置中的重要作用，促进货币市场、资本市场和保险市场协调发展，对健全金融体系，完善社会主义市场经济体制，具有重要意义。

加快保险业改革发展有利于社会管理和公共服务创新，提高政府行政效能。随着行政管理体制改革的深入，政府必须整合各种社会资源，充分运用市场机制和手段，不断改进社会管理和公共服务。加快保险业改革发展，积极引入保险机制参与社会管理，协调各种利益关系，有效化解社会矛盾和纠纷，推进公共服务创新，对完善社会化经济补偿机制，进一步转变政府职能，提高政府行政效能，具有重要的促进作用。

2. 加快保险业改革发展的指导思想、总体目标和主要任务

随着我国经济社会发展水平的提高和社会主义市场经济体制的不断完善，人民群众对保险的认识进一步加深，保险需求日益增强，保险的作用更加突出，发展的基础和条件日趋成熟，加快保险业改革发展成为促进社会主义和谐社会建设的必然要求。

加快保险业改革发展的指导思想是：以邓小平理论和“三个代表”重要思想为指导，坚持以人为本、全面协调可持续的科学发展观，立足改革发展稳定大局，着力解决保险业与经济社会发展和人民生活需求不相适应的矛盾，深化改革，加快发展，做大做强，发展中国特色的保险业，充分发挥保险的经济“助推器”和社会“稳定器”作用，为全面建设小康社会和构建社会主义和谐社会服务。

总体目标是：建设一个市场体系完善、服务领域广泛、经营诚信规范、偿付能力充足、综合竞争力较强，发展速度、质量和效益相统一的现代保险业。围绕这一目标，主要任务是：拓宽保险服务领域，积极发展财产保险、人身保险、再保险和保险中介市场，健全保险市场体系；继续深化体制机制改革，完善公司治理结构，提升对外开放的质量和水平，增强国际竞争力和可持续发展能力；推进自主创新，调整优化结构，转变增长方式，不断提高服务水平；加强保险资金运用管理，提高资金运用水平，为国民经济建设提供资金支持；加强和改善监管，防范化解风险，切实保护被保险人合法权益；完善法规政策，宣传

普及保险知识，加快建立保险信用体系，推动诚信建设，营造良好的发展环境。

3. 积极稳妥推进试点，发展多形式、多渠道的农业保险

认真总结试点经验，研究制定支持政策，探索建立适合我国国情的农业保险发展模式，将农业保险作为支农方式的创新，纳入农业支持保护体系。发挥中央、地方、保险公司、龙头企业、农户等各方面的积极性，发挥农业部门在推动农业保险立法、引导农民投保、协调各方关系、促进农业保险发展等方面的作用，扩大农业保险覆盖面，有步骤地建立多形式经营、多渠道支持的农业保险体系。

明确政策性农业保险的业务范围，并给予政策支持，促进我国农业保险的发展。改变单一、事后财政补助的农业灾害救助模式，逐步建立政策性农业保险与财政补助相结合的农业风险防范与救助机制。探索中央和地方财政对农户投保给予补贴的方式、品种和比例，对保险公司经营的政策性农业保险适当给予经营管理费补贴，逐步建立农业保险发展的长效机制。完善多层次的农业巨灾风险转移分担机制，探索建立中央、地方财政支持的农业再保险体系。

探索发展相互制、合作制等多种形式的农业保险组织。鼓励龙头企业资助农户参加农业保险。支持保险公司开发保障适度、保费低廉、保单通俗的农业保险产品，建立适合农业保险的服务网络和销售渠道。支持农业保险公司开办特色农业和其他涉农保险业务，提高农业保险服务水平。

4. 统筹发展城乡商业养老保险和健康保险，完善多层次社会保障体系

适应完善社会主义市场经济体制和建设社会主义新农村的新形势，大力发展商业养老保险和健康保险等人身保险业务，满足城乡人民群众的保险保障需求。

积极发展个人、团体养老等保险业务。鼓励和支持有条件的企业通过商业保险建立多层次的养老保障计划，提高员工保障水平。充分发挥保险机构在精算、投资、账户管理、养老金支付等方面的专业优势，积极参与企业年金业务，拓展补充养老保险服务领域。大力推动健康保险发展，支持相关保险机构投资医疗机构。努力发展适合农民的商业养老保险、健康保险和意外伤害保险。建立节育手术保险和农村计划生育家庭养老保险制度。积极探索保险机构参与新型农村合作医疗管理的有效方式，推动新型农村合作医疗的健康发展。

5. 大力发展责任保险，健全安全生产保障和突发事件应急机制

充分发挥保险在防损减灾和灾害事故处置中的重要作用，将保险纳入灾害事故防范救助体系。不断提高保险机构风险管理能力，利用保险事前防范与事后补偿相统一的机制，

充分发挥保险费率杠杆的激励约束作用，强化事前风险防范，减少灾害事故发生，促进安全生产和突发事件应急管理。

采取市场运作、政策引导、政府推动、立法强制等方式，发展安全生产责任、建筑工程责任、产品责任、公众责任、执业责任、董事责任、环境污染责任等保险业务。在煤炭开采等行业推行强制责任保险试点，取得经验后逐步在高危行业、公众聚集场所、境内外旅游等方面推广。完善高危行业安全生产风险抵押金制度，探索通过专业保险公司进行规范管理和运作。进一步完善机动车交通事故责任强制保险制度。通过试点，建立统一的医疗责任保险。推动保险业参与“平安建设”。

6. 推进自主创新，提升服务水平

健全以保险企业为主体、以市场需求为导向、引进与自主创新相结合的保险创新机制。发展航空航天、生物医药等高科技保险，为自主创新提供风险保障。稳步发展住房、汽车等消费信贷保证保险，促进消费增长。积极推进建筑工程、项目融资等领域的保险业务。支持发展出口信用保险，促进对外贸易和投资。努力开发满足不同层次、不同职业、不同地区人民群众需求的各类财产、人身保险产品，优化产品结构，拓宽服务领域。

运用现代信息技术，提高保险产品科技含量，发展网上保险等新的服务方式，全面提升服务水平。提高保险精算水平，科学厘定保险费率。大力推进条款通俗化和服务标准化。加强保险营销员教育培训，提升营销服务水平。发挥保险中介机构在承保理赔、风险管理和产品开发方面的积极作用，提供更加专业和便捷的保险服务。加快发展再保险，促进再保险市场和直接保险市场协调发展。统筹保险业区域发展，提高少数民族地区和欠发达地区保险服务水平。

鼓励发展商业养老保险、健康保险、责任保险等专业保险公司。支持具备条件的保险公司通过重组、并购等方式，发展成为具有国际竞争力的保险控股（集团）公司。稳步推进保险公司综合经营试点，探索保险业与银行业、证券业更广领域和更深层次的合作，提供多元化和综合性的金融保险服务。

7. 提高保险资金运用水平，支持国民经济建设

深化保险资金运用体制改革，推进保险资金专业化、规范化、市场化运作，提高保险资金运用水平。建立有效的风险控制和预警机制，实行全面风险管理，确保资产安全。

保险资产管理公司要树立长期投资理念，按照安全性、流动性和收益性相统一的要求，切实管好保险资产。允许符合条件的保险资产管理公司逐步扩大资产管理范围。探索保险资金独立托管机制。

在风险可控的前提下，鼓励保险资金直接或间接投资资本市场，逐步提高投资比例，

稳步扩大保险资金投资资产证券化产品的规模和品种，开展保险资金投资不动产和创业投资企业试点。支持保险资金参股商业银行。支持保险资金境外投资。根据国民经济发展的需求，不断拓宽保险资金运用的渠道和范围，充分发挥保险资金长期性和稳定性的优势，为国民经济建设提供资金支持。

8. 深化体制改革、提高开放水平，增强可持续发展能力

进一步完善保险公司治理结构，规范股东会、董事会、监事会和经营管理者的权责，形成权力机构、决策机构、监督机构和经营管理者之间的制衡机制。加强内控制度建设和风险管理，强化法人机构管控责任，完善和落实保险经营责任追究制。转换经营机制，建立科学的考评体系，探索规范的股权、期权等激励机制。实施人才兴业战略，深化人才体制改革，优化人才结构，建立一支高素质的人才队伍。

统筹国内发展与对外开放，充分利用两个市场、两种资源，增强保险业在全面对外开放条件下的竞争能力和发展能力。认真履行加入世贸组织承诺，促进中外资保险公司优势互补、合作共赢、共同发展。支持具备条件的境内保险公司在境外设立营业机构，为“走出去”战略提供保险服务。广泛开展国际保险交流，积极参与制定国际保险规则。强化与境外特别是周边国家和地区保险监管机构的合作，加强跨境保险业务监管。

9. 加强和改善监管，防范化解风险

坚持把防范风险作为保险业健康发展的生命线，不断完善以偿付能力、公司治理结构和市场行为监管为支柱的现代保险监管制度。加强偿付能力监管，建立动态偿付能力监管指标体系，健全精算制度，统一财务统计口径和绩效评估标准。参照国际惯例，研究制定符合保险业特点的财务会计制度，保证财务数据真实、及时、透明，提高偿付能力监管的科学性和约束力。深入推进保险公司治理结构监管，规范关联交易，加强信息披露，提高透明度。强化市场行为监管，改进现场、非现场检查，严厉查处保险经营中的违法违规行为，提高市场行为监管的针对性和有效性。

按照高标准、规范化的要求，严格保险市场准入，建立市场化退出机制。实施分类监管，扶优限劣。健全保险业资本补充机制。完善保险保障基金制度，逐步实现市场化、专业化运作。建立和完善保险监管信息系统，提高监管效率。

规范行业自保、互助合作保险等保险组织形式，整顿规范行业或企业自办保险行为，并统一纳入保险监管。研究并逐步实施对保险控股（集团）公司并表监管。健全保险业与其他金融行业之间的监管协调机制，防范金融风险跨行业传递，维护国家经济金融安全。

加快保险信用体系建设，培育保险诚信文化。加强从业人员诚信教育，强化失信惩戒机制，切实解决误导和理赔难等问题。加强保险行业自律组织建设。建立保险纠纷快速处

理机制，切实保护被保险人合法权益。

10. 进一步完善法规政策，营造良好发展环境

加快保险业改革发展，既要坚持发挥市场在资源配置中的基础性作用，又要加强政府宏观调控和政策引导，加大政策支持力度。根据不同险种的性质，按照区别对待的原则，探索对涉及国计民生的政策性保险业务给予适当的税收优惠，鼓励人民群众和企业积极参加保险。立足我国国情，结合税制改革，完善促进保险业发展的税收政策。不断完善保险营销员从业和权益保障的政策措施。建立国家财政支持的巨灾风险保险体系。修改完善保险法，加快推进农业保险法律法规建设，研究推动商业养老、健康保险和责任保险以及保险资产管理等方面的立法工作，健全保险法规规章体系。将保险教育纳入中小学课程，发挥新闻媒体的正面宣传和引导作用，普及保险知识，提高全民风险和保险意识。

各地区、各部门要充分认识加快保险业改革发展的重要意义，加强沟通协调和配合，努力做到学保险、懂保险、用保险，提高运用保险机制促进社会主义和谐社会建设的能力和水平。要将保险业纳入地方或行业的发展规划统筹考虑，认真落实各项法规政策，为保险业改革发展创造良好环境。要坚持依法行政，切实维护保险企业的经营自主权及其他合法权益。保监会要不断提高引领保险业发展和防范风险的能力和水平，认真履行职责，加强分类指导，推动政策落实。通过全社会的共同努力，实现保险业又好又快发展，促进社会主义和谐社会建设。

第四章　企业财产风险与保险

对于企业来说，财产风险不仅包括企业的建筑物、机器设备、原材料、成品、运输工具等有形财产的潜在损失，而且包括企业拥有的权益、信用、运费、租金等无形财产的潜在损失。要防止财产风险损失，就要做好风险管理。风险管理首先必须识别风险；其次是要着眼于风险控制，采用积极的措施来控制风险；再次是要学会规避风险，采取财产保险的方式，一旦发生意外事件，通过保险赔付，减轻财产损失。

第一节　企业财产风险与保险概述

财产保险是指投保人根据合同约定，向保险人交付保险费，保险人按保险合同的约定对所承保的财产及其有关利益因自然灾害或意外事故造成的损失承担赔偿责任的保险。财产保险所涉及的范围比较广泛，包括财产保险、农业保险、责任保险、保证保险、信用保险等以财产或利益为保险标的的各种保险。需要注意的是，并非所有的财产及其相关利益都可以作为财产保险的保险标的，只有根据法律规定，符合财产保险合同要求的财产及其相关利益，才能成为财产保险的保险标的。

一、企业财产的种类与风险

1. 企业财产的种类

企业财产主要包括不动产和动产。不动产是指土地和土地上的定着物，包括各种建筑物，如房屋、桥梁、电视塔和地下排水设施等。其特点是与土地不能分离或者不可移动，一旦与土地分离或者移动将改变其性质或者大大降低其价值。而动产是指不动产以外的财产，如机器设备、车辆、动物和各种生活日用品等。从保险承保的角度来看，企业财产包括建筑物、建筑物中的内部财产、货币和有价证券、运输工具、货物和在建工程等。在保险市场上，保险人通常按照企业财产的这种分类推出相对应的财产保险险种。

（1）建筑物。建筑物是企业财产中具有重要价值的部分，是为企业生产和经营服务的。建筑物不仅包括房屋，还包括与房屋不可分割的各种附属设备、房屋以外的各种建筑物（如码头、油库、水塔和烟囱等）、附属装修设备（如水电、冷暖、卫生设备和门面装潢等附属于房屋、建筑物上较固定的设备装置）。建筑物是最主要的不动产，具有不可移动性，所面临的风险与其他可移动的财产相比，有极大的不同，更容易遭受水灾、火灾等自然灾害。

（2）建筑物中的内部财产。建筑物中的内部财产的特点是可以随意移动，而价值不受影响。主要包括机器设备、工具仪器、管理用具和原材料等。机器设备是指具有改变材料属性或形态功能的各种机器及其不可分割的设备，如机床、平炉、电焊机、传动装置和传导设备等。工具仪器是指具有独立用途的各种工作用具、仪器和生产用具，如切削工具、模压器和检验用仪器等。管理用具是指一些消防用具、办公用具及其他经营管理用的器具设备。原材料包括原材料、半成品、在产品、产成品、库存商品和特种储备商品等。

（3）货币和有价证券。货币是指通货、硬币、支票、信用卡凭证和汇票等；有价证券是指股票和债券等代表货币和其他财产的书面凭证。实质上，货币和有价证券都不是实际的物资，保险人通常不予承保，但这两种资产对企业而言极为重要，而且存在着特殊的潜在风险。货币和有价证券因其轻巧、体积小，很容易被人盗窃、隐藏或被火烧毁。其中，现金更是可以轻而易举地被消费掉，寻找起来极为困难。

（4）运输工具。运输工具包括汽车、火车、船舶和飞机等，其基本用途是载人或载货，从一个地点到另外一个地点，而这种运输过程使运输工具面临的风险具有独特性：一方面，作为运输工具本身，与其他财产一样可能遭受火灾、爆炸和洪水等灾害事故，使其本身价值受到影响；另一方面，运输工具也会制造一些风险，如发生碰撞事故，造成他人的财产损失或人身伤亡。因此在实际中，运输工具常常作为一类单独的对象，由运输工具保险承保其面临的风险。

（5）货物。货物通常是指贸易商品，也可以包括一些援助物资、供展览用的物品等非贸易商品。与其他财产相比，货物经常处于运输过程中，这种移动性使其面临着诸多风险。货物可能因运输工具而受损，如发生碰撞、出轨和沉没等事故，致使货物遭到损坏。而且不同的运输工具，面临着不同的环境和条件，其潜在的风险也体现出明显的差异性。此外，货物既有处于运输过程中的风险，也有处于静止状态时的风险，如货物存储期间的火灾和盗窃等风险。

（6）在建工程。工程项目施工的地质环境、人文环境和现场环境通常比较复杂，影响因素很多，高空露天作业的困难和危险较多，这些外部环境因素孕育了工程风险。因此，同其他财产相比，工程的风险具有特殊性、长期性和复杂性等。此外，工程项目施工过程中的参与方众多，施工现场的协调、指挥和监理等工作复杂，对有关人员的综合素质要求很高。同时随着经济的飞速发展和技术水平的提高，工程建设项目的投资规模越来越大，设计施工越来越复杂，大型项目如地铁、电站和摩天大楼等项目投资大、施工环境复杂、风险相对集中，因而工程项目一旦发生风险，造成的人身伤亡和经济损失都比较严重。

2. 企业财产风险

致使企业财产遭受损失的风险很多，从风险管理的角度，可以将其分为自然风险、社会风险和经济风险三类。

（1）自然风险。自然风险是指因自然因素或意外事故造成财产损失的风险。自然因素主要是指由于自然力的作用而造成的灾难，包括人力不可抗拒的、突然的、偶发的和具有破坏力的自然现象，如洪水、地震、泥石流、滑坡、崩塌、地面下沉、火山、风暴潮、海啸和台风等。意外事故是指由于人员的疏忽或违反操作规程所致的火灾、爆炸和空中运行物体坠落等突发事故。自然风险属于纯粹风险。

（2）社会风险。社会风险是指个人或集团的社会行为导致财产损失的风险。它主要来自以下几个方面：一是道德风险。它是指人为制造的风险，如纵火、偷窃、抢劫、渎职、贪污、泄密和挪用公款等。这些风险给企业造成的损失是不可预见的、很难控制的。二是政治风险，如罢工、暴乱造成财产遭受损毁或生产被迫中断。政治风险对国际工程项目及出口贸易的影响尤为重要，如买方所在国可能发生战争、革命和政变等政治事件或颁布延期付款令致使进口商无法履行还款义务，颁布法律、法令、条例或采取行政措施，禁止或限制买方；偿还债务，从而使出口商面临巨大的收汇损失。

（3）经济风险。经济风险是指在经济领域中各种导致企业经营遭受损失的风险。例如，通货膨胀会引起材料价格和工资的大幅度上涨，外汇汇率变化会引起外汇买卖的损失，国家或地区有关政策法令（如税收、保险等）变化而使企业需要支付额外费用，债务人可能由于经济衰退或因其内部管理上的失误而无力偿还到期债务等。

3. 财产风险导致的损失后果

一般情况下，企业拥有的财产遭受风险事故后，既会引起直接损失，又可能产生一些间接损失后果。

（1）直接损失。直接损失是由风险事故直接引起物体价值的降低或损失，主要包括：财产遭受破坏、损毁或者被征收而导致的损失；雇员受到伤害或生病而应由雇主支付的费用；企业因承担法律责任被诉讼而应支付的法律费用等。

（2）间接损失。间接损失是直接损失的后果，包括遭受灾害事故后导致的正常利润损失、固定费用和额外费用支出等。例如，一场暴风雨摧毁了输电线和变压器，致使企业的正常生产被迫中断，由此导致企业停工造成正常利润的减少或者完全丧失，这就是间接损失。又如，企业生产中断，为保证履行交货合同，企业不得不以更高的成本租赁替代设备来维持生产的正常进行，这种额外费用支付也是一种常见的间接损失。

二、财产保险的内涵与特性

1. 财产保险的内涵

财产保险是指以各种物质财产和有关利益为保险标的，以补偿投保人或被保险人的经济损失为基本目的的一种社会化的经济补偿制度。

财产保险是商业保险的重要组成部分，作为现代保险业的两大部类之一，财产保险通过各保险公司的社会化经营，客观上满足了人类社会除自然人的身体与生命之外的一切风险保障需求，是当代社会向前发展必不可少的经济补偿制度。

财产保险的标的是各种财产和利益，这种保险标的既具有自然属性，又具有社会属性。离开了自然属性，不可能反映其本质，而离开了社会属性，也不可能揭示其存在的社会价值。自然属性揭示了财产保险的本质是运用特殊的经营手段处理物质财产和经济利益所面临风险损失的补偿问题；财产保险的社会属性则揭示了财产保险又是一种由保险公司从事的商业经营活动。

根据经营业务的范围，财产保险可以分为广义财产保险和狭义财产保险。广义财产保险是指包括各种财产损失保险、责任保险、信用保证保险等业务在内的一切非人身保险业务，包括有形的物质财产和无形的非物质财产及其相关利益。狭义财产保险则仅仅是指各种财产损失保险，它强调的保险标的是各种具体的有形物质财产。因此可以说，狭义财产保险是广义财产保险的一个重要组成部分。

2. 财产保险标的的特殊性

财产保险是以财产及其有关利益为保险标的的保险，而人身保险是以人的寿命和身体为保险标的的保险。财产保险业务的承保范围，覆盖了除了人的寿命与身体之外的一切风险。同时，财产保险标的的损失总是表现为保险利益拥有者的价值损失，此种价值损失可以用货币来衡量，即货币是确定财产保险标的价值的标准；而人身保险承保的标的，不管是寿命还是人身，都是没有经济价值标准的，无法用货币来对其进行估价。保险标的的形态与保险标的价值规范的差异，构成了财产保险与人身保险的区别。这也构成了财产保险的重要特征之一，即财产保险标的具有特殊性。

3. 财产保险的补偿性

保险客户投保各种类别的财产保险，目的是转嫁自己在有关物质财产及其有关利益上的风险，并获得经济损失上的补偿；而保险人经营各种类别的财产保险业务，则意味着承担起对保险客户保险利益损失的赔偿责任。尽管在具体的财产保险经营实践中，有许多保险客户因未发生保险事故或保险损失而得不到赔偿，但从理论上讲，保险人的业务经营是建立在补偿保险客户的保险利益损失基础之上的。例如，某企业以其全部资产参加财产保险基本险，按照一定的费率标准交付保险费，当其因保险合同约定的任何保险事故造成损失时，都可以从承保人那里得到补偿。因此，财产保险费率的制定，虽然是以投保财产和有关利益的损失率为计算依据，但实际上，财产保险基金的筹集是以补偿所有保险客户的保险利益损失为前提的。财产保险业务的这种补偿性，是使其成为独立的新兴产业的根本特征。

4. 财产保险承保范围的广泛性

财产保险业务的承包范围，覆盖着除自然人的寿命与身体之外的一切风险保险业务，它不仅包括各种差异极大的财产物资，而且包括各种民事法律风险和商业信用风险等。大到航空航天事业、海洋石油开发、核电站工程等，小到家庭和个人财产，都可以从财产保险中获得风险保障。

财产保险业务范围的广泛性，决定了财产保险具体对象必然存在着较大的差异性。一方面说明，财产保险的承保人具有广阔的市场选择；另一方面也说明，任何保险人要想承保全部各种类别的财产保险业务都具有相当的难度。这就要求保险人在经营财产保险业务时，要充分注意承保范围的广泛性与各类业务之间的差异性的密切关联，根据自己的实力和优势来确定业务的主攻方向。

5. 财产保险的风险分散机制

财产保险是一种商业保险，它遵循的是市场经济的自愿平等、等价有偿的商业经营法则。保险人根据大数法则的损失概率来确定各种财产保险的费率，从而在理论上，保险人从保险客户那里筹集的保险基金与其所承担的风险责任是相对应的。因此，从总体的保险关系来看，保险人与被保险人的关系是完全平等和等价的。但是，就单个的保险关系而言，却又明显地存在着交易双方在实际支付的经济价值上的不平等现象。一方面，在保险人承保的各种财产保险业务中，每一笔业务，保险人都是按照确定的费率标准计算并收取保险费，其收取的保险费通常是投保人投保标的实际价值的千分之几或百分之几，而一旦被保险人发生保险损失，则保险人往往要付出高于保险费若干倍的保险赔款，而被保险人获得巨大利益，交易双方是不平等的。另一方面，在无数笔财产保险业务中，有许多被保险人在保险期限内并未发生保险事故或保险损失，保险人即使收取了保险费，也不存在经济补偿问题，交易双方同样是不平等的。可见，保险人在经营每一笔保险业务时，收取的保险费与支付的保险赔款事实上并非是等价的。正是这种单个保险关系在经济价值支付上的不等性，构成了财产保险总量关系等价性的现实基础和条件。

同时，这种单个保险关系在经济价值支付上的不等性，决定了保险双方的双向选择，一方面，它促使保险人在经营财产保险业务时需要对保险客户投保的标的和风险进行选择和限制，以防止保险客户逆选择，来维护自己的经济利益；另一方面，保险客户也会在投保时对投保标的与投保风险进行选择，并总是力求将那些难以避免的风险转嫁给保险公司。财产保险关系的建立，是保险人和保险客户经过相互协商、相互选择并对上述经济价值不等关系认同的结果。

三、财产保险的作用

财产保险是一种科学的风险分散机制和经济补偿制度，是企业、团体、居民家庭和个人转嫁各种财产损失风险不可或缺的工具。财产保险的作用是通过组织经济补偿来体现的，表现在宏观和微观两个方面。

1. 财产保险的宏观作用

财产保险的宏观作用主要体现在以下几个方面：

（1）通过补偿被保险人的经济利益损失，维护社会再生产的顺利进行。社会经济发展中，各种自然灾害和意外事故都是难以避免的。而自然灾害、意外事故的不确定性、突发性与经济运行的持续性、规律性存在明显的冲突。建立和发展财产保险制度，被保险人在日常经营中支付一定数量的保险费，而当遭受灾害损失时就可以得到及时的经济补偿，就能够及时恢复受损的财产或利益，从而保证生产经营不间断地持续进行，这实际上是将财产和利益的意外风险化解为相对固定的日常经营支出，变不确定性的风险开支为可以通过财务活动进行测算的成本支出，实现了社会经济活动的收支平衡。因此，财产保险在当代社会对各国都是一种必要的经济补偿机制。

（2）有利于提高整个社会的防灾减损意识，使各种灾害事故的发生及其危害后果得到有效控制。尽管各种灾害事故的发生是不以人的意志为转移的，是无法完全避免的，但财产保险制度的建立，首先是形成了一支专门从事各种灾害事故风险管理的专业队伍，其次是保险人从自身利益出发也必须高度重视对被保险人的风险管理工作，并积极参与社会化的防灾防损工作。例如，保险人在财产保险经营实践中，通过承保前的风险调查与评估、保险期间的防灾防损检查与监督、保险事故发生后的致灾原因调查与总结等，均会起到良好的防灾减损作用。有的保险人还直接参与社会化的防灾减损活动，或者向减灾部门提供经济上的援助和各种防灾设施等。因此，财产保险的发展，客观上使社会防灾防损的力量得到了壮大和强化，最终使灾害事故及其损害后果得以减轻。

（3）有利于创造公平的竞争环境，维护市场经济的正常运行。市场经济是自由竞争的经济，而各种灾害事故作为不确定的风险因素却往往造成竞争环境的不公平。建立财产保险制度，各企业便可以将平时不确定的风险通过一笔较为公平的保险费转嫁给保险人，这种不稳定性因素的消除，使社会竞争环境更加公平。以此类推，对于城乡居民家庭和社会成员个人而言，财产保险亦是消除其不确定风险因素的必要机制。因此，财产保险对于市场经济的正常运行有着重要的维系作用。

(4) 能够增加就业机会，促进各种产业的发展。一方面，财产保险的发展必然需要不断增设机构和网点，扩充从业人员，从而为社会提供了更多的就业岗位和机会，在一定程度上减轻了剩余劳动力的安置压力。另一方面，财产保险为遭受风险损失的法人提供相应的补偿，使其能在灾后尽快恢复生产经营，同时保证了就业劳动力岗位的稳定。

(5) 促进对外贸易和国际经济交往，平衡国际收支。在国际贸易中，无论是出口还是进口商品，必须办理保险，它是国际贸易商品价格中不可或缺的组成部分。涉外保险的开展，对促进对外经济贸易、增加资本输出或引进外资，保障国际经济交往，无疑起到了非常积极的作用。同时，许多国家的外汇保费收入成为国家积累外汇资金的重要来源，财产保险对平衡国际收支也起到了重要作用。

2. 财产保险的微观作用

财产保险的微观作用主要体现在以下几个方面：

(1) 对企业来说，财产保险有助于企业及时解决风险，并加强风险管理。企业的生产经营活动可能因灾害事故发生停顿，企业不仅可能遭遇直接的财产损失，而且受灾后利润也没有保障，甚至导致负债破产。如果企业参加了财产保险，把将来不确定的风险因素转化为日常相对固定的可承受的经营支出，那么则可以有效保障企业的财产安全，实现企业利润。发生风险事故后，可及时得到恢复，促进企业的持续发展。同时，财产保险公司作为经营风险的特殊企业，在其经营中积累了丰富的风险管理的经验，为其提供风险管理的咨询和技术服务创造了有利条件。

(2) 对居民家庭和个人来说，有利于安定城乡居民的日常生活。随着经济的持续发展，城乡居民的收入水平不断提高，家庭财富也日益增长。如果没有财产保险，贫困的社会成员会因灾陷入更加贫困的境地，富裕的社会成员亦将因灾而沦为贫困。如果参加了财产保险，对于城乡居民家庭和个人来说，日常拿出一定数量的保险费，是完全可以承担的，不影响其正常的生活；而一旦财产或利益遭到风险损失就能够从保险人处获得补偿，从而免除了生产、生活方面的风险之忧，避免了灾后单纯依靠政府救济、单位扶持、亲友帮助、民间借贷的困难局面，以及由此产生的各种不良的连锁反应，最终维护灾区社会秩序的稳定和城乡居民生活的正常化。

第二节　财产保险遵循的原则

财产保险说到底是一种合同关系，作为合同，一方面应遵循合同的自愿、平等、公平等一般原则；另一方面，由于保险经营的特殊性，还应遵循一些特殊的原则，这些原则包括：最大诚信原则、可保利益原则、损失补偿原则、近因原则和权益转让原则。这些原则是财产保险经营和规范的基础，其相关内容也是财产保险学的核心内容。

一、最大诚信原则的适用与要求

最大诚信原则的基本内容，既有对投保方的要求，又有对保险方的要求；既包括订立保险合同时的要求，又包括履行保险合同过程中的要求。

1. 最大诚信原则的含义

所谓诚信，即诚实、信用，是我国民法的基本原则，是各种合同成立的基础。我国《保险法》第五条规定："保险活动当事人行使权利、履行义务应当遵循诚实信用原则。"

财产保险合同因其以不确定的风险为标的，尤其应强调诚实信用原则，而且必须遵循最大诚信原则，因为对财产保险合同来说，其经营具有特殊性，它对当事人诚实信用原则的要求比一般的民事活动更为严格。它要求当事人做到的不是一般诚信，而是高度诚信，即"最大诚信"。诚信原则的明确表达，最早见于1906年的《英国海上保险法》第十七条："海上保险契约的基础，系忠诚信实，倘一方不顾绝对的忠诚信实，他方得宣告是项契约失效。"这是因为，当保险人在签订保险合同时，往往不在船货所在地，对保险财产难以实地了解和查勘，那时又无良好的通信设备，单凭投保人的陈述来承保，因而投保人的诚实和守信便显得十分重要。后来，这一原则又在其他保险领域得到广泛应用，成为保险活动的基本原则。最大诚信原则的遵循促进了保险业的健康发展。

2. 最大诚信原则对投保方的要求

最大诚信原则对投保方的要求，主要包括"告知"和"保证"两项内容。

(1) 所谓告知（或称陈述），是要求投保人或被保险人应尽如实告知义务。财产保险是以概率论为基础的经济补偿制度，保险人要根据保险标的的具体情况来决定是否承保并确定相应的保险费率，以体现众多投保人分摊损失的公平性。因此，投保人在订立保险合同时必须如实陈述有关保险标的的重要事实，不得有任何虚假和遗漏。

就形式而言，投保人的如实告知形式又可分为无限告知形式（客观告知形式）和回答告知形式（主观告知形式）两种。前者是指法律或保险人对告知的内容没有明确规定，投保人对事实上与保险标的的危险状况有关的任何重要情况都负有告知的义务。后者则是指投保人必须回答保险人的询问，对保险人询问以外的问题，投保人不必告知。在回答告知形式的规定中，投保人的告知以其所知为限。我国《保险法》采取的是回答告知形式。我国《保险法》第十六条规定："订立保险合同，保险人就保险标的或者被保险人的有关情况提出询问的，投保人应当如实告知。"基于同理，当财产保险合同订立后，投保人、被保险人及受益人仍须承担及时、如实告知的义务，如保险标的发生变更或危险增加，保险标的出险等，均应及时告知保险人，如《保险法》第二十一条规定："投保人、被保险人或者受益人知道保险事故发生后，应当及时通知保险人。"

（2）所谓保证，是指投保人或被保险人确认或承诺某一特定事实是否存在、某一特定事项的作为与不作为。根据保证事项是否已确实存在，保证可分为确认保证和承诺保证。确认保证是投保人对过去和现在某一特定事实是否存在的保证；承诺保证则是投保人对某一特定事项现在以及持续至将来或于将来是否存在的保证。根据保证存在的形式，保证又可分为明示保证和默示保证。明示保证是指保险合同中明确规定的保证条款；默示保证则是指虽然未在保险合同中明确规定，但根据法律和保险习惯应由投保人或被保险人对某个特定事项予以承担责任的保证。

由于保证条款对投保人或被保险人的要求极为严格，如果滥用，将会造成对投保人或被保险人利益的损害，因此各国保险法均对保证条款进行了一些限制。例如：保证的内容必须是重要事实；保证条款必须明确载于保险合同内，如果是载于附件中，保险人应在出具的保险单中加以确认等。

在各国的财产保险实践中，被保险人谎报或隐瞒标的的重要事实，甚至故意制造或捏造损失事故以骗取保险赔款的欺诈案屡有发生，例如：事故发生后才投保并提出索赔，纵火烧毁自己已投保的房屋或其他财产，采取私换牌照的方法将未投保的汽车伪装成保险汽车出险等。对此，《保险法》明确规定，保险人有权解除合同，并不退还保险费。情节特别严重，还可以根据刑法中有关的条款进行追究。

3. 最大诚信原则对保险人的要求

最大诚信原则对保险人的要求，主要是保险人在展业和承保过程中应充分、如实地向投保人说明保险条款的内容，特别是关于保险人责任免除的条款；同时，要求保险人在保险事故发生并造成损失后按合同履行其赔付义务。

保险条款通常是由保险人制定的，大多数投保人因专业所限难以全面理解，故保险人不得进行欺骗性描述，在合同订立时应详细解释保险条款内容，以使保险合同真正体现双方意志，维护合同双方的正当权益。我国《保险法》对保险人的说明内容有明确规定。《保险法》第十七条规定："订立保险合同，采用保险人提供的格式条款的，保险人向投保人提供的投保单应当附格式条款，保险人应当向投保人说明合同的内容。""对保险合同中免除保险人责任的条款，保险人在订立合同时应当在投保单、保险单或者其他保险凭证上做出足以引起投保人注意的提示，并对该条款的内容以书面或者口头形式向投保人做出明确说明；未作提示或者明确说明的，该条款不产生效力。"

最大诚信原则对保险人的要求还体现在：保险人应提供合理的承保条件；在特定事由出现时应及时行使合同解除权；准确、及时地进行保险赔付；对在办理保险业务中知道的投保人或被保险人的有关情况予以保密等。

4. 最大诚信原则对保险中介人的要求

在很多情况下，保险代理人、保险经纪人和保险公证人也会作为中介人直接参与保险活动的各个环节，这些中介人若违背最大诚信原则，将直接损害保险双方当事人的权益，破坏保险市场秩序。因此，最大诚信原则作为财产保险的一项基本原则，也要求保险中介人进行遵守。

保险中介人应依法取得执业资格，在核定范围内根据当事人授权或接受当事人委托开展保险代理、保险经纪和保险公正活动，不得有挪用保险费、截留保险赔款、提供虚假证明等损害投保人或被保险人和保险人利益的行为。

5. 弃权与禁止反言

为体现最大诚信原则，各国保险法一般都有弃权与禁止反言的规定。前者是指保险人放弃因投保人或被保险人违反告知义务或保证条款而产生的对抗权，保险人一旦弃权，则不得重新主张该项对抗权。禁止反言（也称失权）是指保险人明知保险合同有瑕疵或投保人、被保险人违反告知义务、保证条款，并因而享有对抗权，但放弃了此对抗权，则禁止保险人反言。

二、可保利益原则的适用与要求

可保利益原则又称保险利益原则，是指投保人或被保险人对保险标的所具有的法律上承认的经济利益，即保险标的的损坏或灭失对被保险人有着利害关系，如财产安全，投保人就能得益，如财产受损，其利益亦遭损害，否则保险合同无效。我国《保险法》第十二条规定："保险利益是指投保人或者被保险人对保险标的具有的法律上承认的利益。""财产保险的被保险人在保险事故发生时，对保险标的应当具有保险利益。”

1. 可保利益原则的作用

可保利益原则的作用主要体现在这样几个方面：

（1）可以减少道德风险。保险利益原则要求投保人或被保险人对保险标的具有保险利益，保险人的赔付以被保险人遭受经济损失为前提。这就可以防止投保人或被保险人放任、促使其不具有保险利益的保险标的发生保险事故，以谋取保险赔款。

（2）可使危险因素相对稳定。危险因素的变化会直接影响保险关系，而保险利益的变动正是导致危险因素发生变化的一个重要原因。保险利益原则可以使保险标的的危险因素相对稳定。

（3）有利于明确保险人所承担的补偿金额。保险利益既然是投保人或被保险人对保险标的的权益，那么它就是保险人进行经济赔偿的限额。或者说，被保险人向保险人请求赔偿，不得超过保险利益的金额或价值。

（4）避免赌博行为。可保利益原则的确立使保险与赌博从本质上划清了界限。赌博行为有悖于社会公共利益，为法律所禁止。而保险则是一种以互助为基础的经济补偿制度，它对于补偿经济损失、筹集社会资金、促进社会互助的风气等具有积极的作用。

2. 构成可保利益的条件

构成可保利益的条件主要有：

（1）可保利益必须是合法利益。保险利益作为投保人或被保险人享有的利益，必须是符合法律、法规，符合社会公共利益，为法律认可并受到法律保护的利益。任何人对贪污、盗窃、诈骗等非法手段取得的财产均无可保利益，因为这些利益都是违反法律和公共利益的，属于非法利益，即使签订了保险合同，其合同也是自开始之日就属无效。

（2）可保利益必须是经济利益。财产保险补偿的是具有经济价值并能以货币加以计量的利益，如所有权、债权、担保物权等。而那些非经济性的损失，如精神创伤、刑事处罚、政治打击等，由于很难以货币价值加以计量，因而不能构成保险利益。

（3）可保利益必须是确定的和能够实现的利益。所谓“确定”是指事实上已经存在的利益。所谓“能够实现”是指将来一定可以得到的利益，如预期利益。因而，保险利益必须是客观存在的、可实现的利益，而不能仅靠主观推测。

3. 可保利益原则在应用中应注意的问题

可保利益原则在应用中应注意这样一些问题：

（1）投保人在投保时有可保利益，但出险时已丧失可保利益。这一般是因为保险期内投保人将保险标的转让给他人。《保险法》第四十九条规定："保险标的转让的，保险标的的受让人承继被保险人的权利和义务；保险标的转让的，被保险人或者受让人应当及时通知保险人。"因此，保险标的转让的，自转让时起，受让人即开始对保险标的具有可保利益，转让人丧失可保利益。

（2）投保人在投保时和出险时均无可保利益。比较常见的情况是保险标的发生转移后，新的财产所有人仍以原所有人名义投保，这样的财产保险合同是无效合同。

（3）保险标的或被保险人的其他同类财产在保险地址以外的其他地点出险受损，例如企业在对外加工、异地储存等情形下，有些财产虽属投保企业但又不在保险地址内，如果订立保险合同时双方对此予以约定，则投保人具有保险利益；如果双方没有约定，则一般认为投保人没有保险利益。

（4）关于货物运输保险的可保利益，应根据实际情况具体考察。这主要是因为在运输中的货物具有流动性，有时是发货人投保，有时是收货人投保，有时则是发货人代收货人投保，方式有所不同。而且在远距离运输中，还可能有多种可保利益同时存在，这就需要保险人在对各种情况进行全面考察后对相关保险条款做斟酌处理。

三、损失补偿原则的适用与要求

损失补偿原则是指当被保险人因保险事故而遭受损失时，其从保险人处所能获得的赔偿只能以其实际损失为限。损失补偿原则的基本含义包含两层：一是只有保险事故发生造成保险标的毁损致使被保险人遭受经济损失时，保险人才承担损失补偿的责任，否则，即使在保险期限内发生了保险事故，但被保险人没有遭受损失，就无权要求保险人赔偿。这是损失补偿原则质的规定。二是被保险人可获得的补偿量仅以其保险标的在经济上恢复到保险事故发生之前的状态，而不能使被保险人获得多于或少于损失的补偿，尤其是不能让被保险人通过保险获得额外的收益。这是损失补偿原则的量的限定。损失补偿原则主要适用于财产保险以及其他补偿性保险合同。

1. 损失补偿原则的限制

损失补偿原则首先要求保险人对财产保险责任范围内的事故损失的赔偿必须做到及时、准确、守约。为此，保险赔偿原则特别强调保险赔偿的条件和范围，其基本内容是：

（1）有损失才有赔偿，补偿以损失为前提。而且该损失必须是保险标的在保险期间内、保险责任范围内的损失。

（2）损失补偿有最高限制。具体含义又包括三个方面：

第一，损失补偿以实际损失为限。保险人对保险标的的实际损失进行经济补偿，使被保险人经济上恰好能恢复到事故发生前的状态。这样，一方面能实现保险的经济补偿职能，另一方面能防止投保人或被保险人利用保险渔利，减少道德风险的发生。在实际赔付中，由于财产的价值经常发生变动，因而，一般以损失当时的同类财产市价为准。应当注意的是，以实际损失为限只适用于不定值保险。

第二，保险赔偿以可保利益为限。可保利益表现为投保人或被保险人对保险标的所具有的经济利益。在许多情况下，可保利益与保险标的的实际价值及事故发生后保险标的的实际损失并不相等，而理赔中，保险赔偿不能超过可保利益。例如，在抵押贷款中，以抵押人的名义对抵押的房产投保财产保险，如果抵押人为取得 80 万元的贷款将 120 万元的房产抵押给抵押权人，如若房产在保险期内全部受损，抵押人只能获得以可保利益为限的 80 万元赔款。

第三，保险赔偿以保险金额为限。保险金额是保险人承担赔付责任的最高限额，被保险人因保险标的受损从保险人处获得的赔偿，不能超过保险合同载明的保险金额。

保险赔偿是财产保险活动的最后环节，是保险双方权利义务关系的核心内容，是财产保险经济补偿职能的直接体现。损失补偿原则是财产保险合同的最重要原则，其意义在于：一是真正保障被保险人的利益，使其在发生保险事故后得到应有的补偿；二是防止被保险人通过保险赔偿得到额外的好处，防止道德风险的发生。

2. 损失补偿的方式

财产保险有三种基本的赔偿方式，以不同的赔偿方式计算费率、赔偿金额，结果各不相同，在保险条款中必须明确规定采用哪一种赔偿方式。

（1）比例赔偿方式。采用这种方式，按保险财产的保险金额与出险时的实际价值的比例来计算赔偿金额。包括两种情况：一是在不定值保险条件下，若保险金额大于或等于保险价值，即足额或超额保险时，其赔偿金额等于损失金额；若保险金额小于保险价值，即不足额保险时，其保险金额为：

损失金额×（保险金额÷保险价值×100%）。

二是在定值保险的条件下，由于保险金额等于保险价值，因此若发生全损，损失金额等于保险价值，即赔偿金额等于保险金额；若发生部分损失，损失金额小于保险价值，则赔偿金额采取比例赔付方式：

保险金额×（1－残值÷保险标的完好价值×100%）。

（2）第一责任赔偿方式。在这种方式下，保险金额与实际价值相等的部分，作为足额投保，称第一责任或第一危险；标的价值超过保险金额的部分，称为第二责任或第二危险。此方式的特点是赔偿金额一般等于损失金额，但是以不超过保险金额为限，即损失金额低于或相当于保险金额时，保险人赔偿全部损失；损失金额高于保险金额时，保险人的赔付金额以保险金额为限。

(3) 限额责任赔偿方式。这种赔偿方式包括两种情况：一是固定责任赔偿方式，即保险人在订立保险合同时规定保险保障的标准限额，保险人只对实际价值低于标准保障限额的差额予以赔偿的方式。这种赔偿方式多用于农业保险。二是免赔限度赔偿方式，即保险人事先规定一个免赔限度，只有在保险标的的损失超过该限度时才予以赔偿。

3. 损失补偿原则派生的分摊原则

分摊原则是保险赔偿原则的一个重要方面，该原则的产生与重复保险有直接关系。重复保险是指投保人对同一保险标的、同一保险利益、同一保险事故分别与两个以上保险人订立保险合同，且保险金额总和超过保险价值的保险。在这种情况下，各保险人如分别进行理赔，则会使投保人获得的赔偿金总额超过保险价值，违反财产保险赔偿的基本原则，如公平原则、补偿原则等。重复保险赔偿分摊，指的是在重复保险情形下，当保险事故发生后，各保险人分摊被保险人的实际损失。重复保险赔偿分摊原则可以防止被保险人获得的保险赔偿总额超过其实际损失价值，维护了社会公平，是财产保险所特有的原则。

分摊的方式主要有以下几种：

(1) 保险金额比例分摊。即各保险人按各自保险单载明的保险金额占所有保险单保险金额总额的比例与损失金额相乘来承担赔偿责任。这是运用较为广泛的一种分摊方式。

(2) 赔偿责任限额分摊。这种分摊方式是以各保险人不考虑重复保险情形下，单独应承担的赔偿金额占各保险人单独承担的赔偿金额总和的比例，来确定各保险人的实际赔偿责任。

(3) 出单顺序责任分摊。这种分摊方式是由保险人按出单顺序在各自保险金额限度内进行赔偿，后出单的保险人仅赔偿超过前一保险人赔偿责任的损失部分，至被保险人的实际损失得到全部补偿为止。这种方式显然对保险人欠公平，因而许多国家不采用这一方法。

(4) 连带责任赔偿。这种分摊方式是由保险金额比例分摊方式演变而来，即各保险人负连带赔偿责任，被保险人有权向承保的任何保险人请求全部赔偿金额，各保险人之间则按保险金额比例分摊方式确定各自责任。

无论采取哪一种方法，其最终目的都是在为投保人和被保险人提供合法经济补偿的同时保障保险人的利益。我国《保险法》第五十六条第二款规定：“重复保险的各保险人赔偿保险金的总和不得超过保险价值。除合同另有约定外，各保险人按照其保险金额与保险金额总和的比例承担赔偿保险金的责任。”可见我国实行保险金额比例分摊制。例如，我国的涉外财产保险单上，一般都列有相应条款规定：“如本保险单所保财产在损失发生时另有其他承保该项财产的保险存在，不论系被保险人或他人所投保，本公司仅负按比例分摊损失的责任。”

四、近因原则的适用与要求

近因是指在风险和损失之间，导致损失的最直接、最有效、起决定作用的原因，而不是指时间上或空间上最接近的原因。由此而产生近因原则。近因原则是指危险事故的发生与损失结果的形成，须有直接的后果关系，保险人才对发生的损失补偿责任。也就是说，保险关系上的近因并非是指在时间上或空间上与损失最接近的原因，而是指造成损失的最直接、最有效的起主导作用或支配性作用的原因。

1. 近因原则的含义

在财产保险理赔中，要确定保险标的损失是否属于保险责任范围，或者说确定保险标的的损失与承保危险之间是否存在因果关系，需要运用近因原则，因此近因原则是财产保险赔偿中的重要原则之一。

近因原则作为保险法的基本原则，其含义为：只有在导致保险事故的近因属于保险责任范围内时，保险人才应承担保险责任。也就是说，保险人承担赔偿责任的范围应限于以承保风险为近因造成的损失。目前，近因原则已成为判断保险人是否应承担保险责任的一个重要标准。对于单一原因造成的损失，单一原因即近因；对于多种原因造成的损失，持续地起决定或有效作用的原因为近因。如果该近因属于保险责任范围内，保险人就应当承担保险责任。

近因属于保险责任则保险人承担赔偿责任，非近因，也称远因（无论是否属于保险责任）造成的损失则不予赔偿。近因原则的首次确立见于 1906 年的《英国海上保险法》，其中规定："依照本法的规定，除保险单另有规定外，保险人对于所承担的危险近因所致的损失，负赔偿责任。但是，对于非由所承保的危险近因所致的任何损失，概不负责。"从理论上讲，近因原则比较简单，但在实践中，若有几个原因同时存在，要找出近因则有相当难度，常常会由于人们的文化背景、思维方式的不同而得出截然不同的判断结果。因而，当事人只能通过对更多案例的学习与研究，通过多方面的思考，才能做出合理的判断。

2. 近因原则的确定

运用近因原则判定保险责任，主要分为以下几种情况：

（1）单一原因造成保险标的损失。如果该原因属保险责任事故，则保险人承担保险赔偿责任；如果该原因属于责任免除项目，则保险人可以拒绝赔偿。

（2）多种原因造成保险标的的损失。具体有以下几种情况：

第一，如果多种原因同时发生且均为承保危险，保险人对保险标的的损失负全部赔偿责任；反之，如果多种原因同时发生且均为非承保危险，则保险人不承担任何赔偿责任；若多种原因同时发生，但不全属于承保危险或非承保危险，则应区别对待。能够把承保危险和非承保危险区分开来，则保险人只负承保危险范围内的保险事故的赔偿责任；如果不能区分的话，则不予赔付。

第二，多种原因连续发生造成损失。如果其中持续起决定作用或处于支配地位的原因属承保危险，则保险人负赔偿责任，否则保险人不赔。在这种情况下，若各个原因之间的因果联系未中断，后因是前因的结果，则最先发生的原因为损失的近因。主要有这样几种情况：如各原因均为承保危险，保险人负赔偿责任；若各原因均为不保危险，则保险人不负保险责任；若前因为承保危险，后因为不保危险，则近因为承保风险，保险人负赔偿责任；若前因为不保危险，后因为承保危险，则近因为不保风险，保险人不负赔偿责任。

第三，多种原因间断发生，即前因与后因不连续、无关联，后因不是前因的必然、直接结果，而是相对独立的原因。在此种情况下，近因为后来发生的新的独立原因，如果后因属保险责任，则保险人对由此造成的损失承担赔偿责任，不属保险责任则不赔。

第四，多种原因同时发生或相对独立。在这种情况下，确认近因比较困难，因此要具体情况具体分析，同时要多参考一些重要的判例和国际上的习惯法。对此，一般是如果可以依其原因对损失加以划分，则保险人对承保危险部分承担赔偿责任；如果损失无法划分，保险人可不承担赔偿责任。

五、权益转让原则的适用与要求

所谓权益转让，是指被保险人在其全部或部分损失由保险人按保险合同予以补偿后，依法应将保险标的所有权和追偿权转让给保险人。权益转让原则是财产保险特有的原则。权益转让原则的意义在于，一方面可以防止被保险人在一次损失中获得双重或多重补偿，防止道德风险；另一方面可以使保险人通过保险标的所有权或追偿权的受让挽回一部分损失，维护保险人的合法权益。权益转让在实务中的运用主要有代位追偿和委付。

1. 权益转让的代位追偿方式

在财产保险中因第三者对保险标的的损害而造成保险事故，保险人在向被保险人赔偿保险金之后，在赔偿金额范围内享有代位行使被保险人对第三者请求赔偿的权利，此即为代位追偿，或称为代位求偿。我国《保险法》第六十条规定："因第三者对保险标的的损害而造成保险事故的，保险人自向被保险人赔偿保险金之日起，在赔偿金额范围内代位行使被保险人对第三者请求赔偿的权利。"采用这一原则，可以防止被保险人因一次损失而获得双倍的赔偿，维护了社会公平。

代位追偿权的成立要件有三项。首先，被保险人对第三者享有赔偿请求权，即保险标的损失是由第三者的原因造成的，根据法律或约定，该第三者对保险标的的损失应负赔偿责任。其次，保险人对该保险标的损失也负有赔偿义务。再次，保险人已支付了保险金。保险人自支付保险金之日起即自动取得代位权，保险实务中被保险人出立的权益转移证书仅是代位求偿权的证明，而非权益转让的要件。

行使代位追偿权，有下列事项需要注意：

(1) 保险人追偿金额以其实际支出的赔偿金额为限，对没有赔偿的部分则不能主张代位权。如果保险人代位求偿所获金额超过其实际支出的赔偿金额，应将超过部分归还被保险人。

(2) 除非被保险人的家庭成员或其组成人员故意造成保险事故，保险人不得对被保险人的家庭成员或其组成人员行使代位追偿权。

(3) 被保险人不得损害保险人的代位追偿权。被保险人在保险人赔付之前放弃对第三者的追偿权，保险人不承担赔偿保险金的责任；被保险人在保险人赔付之后未经保险人同意放弃对第三者的追偿权，该行为无效；被保险人故意或者因重大过失致使保险人不能行使代位请求赔偿的权利的，保险人可以扣减或者要求返还相应的保险金。

(4) 习惯上，保险人以被保险人的名义行使代位追偿权（各国司法实践普遍认为保险人既可以被保险人的名义，也可以自己的名义行使代位追偿权）。保险人向第三者行使代位请求赔偿的权利时，被保险人应当向保险人提供必要的文件和所知道的有关情况。

(5) 在权益转让后，被保险人对不属于保险责任范围的损失继续保留索赔权。或者说，保险人行使代位追偿权，不影响被保险人就未取得赔偿的部分向负有责任的第三者请求赔偿的权利。

2. 权益转让的保险委付方式

在保险业务中，被保险人权益转让的另一种方式是保险委付，它是指保险标的处于推定全损状态时，投保人或被保险人将其所有权及派生的一切权利和义务转移给保险人，而请求支付全部保险金额的法律行为。它主要适用于船舶保险与货物保险等业务。

保险委付成立的条件包括：

(1) 保险委付应以推定全损为条件。若保险标的发生实际全损，则无物权可转移，被保险人也无须转移权利即可获得全部赔偿。

(2) 保险委付应就保险标的的全部提出请求，即委付具有不可分性。但如果保险标的是由可分的独立部分组成，其中只有一部分发生委付原因，则可仅就该部分保险标的请求委付。

(3) 保险委付不得附有条件。例如，船舶发生推定全损，被保险人请求委付，同时又声明，如果船被修复，将返还保险金取回该船，这是法律所禁止的。

（4）保险委付须经保险人承诺方可成立。委付只是被保险人的一种单方法律行为，保险人可以接受委付，也可以不接受委付，但是应当在合理的时间内将接受与不接受的决定通知被保险人。有的国家规定，委付也可依法判决而成立。委付一经接受，不得撤回。

另外，从保险委付的效力看，须注意：一是保险委付成立以后，保险标的物自发生委付的原因出现之日即转移，而非以保险人接受委付或进行赔付为条件。二是保险委付成立以后，保险人对保险标的物的全部权利和义务同时接受。一方面，保险人以所有人的身份获得收益，并向负有责任的第三者进行追偿，如所得额超过其所支付的赔款，也尽归其所有。另一方面，保险人也要承担与该保险标的有关的一切责任。故保险人须仔细权衡得失。

从上述保险委付与代位追偿的内容可以看出，两者的主要区别是，前者不仅接受权利，而且也同时承担义务，后者仅仅是获得权利。

第三节 财产保险的种类

财产保险的优越性主要表现在对各种风险进行管理的专业化和社会化方面。一方面，保险业是专门经营各种风险的行业，各国的保险制度都普遍规定了财产保险专业经营的法律原则，财产保险业务经营的高度专业化，必然使其在组织经济补偿时具有更高的效率和经验；另一方面，财产保险是一种高度社会化的业务，其业务经营活动往往超越国界而成为一种世界性业务，这种高度社会化的经营方式，使投保人或被保险人的各种风险能够在最大的范围内得以分散，最终实现财产保险业务经营的稳定化、长期化。因此，财产保险在管理风险、组织经济补偿方面，具有其他经济制度无法比拟的优越性。随着保险业的发展，财产保险的种类也越来越多，按照不同的标准划分，可以有不同分类。

一、按保险标的内容分类

随着社会的发展和科学技术的进步，物质财产及其相关利益的内容和形式更加丰富多彩，从而使财产保险业务的保险标的种类繁多。财产保险除了承保财产，还承保与财产有关的利益和损害赔偿责任。

1. 物质损失保险

物质损失保险即以人类劳动所形成的各种具体的、有形的财产为标的的保险。它包括：

（1）各种固定资产和流动资产，如房屋、机器设备、仓储物质和居民生活用具等，可以为这些物质财产提供保险保障的业务有企业财产保险和家庭财产保险等。

（2）各种运输工具，即各种在陆地、江河、海洋和天空从事非军事性活动的运输工具，如汽车、火车、船舶和飞机等，可以为这些物质财产提供保险保障的业务有机动车辆保险、船舶保险和飞机保险等。

（3）各种运输过程中的货物，即以各种运输工具为载体的、处于运输过程中的各种货物，可以为这种物质财产提供保险保障的业务有公路货物运输保险和远洋货物运输保险等。

（4）各种处于修建、安装过程的工程项目和可能由于本身固有危险造成损失的机器和设备等，可以为这些物质财产提供保险保障的业务有建筑工程保险、安装工程保险和机器损坏保险等。

（5）各种处于生长期或收获期的粮食作物、经济作物和人工饲养的牲畜、家禽和经济动物等，可以为这些物质财产提供保险保障的业务有生长期农作物保险、收获期农作物保险、大牲畜保险和经济动物保险等。

2. 相关利益保险

相关利益保险是指以各种财产的损失派生的相关利益损失为标的的保险，它包括：

（1）各种由于物质财产的损失所派生的利益损失，即由于企业财产保险、船舶保险或机器损坏保险等保险业务的保险责任的形成使被保险人除了要面对保险标的本身的损失，还可能面对由于保险标的的损失所引起的各种间接损失，即各种相关利益的损失。可以为这种经济利益损失提供保险保障的业务有作为各种物质财产保险的附加保险业务的营业中断保险、利润损失保险或运费保险等。

（2）各种具有担保或保证性质的行为所出现的相关利益损失，可以为这种经济利益损失提供保险保障的业务有保证保险和信用保险等。

保证保险是由保险人为被保险人向权利人提供的担保业务。当被保险人的作为或不作为致使权利人遭受经济损失时，保险人负赔偿责任。例如，履约保证保险承保因被保险人不履行契约义务而使权利人遭受的经济损失。忠诚保证保险承保雇主因雇员的不法行为而遭受的经济损失。

信用保险是权利人投保义务人信用的保险，即以权利人为被保险人，以其信用放款及信用售货为保险标的的保险。如卖方（权利人）怕买方（义务人）不能如期付款而向保险人投保，当发生买方不付款的损失时，由保险人赔偿。

3. 责任保险

责任保险是指以被保险人对他人的人身、财产或利益造成损失而必须承担的民事赔偿责任为标的的保险，可以为这种经济利益损失提供保险保障的业务有产品责任保险、职业责任保险、公众责任保险、雇主责任保险等。比如公众责任保险是承保被保险人在固定场所进行生产、经营或其他各项活动时由于造成第三者人身伤害或财产损失，依法应承担的赔偿责任；产品责任保险是承保制造商或销售商因生产或销售有缺陷的商品致使消费者或用户遭受损害的赔偿责任；职业责任保险承保各种专业技术人员因工作上的疏忽或过失造成他方的人身或财产损害应负的赔偿责任；雇主责任保险承保雇主对雇员在受雇过程中所受的人身损害应负的赔偿责任。

二、按照保险标的的性质分类

根据保险标的的性质进行分类，便于在进行财产保险业务设计和开发过程中，明确基本的设计和开发思路，划清不同的财产保险业务的界限。

1. 积极型财产保险业务

积极型财产保险业务是指所保标的为具体的物质财产及相关利益，是一种已经现实存在的物质财产和利益。这种保险标的发生损失是被保险人的物质财产和相关利益的直接损失，投保人进行这种财产保险投保的原始动机是主动维护自己的物质财产和相关利益的安全。积极型财产保险业务可以分为有形的物质财产保险和相关利益保险。有形的财产保险是指一切可以用货币衡量其价值的物质财产保险业务；相关利益保险是指被保险人在经济活动中已经拥有和存在的各种现实的或预期的经济收益保险业务，这是被保险人为了维护自己固有的各种利益进行的主动保险行为，这种保险业务主要有附加在物质财产保险业务上的间接损失保险和保证保险、信用保险等。

2. 消极型财产保险业务

消极型财产保险业务的保险标的是指被保险人对第三人依法应负的民事损害赔偿责任。被保险人是在一种被动的状态下投保这种保险业务，往往在保险责任发生之前很难准确地认识到可以量化的这种保险标的的损失程度。由于消极型财产保险业务的特殊性，这种业务的风险管理和业务核算对于保险人而言通常要比经营积极型财产保险业务更为复杂。

三、按照风险内容分类

在财产保险业务的设计和开发中，保险责任的确定是一个很重要的因素，某一种保险业务的保险责任应当包括哪些风险，不包括哪些风险，必须结合风险的具体内容和保险标的遭遇风险破坏的可能性进行认真的选择，从而使财产保险业务的设计和开发更适合市场发展的需要。按照风险内容进行的分类是将影响人类生活的比较重大的风险作为财产保险业务设计与开发的重点，例如火灾保险、洪水保险等。按照风险内容，财产保险可以分为特定风险保险，综合风险保险。

1. 特定风险保险

特定风险保险是指保险人只承保一种或两种以上的特定风险责任的保险。这种保险类型必须一一明确所要承保的风险，只要损失是由所保风险造成的，保险人就要负保险责任。

2. 综合风险保险

综合风险保险是指保险人承保的风险除了明列的不保，其他一切风险责任造成的保险标的的损失都进行承保的保险。该类型特点是以列举“责任免除”的形式约定保险合同的保险责任。在现实生活中，综合风险保险的适用越来越广泛。在实际的财产保险业务设计和开发中，将综合风险责任代替单一风险责任，也是按照风险的性质进行的合理归类，如自然灾害保险和意外事故保险等。

四、按照保险标的的价值确定方式分类

确定保险标的的价值，使保险标的的实际价值得到准确的反映，是财产保险业务设计和开发过程中必须认真考虑的问题。按照保险标的的价值进行的分类是解决这一问题的可行方法。

1. 定值保险

定值保险业务主要适用于保险标的的价值很难准确确定或保险标的的价值变化幅度较大的财产保险业务。对于这类财产的保险金额可由保险双方约定一个固定价格，保险损失发生时不论财产的实际价值是多少，保险人按约定的保险金额赔偿。在海洋货物运输保险中，常常采用定值保险的方式。这是因为，货物在起运地与目的地的市价差距一般比较大，如果在起运地按当地市价投保，货物在运输中出现损失，投保人很难得到充分的赔偿。保险人为了保障投保人的利益，同意在原有成本的基础上加上运费和合理的利润来确定保险金额。这种通过定值方式形成的保险双方当事人都可以接受的保险金额，使投保标的顺利地完成向保险标的转化的过程。需要注意的是，它们的保险价值是按照《海商法》的具体规定确定的。另外，对于价值变化比较大，且难以复制的特殊财产，例如古玩、字画、艺术品等一般也都可以采取定值保险方式进行投保。

实行定值保险，看起来似乎不符合财产保险的损失补偿原则，但是，由于定值保险的保险金额是经双方约定的，特别是经保险人认可的，而且它是建立在诚信原则基础之上，只不过是因为保险标的的准确估价在客观上有一定困难，所以才以双方事先约定的价值代替损失发生时的实际价值，这与损失补偿原则没有本质的冲突。

2. 不定值保险

不定值保险是财产保险业务的主要形式，它按照物质财产的市场价值或账面原值确定保险标的的实际价值，并且在此基础上确定保险标的的保险金额，不需要保险双方当事人对于保险标的的实际价值进行协商。在实际操作中，不定值保险的保险单上不列明保险标的的实际价值，只列明保险金额作为最高赔偿金额，保险人在保险事故发生时按损失的实际价值来计算赔款。在损失发生估价时，如果保险金额高于保险人在保险金额限度内按损失的实际价值赔偿，即足额赔偿；如果保险金额等于财产实际价值，保险人按财产实际价值进行赔偿，即等额保险；如果保险金额低于财产实际损失价值，保险人则实行比例赔偿，即不足额保险。一般来说，企业财产保险和家庭财产保险都是采取不定值的承保方式。

在不定值保险方式下，投保人应经常注意投保财产实际价值的变化，并注意相应调整保险金额，使之符合保险人规定的比例，否则，当财产遭受损失时，将得不到足额的赔偿。

五、财产保险业务的种类

财产保险业务的种类随着社会经济的发展不断增多。在财产保险业务发展的初期，人们开展财产保险业务的目的是抵御各种风险，因此财产保险业务的分类主要是按照风险发生的范围和风险事故的内容来确定的，如海上保险、火灾保险、洪水保险等。到了现代社会，财产保险业务面临着更为广泛的问题，除实物财产的保障外，还须考虑经济利益的保障问题，于是出现了按照保险标的的名称命名的财产保险业务和按照人们的社会行为命名的财产保险业务。只有通过对目前存在的各种财产保险业务的种类的认识，才能适应社会经济发展的需要，推陈出新，使财产保险业务的设计和开发得到不断进步和发展。

1. 火灾及其他灾害事故保险

火灾及其他灾害事故保险是指专门承保因火灾以及其他自然灾害和意外事故所引起的保险标的的损失的财产保险业务。它包括：

（1）企业财产保险。承保各类具有独立经济行为能力的企事业单位和团体法人和其他民事主体所合法拥有、使用、占用或保管的物质财产及其派生的相关利益。

（2）家庭财产保险。承保国内个人及家庭或拥有长期居住权的城乡居民所合法拥有、使用、占用、保管或与他人共有的物质财产。家庭财产保险主要包括普通家庭财产保险、两全家庭财产保险、投资类家庭财产保险等险种。其中，两全家庭财产保险是一种具有双重功能的险种，既具有保险的经济补偿功能，又具有到期还本的性质。

(3) 涉外财产保险。承保各类在中国领土上的外资、合资、合作企事业单位、团体及在华长期居住和生活的外国公民需要通过可自由兑换货币获得保险保障的物质财产及其派生的相关利益。

(4) 各种附加险和特约保险，如盗窃保险等。

2. 货物运输保险

货物运输保险是指专门承保各种货物在运输过程中由于自然灾害或意外事故所遭受的损失的财产保险业务。

(1) 国内货物运输保险。承保国内水运、陆运和空运的各种货物及其由于货物的损失可能派生的经济利益。

(2) 海上货物运输保险。承保各种通过海上运输方式即用海轮运输的处于国际贸易过程中的各种货物及由于货物的损失可能派生的相关利益。

(3) 陆上货物运输保险。承保以陆上运输方式，包括用火车、汽车等工具运输的各种货物及其由于货物的损失可能派生的相关利益。

(4) 航空货物运输保险。承保以航空运输方式，即用飞机等工具运输的各种货物及由于货物的损失可能派生的相关利益。

(5) 邮包保险。承保各种通过国内外邮政机构邮发的邮包或邮件及其由于邮包或邮件损失可能派生的相关利益。

(6) 货物运输保险的特约保险。这是为扩大货物运输保险的保障范围而特别设计和开发的承保项目，如盗窃险、提货不着险、淡水雨淋险、钩损险等。

3. 运输工具保险

运输工具保险是指专门承保各种运输工具因遭受自然灾害和意外事故所造成的运输工具本身的损失以及第三者责任引起的损失。运输工具保险主要包括以下三类：

(1) 汽车保险或机动车辆保险。承保各种机动车辆本身的损失，以及在使用过程中依法应承担的民事损害赔偿责任，即第三者责任。该险种分为车辆损失险和第三者责任险两个基本险种，还有若干附加险。

(2) 船舶保险。承保各种具备试航条件的船舶本身的损失以及由于碰撞责任所导致的船东应承担的赔偿责任。这里所说的船舶，包括海轮、其他海上移动式装置和航行于内河、沿海的机动和非机动船舶。

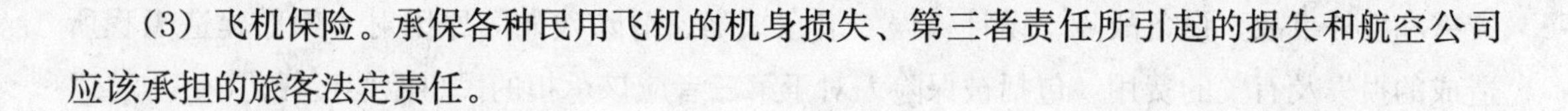

（3）飞机保险。承保各种民用飞机的机身损失、第三者责任所引起的损失和航空公司应该承担的旅客法定责任。

4. 农业保险

农业保险是以各种通过种植或养殖方式生产的农业产品所面临的自然灾害和意外事故为保险责任的保险项目。

（1）生长期农作物保险。承保处于生长过程中的麦、稻等粮食作物由于各种自然灾害造成的损失，或生产费用损失。

（2）收获期农作物保险。承保已收获，并且进入晾、晒和扬场等阶段的农作物，在晾、晒和扬场等过程中，由于各种自然灾害和意外事故所造成的损失。

（3）粮食作物保险。承保以禾谷类作物、豆类作物和根茎类作物等粮食类作物，如小麦、水稻在生长或收获过程中，由于各种自然灾害和意外事故造成的损失。

（4）经济作物保险。承保各种需要特殊种植和管理的具有较高经济价值的农作物，在生长或收获过程中，由于各种自然灾害和意外事故造成的损失。

（5）家畜、家禽保险。承保各种家畜和家禽在生长或成熟过程中，由于各种自然灾害和意外事故所造成的损失。如承保马、耕牛等大牲畜在役使期，或商品性生产的生猪、鸡、鸭在饲养期内的死亡损失。

（6）经济动物保险。承保各种在人工饲养条件下繁殖和生长的具有较高经济价值的动物，因自然灾害和意外事故所造成的损失。

5. 工程保险

工程保险是指各种处于施工、安装、维修和运转过程中的保险标的，由于自然灾害和意外事故造成的物质财产损失及对第三者损害承担的民事赔偿责任。主要有以下几类：

（1）建筑工程保险。承保各类建筑工程项目由于自然灾害和意外事故，对于各项建筑工程标的造成的损失以及由于工程项目本身对于第三者所造成的财产和人身损害应由被保险人承担的民事赔偿责任。

（2）安装工程保险。承保各类安装工程项目由于自然灾害和意外事故，对于各项安装工程标的所造成的损失以及由于工程项目本身对于第三者所造成的财产和人身损害应由被保险人承担的民事赔偿责任。

（3）机器损坏保险。承保机器因设计制造或安装错误，工人或技术人员的操作错误，以及各种机械、技术的事故等原因所产生的损失，它专门承保的是各类安装完毕并已投入运行的机器设备。

（4）船舶建造保险。承保从原材料运至建造工地直到船舶下水的全过程中，由于自然灾害和意外事故、设备故障、设计错误、潜在缺陷、清除残骸等原因对于船舶建造工程所造成的损失及有关的费用，包括被保险人对于第三者应该承担的民事赔偿责任。

(5) 海上钻井平台保险。承保海上石油开采过程中，由于自然灾害、意外事故、设备故障、设计错误、潜在缺陷、清除残骸等原因对于钻井设备及钻井工程所造成的损失以及有关的费用，包括被保险人对于第三者应该承担的民事赔偿责任。

6. 责任、保证、信用保险

这是对于被保险人的各种利益和相关责任提供的保险项目。

第四节　财产保险合同

财产保险合同又称财产保险契约，即投保人与保险人约定，投保人以财产或者其他与财产有关的利益为保险标的向保险人投保并缴纳保险费，在保险标的发生保险事故后，保险人向被保险人或者受益人承担保险损害赔偿责任。它是投保人与保险人就财产保险标的、保险金额、保险费、保险期限、保险金的给付等事项意思表示一致的产物。财产保险合同作为保险双方法律关系的凭证，是规范保险双方行为的法律依据。

一、财产保险合同的特征

财产保险活动的全过程，实际上就是保险双方订立、履行保险合同的过程。财产保险合同在双方订立、履行过程中，要遵守法律规范，同时，财产保险合同中的各项条款均受国家法律保护。

1. 最大诚信性

财产保险合同是合同的组成部分，因此应遵守《合同法》的有关规定。我国《合同法》第六条规定："当事人行使权利、履行义务应当遵循诚实信用原则。"这是一切合同应遵守的原则，而我国《保险法》更为强调诚信原则的重要性。一旦违反诚信原则，则导致保险合同无效，这是由于保险合同所需要的诚信程度远远超过其他合同。因此，尽管我国《合同法》已经规定了诚信原则，我国《保险法》还是再次做出了同样的规定，借以强调诚信原则在保险合同中的重要性，如《保险法》第五条规定："保险活动当事人行使权利、履行义务应当遵循诚实信用原则。"

我国《保险法》对保险合同的诚信程度要求特别高，由此保险合同被称为“最大诚信合同”。在保险立法中，最大诚信原则具体表现在以下两个方面：第一，如实告知义务；第二，风险增加的通知义务。

2. 附和性

财产保险合同为附和合同。保险业务的技术性、保险行业的垄断性导致了保险合同事先由保险业制定的局面。为了改变这种对投保人不利的局面，保护投保人的合法权益，我国《保险法》对保险合同附和性进行了规范，主要有以下几方面的内容：第一，附和合同的效力。《保险法》第十六条规定：“订立保险合同，保险人就保险标的或者被保险人的有关情况提出询问的，投保人应当如实告知。”而第十七条规定：“订立保险合同，采用保险人提供的格式条款的，保险人向投保人提供的投保单应当附格式条款，保险人应当向投保人说明合同的内容。对保险合同中免除保险人责任的条款，保险人在订立合同时应当在投保单、保险单或者其他保险凭证上做出足以引起投保人注意的提示，并对该条款的内容以书面或者口头形式向投保人做出明确说明；未做提示或者明确说明的，该条款不产生效力。”第二，除外责任效力。保险人没有向投保人明确说明其除外责任的，除外责任条款无效，保险人仍然必须承担给付保险金的责任。第三，行政审查。第四，附和合同的解释。

3. 射幸性

财产保险合同是一种射幸合同。所谓射幸合同是指被保险人缴纳保险费，付出代价获得的只是一个机会，在保险期内，既有可能由于遭受巨大风险，得到巨额补偿，也有可能由于所保财产平安无事，而分文未获。从总体上讲，经过科学、合理的测算，保险人收取的保险费扣除各项运营成本后的金额与被保险人索赔的总额大致是相等的，但由于保险事故的不确定性，使单个被保险人缴纳的保险费与保险人支付的保险金之间呈现不对等性。一般民商事合同多属于交易性质，实行等价原则，而保险合同则不然，其损益在性质上并不确定，即投保人向保险人缴纳保险费，如果不发生保险事故，保险人则不向被保险人支付任何费用，而一旦发生保险事故，则保险人必须向被保险人支付数倍于保险费的保险金。保险人支付保险金，有很大的偶然性；而被保险人通过缴纳较小的保险费，将来有获得数额较大的保险金的可能。

需要注意的是，保险不同于赌博，保险与赌博虽然同属于射幸行为，但却存在巨大区别。保险是以保险利益为标的，在保险利益受到侵害时，由保险人填补被保险人所受到的损害，并非增加被保险人的利益，因而保险与赌博不能混为一谈。

4. 损害补偿性

财产保险合同是一种损害补偿合同。财产保险是以投保人财产和经济利益风险损失的补偿为目的而设计的险种。在财产保险合同中，保险人承保的是财产及其有关利益，保险人对保险事故造成的被保险人财产损失承担补偿责任，这是财产保险合同在合同性质方面与人身保险合同及其他合同的基本区别。

二、财产保险合同的形式

根据《中华人民共和国保险法》第十三条第二款的规定："保险单或者其他保险凭证应当载明当事人双方约定的合同内容。当事人也可以约定采用其他书面形式载明合同内容。"财产保险合同的凭证主要有以下几种形式：

1. 投保单

投保单亦称要保书，是投保人为申请保险而填写的单证。这是申报订立保险合同所必需的条件，保险人据此考虑是否承保或以何种条件承保。因此，投保单是保险合同的一个组成部分，也是签发保险单的前提和依据。我国《保险法》第十三条规定："投保人提出保险要求，经保险人同意承保，保险合同成立。保险人应当及时向投保人签发保险单或者其他保险凭证。"

投保单一般是由保险人根据险种的不同分别设计，包括的内容有：投保人申请保险的目的、保险险别、保险条件、保险费率等。投保单必须由投保人亲自填写，如实回答保险人在投保单中询问的问题。投保单一经交付保险人，则意味着投保人完全接受保险人的保险条件，保险人据此签发正式保险单后，投保单上的所有项目立即生效，对保险人和投保人双方均具法律约束作用。

2. 保险单

保险单是保险人根据投保人的申请而签发的保险合同的正式书面凭证。保险单上将保险合同的全部内容详细列明，包括保险人和投保人双方的一切权利和义务。当保险标的遭受保险责任范围内的损失时，保险单是投保人索赔的主要依据，也是保险人处理赔案的主要依据。根据《中华人民共和国保险法》的有关规定，标准的保险单应该包括以下项目：

（1）保险人名称和固定办公地点；

（2）投保人、被保险人名称和固定住所；

（3）保险标的的名称和坐落地点；

（4）保险责任和责任免除；

（5）保险期限和保险责任生效的具体时间；

（6）保险价值的衡量和评估方法；

（7）保险金额或赔偿限额；

（8）保险费的计算及支付方法；

（9）保险金赔偿方法；

（10）违约责任和争议处理；

（11）订立保险合同的具体时间。

3. 保险凭证

保险人除了签发保险单外，也可以出具保险凭证，它具有与保险单相同的法律效力。保险凭证主要在以下几种情况下使用：

第一，在一张团体保单项下，需要给每一个参加保险的人签发一张单独的凭证。在团体保险业务中，保险人一般只为被保险人所在团体出具一张集体保险单，单个被保险人在需要时只能持有保险凭证。

第二，当用一张保险单承保多辆汽车时，为了向沿途交通管理部门证明每辆汽车已经参加保险而签发的单车保险凭证。

第三，在签有货物运输险预约合同的情况下，需要对每一笔货物签发单独的凭证。

无论何种情况，在使用保险凭证时，如果保险凭证上所列项目过于简单，不能全面反映保险条件时，要以原保险单为准；如果保险凭证上载有保险人的特殊说明，则保险凭证就有了批单的意义，当与原保险单的保险条件发生冲突时，以保险凭证为准。

4. 暂保单

暂保单也称临时保险条，是保险人在出立正式保险单之前所签发的临时凭证。暂保单的出具，有时是由于保险代理人承揽保险业务后，因时间或者交通等原因，保险人尚未办妥保险单手续，为避免业务外流，先出具暂保单以作保险证明。有时则是因为保险人基本同意投保人的申请，但还有一些重要条件需要洽商，也先使用这种凭证，作为已经承保的证明。暂保单签发后，如果洽商不能达成协议，则可以取消该凭证，但保险人可收取暂保单从签发至取消期间的保险费。如果在取消暂保单之前发生保险事项，保险人须负责赔偿。如果洽商达成协议，或者了解的情况符合承保要求，即可签发正式保险单，以替代暂保单。暂保单的有效期较短，一般只有 30 天。

5. 预约保险合同

预约保险合同是一种为了简化手续而签发的长期性保险合同的凭证。预约保险合同应当订明预约的保险责任范围、保险财产范围、每一个保险标的或某一个地点的最高保险金额、保险费结算办法等。只要在此范围内，所保财产全部由保险人自动承保。我国保险公司承保各外贸单位的进出口货物运输业务，大多使用这种预约保险合同的形式。这样就可以不必在每批货物装运前办理投保手续，只要使用起运通知书或定期填报起运登记表将每批货物情况申报给保险公司即可。预约保险合同一般没有保险期限的规定，但订有注销条款。订约的任何一方可提前发出注销通知，当通知到期日，合同即告终止。

6. 批单

批单是保险合同双方当事人对于保险单内容进行修订或增删的证明文件。在保险单签发以后，如果投保人对保险单上的某些内容要求变更，或者对保险范围不够满意，在征得保险人同意后，可对保险单中的有关内容进行更改。这种由保险人应投保人的要求而出立的批改书称为批单。附贴在保险单上的批单是保险合同的一个重要组成部分。批单不仅可以更改保险单的内容，而且也可以更改原有批单的内容，无论哪种情况，都以后加的批单条文为准。

三、财产保险合同的订立、变更和终止

1. 财产保险合同的订立

合同的订立，只要双方当事人的意思表示一致即可。财产保险合同的订立与其他合同的订立相同，包括要约和承诺两个阶段。即财产保险合同一般先由投保人填写投保单，再经保险人承保。投保单的格式是由保险人事先印制的，保险人向投保人提供投保单是邀请投保人参加保险的要约，投保人在投保单上签章即承诺。在法律上，保险人提供投保单应视为要约邀请，投保人填写投保单并送交保险人，才是具有法律效力的要约行为。

在一般的经济合同中，要约应具备合同的主要内容，而财产保险的投保单中并不附有保险条款。这是因为，通常都认为，保险条款是固定的和众所周知的，投保人填写投保单即视为已同意了保险条款。在有些情况下，保险人在收到投保人提交的投保单后，会提出新的承保条件，这就形成保险人的反要约。如果投保人要求修正保险基本条款，也可将保险人的答复称为附件的承诺，因为投保人没有选择的余地。通常，特定保险合同关系的成立都要经过要约和承诺。但是，在预约保险的方式中，保险双方预先约定保险责任和保险标的的范围、保险费率等内容，此后即对约定范围内的财产自动承保。这种方式大多用于进出口货物保险。

投保人提出保险要求，经保险人同意承保，并就合同的条款达成协议，保险合同即告成立。保险人应及时向投保人签发保险单或其他保险凭证，在保险单或其他保险凭证中应载明当事人双方约定的合同内容。保险公司的保险条款和保险费率等文件，应以中文表达，若因业务需要，可以附外文，但中文与外文发生歧义时，以中文为准。

另外，值得注意的是，合同成立与合同生效不能完全等同。财产保险合同的生效是指合同内容开始对保险双方实际产生约束力，一般是在合同成立时或合同成立后的某一时间。投保人按照约定交付保险费，保险人则按照约定的时间开始承担保险责任。对于那些违反法律、法规所签订的财产保险合同，一般称为无效财产保险合同。例如：保险公司超出核准的业务范围签订的合同，投保人对保险标的不具有保险利益的合同，以及其他欺诈性投保、欺诈性承保、胁迫性保险和非法代理签订的合同等。

无效的财产保险合同从订立时起即无法律效力，但如果是部分无效，则并不影响其余部分的效力。如果是超额保险合同，仅超过保险价值的部分保险金额无效。财产保险合同经人民法院或仲裁机构确认无效后，正在履行中的应终止履行，尚未履行的不得履行。如在订立和履行中有违法行为或已产生财产后果，应进行相应处理。

2. 财产保险合同的变更

在财产保险合同的有效期内，投保人与保险人经协商同意，可以变更保险合同的有关内容。变更保险合同，应由保险人在原保险单或其他保险凭证上批注或附批单。也可以由投保人与保险人签订变更的书面协议。

保险合同的变更主要有两方面的内容，即主体变更和内容变更。

（1）主体变更。在某些情况下，保险合同的主体也会发生变更，这一般是指保险合同的转让，此时投保主体便会发生变更。一般来说，保险合同的转让主要是指投保人或者被保险人，而不是保险人。只有在保险人宣告破产、被撤销、被兼并的情形下，才会出现保险人的转让。通常认为，保险合同的主体不得随意更换。但在投保人的保险标的转让中，其所有权发生变化，则须通知保险人，经保险人同意继续承保后，可依法变更保险合同主体。变更的方式一般是由保险人在保险单上进行背书，更换被保险人。但是，货物运输保险合同和另有约定的合同在保险标的所有权发生转移时，可以不经保险人同意，由被保险人背书后，保险合同的变更即可生效。保险合同一经转让，原投保人（或被保险人）与保险人的保险关系即告消灭，保险标的的受让人与保险人随即建立保险关系，受让人应依合同规定享有原投保人（或被保险人）的权利并承担其义务。根据法律规定，我国保险合同的转让分两种情形：首先，一般情况下，保险标的的转让必须获得保险人的同意，否则，保险合同的转让无效；其次，在某些情况下，保险标的的转让，无须获得保险人的同意，即投保人可以直接转让或者根据合同约定转让保险标的。

（2）内容变更。财产保险合同内容的变更，指保险合同主体不变的情况下，合同当事人修改合同条款的规定。主要有两种情形：一是根据法律规定，一方当事人可以提出变更保险合同；二是在多数情况下，合同双方当事人协商变更合同的规定。

3. 财产保险合同的终止

财产保险合同的终止主要有以下几种情况：

(1) 保险期限届满而终止。保险期限届满而无保险事故发生，财产保险合同自然终止，这是最普遍的一种情形。

(2) 因履行赔付而终止。保险期限内发生保险事故，保险人支付（或累计支付）赔款达到全部保险金额，则保险合同终止。

(3) 因保险标的转让而终止。如前所述，除货物运输保险合同和另有约定的合同以外的财产保险合同保险标的的转让，应通知保险人并经保险人同意继续承保，方为有效。否则，保险合同自保险标的转让时起即告终止。

(4) 因保险标的的灭失而终止。如果保险标的因保险责任以外的原因灭失，则保险合同终止。

(5) 因保险公司终止而终止。保险公司因解散、依法撤销、破产等原因而终止，则财产保险合同相应终止。

(6) 因当事人解除而终止。保险合同的解除，是指在保险合同成立后，当事人一方提前终止其合同。我国《保险法》规定，除另有规定或者合同另有约定外，保险合同成立后，投保人可以解除保险合同（即退保）。而保险人除在下述条件存在时，不得解除保险合同。保险人解除保险合同的条件有：

第一，投保人故意隐瞒事实，不履行告知义务的，或者因过失未履行告知义务的，足以影响保险人决定是否同意承保或者提高保险费率的，保险人有权解除保险合同。投保人故意不履行如实告知义务的，保险人对于保险义务解除以前发生的保险事故，不承担赔付责任，并不退还保险费。投保人因过失而不履行如实告知义务的，对保险事故的发生有严重影响的，保险人对于保险合同解除前发生的保险事故，不承担赔付责任，但可以退还保险费。

第二，投保人或被保险人在未发生保险事故的情况下谎称发生了保险事故，向保险人提出保险请求，或者故意制造保险事故的，保险人有权解除保险合同，不承担赔付责任，并不退还保险费。

第三，投保人或被保险人未按照约定履行其对保险标的的安全应尽的责任的，保险人有权要求增加保险费或者解除保险合同。

第四，在合同有效期内，保险标的的危险程度增加的，保险人有权要求增加保险费或者解除合同。

第五，保险标的发生部分损失的，除合同另有约定外，保险人可以在赔偿后 30 日以内终止合同，但应提前 15 日通知投保人，并将保险标的未受损失部分的保险费，扣除自保险责任开始之日起至合同终止之日止期间的应收部分后，退还投保人。

另外，我国《保险法》明确规定，货物运输保险合同和运输工具航程保险合同，在保险责任开始后，合同当事人不得解除合同。

4. 财产保险合同的争议

财产保险合同的争议，是指在财产保险合同的履行中所发生的纠纷，主要表现为催欠保险费和索赔、拒赔纠纷等方面的问题。

保险合同是一种非即时结清的合同，合同的履行需要一个较长的时间过程。保险合同又是一种不等价的有偿合同，为保证当事人双方的利益，合同条款的设计需要很强的技术性。因而在保险实践中，常常会由于各种原因使当事人双方产生争议与纠纷。例如，在保险期限以内，保险标的的情况发生了较大变化，投保人与保险人对合同具体条款的理解出现分歧，保险人与投保人对危险事故的性质及损失程度有不同看法等，另外保险中介人行为的不规范性，也常常成为引起当事人双方争议的原因。能否及时、合理地处理财产保险合同争议，对于规范财产保险活动，保护保险双方当事人的合法权益，促进保险事业的健康发展，具有十分重要的意义。

处理财产保险合同争议，应遵循特别法优于普通法的原则。《保险法》中有特别规定的，优先使用《保险法》的规定，《保险法》中没有做出规定的，方适用其他法律。为使财产保险合同争议得到合理解决，受理合同争议的人民法院或仲裁机构须依法对保险条款的含义做出具有法律约束力的说明，即对保险条款做出合理的解释。财产保险合同的一般解释原则有：

（1）文义解释原则。按文义解释财产保险合同，是最一般的解释原则，是指按照合同文字本身的普通含义并结合上下文进行解释。如保险责任中“空中运行物体的坠落”，显然不包括楼板塌落所造成的损失。同时对特定的字或词还需按特定的文义进行解释。如“暴雨”是指一小时内降雨量 16 毫米以上或者连续 12 小时降雨量达 30 毫米以上或 24 小时内降雨量达 50 毫米以上的雨等。因此，不符合上述标准的大风、大雨所造成的保险财产损失，均不构成保险危险，保险人不承担损害赔偿责任。

（2）意思解释原则。意思解释即是按照合同当事人的真实意思进行解释。其规则又具体分为：当书面约定的内容与口头约定不一致时，应以书面约定为准；当保险单中的内容与投保单或其他合同形式中的内容不一致时，以保险单中的内容为准；当特约条款的内容与基本条款不一致时，以特约条款为准；当保险合同的内容以不同方式记载且内容相抵触时，打字的优于印刷的，手写的优于打字的。

（3）疑义利益解释原则。由于保险合同是格式合同，其条款是由保险人事先拟定并印制的。保险人在制定保险合同条款时往往偏重保护自身的利益，而不注重保护投保人的利益。而且投保人在订立保险合同时，由于受时间的限制，且缺乏保险专业知识，一般不可能认真、细致地研究保险合同条款。所以，在应用前面两条原则不能获得对财产保险合同的正确解释时，可适用疑义利益解释原则，即对保险条款做有利于非起草方的解释，也就是做有利于投保方的解释。

财产保险合同争议的处理方式可有以下几种：

（1）保险双方通过协商或调解处理其争议；

（2）保险双方可以依据合同中的仲裁条款或事后达成的书面仲裁协议，向仲裁机构申请仲裁；

（3）保险双方没有在合同中订立仲裁条款，事后又没有达成书面仲裁协议的，可以向人民法院起诉。

在三种方式中，调解不是法定程序，如保险双方当事人发生争议且无法协商一致时，也可以直接向人民法院起诉。

第五节　财产保险合同基本条款与注意事项

相对来讲，财产保险是比较复杂的，这种复杂性体现在这样几个方面：一是投保对象复杂，二是投保标的复杂，三是承保过程复杂，四是风险管理复杂，五是经营技术复杂。财产保险不仅要求保险人有丰富的保险专业知识与经验，而且要求保险人熟悉与各种类型投保标的相关的技术知识。例如，保险人在经营汽车保险业务时，必须同时具备保险经营能力和汽车方面的专业知识，否则，将陷入被动或盲目状态，其业务经营也难以保持稳定。因此，要求保险人应具有扎实的保险专业和相关技术知识基础。

一、财产保险合同的相关人员

1. 财产保险合同的当事人

（1）保险人，亦称承保人，是指与投保人缔结保险合同，享有收取保险费的权利，承担赔偿或者给付保险金责任义务的保险公司。根据我国《保险法》和《公司法》以及其他有关法律的规定，财产保险人应当具备以下几个方面的条件：第一，财产保险人必须具备法人资格；第二，保险人必须是依法设立的经营保险业务的公司；第三，保险人必须具有经营财产保险业务资格。

（2）投保人，亦称要保人，是指对于投保标的具有可保利益，并且与保险人签订保险合同，承担交付保费义务的自然人或法人。投保人是指与保险人订立保险合同，并按照保险合同负有支付保险费义务的人。投保人应具备以下条件：第一，具有完全行为能力。第二，投保人对保险标的应有保险利益，保险利益的载体是保险标的，财产保险合同所保护的对象并非保险标的本身。投保人与保险标的之间所体现出的利益关系，即一旦发生保险事故，投保人所遭受的经济上的损失，如何通过保险赔偿得到填补，使投保人的财产恢复到保险事故发生之前的状态。第三，投保人是保险费的承担人。

2. 财产保险合同的关系人

（1）被保险人，是指财产保险合同中列明的接受保险合同保障，并且对于保险标的的存在与否具有财务利益，同时享有保险金请求权的自然人或法人。投保人与被保险人在保险合同的主体位置上是有区别的。投保人是保险合同的当事人，是承担保险费支付义务的人；被保险人是保险合同的关系人，是在保险责任形成时享有保险金请求权的人。在多数情况下，投保人与被保险人为同一人，即保险客户从投保到正式签订保险合同之前称为投保人，待正式签订合同后，便与保险人建立正式财产保险关系，成为被保险人。但投保人与被保险人也可以是两个不同的人，主要有四种情况：第一，投保人与被保险人存在行政隶属或雇佣关系；第二，投保人与被保险人存在法律承认的继承、赡养或监护关系；第三，投保人与被保险人存在债权、债务关系；第四，在被保险人同意并接受的情况下，投保人与被保险人所形成的赠与关系。除这四种关系，任何单位和个人不得为他人申请投保任何名义或形式的保险业务。即使具备了这四种关系，投保人也不能剥夺被保险人所享有的在保险责任形成之后的保险金请求权和关于保险标的的利益的任意处置权，以及保险合同成立之后解除保险合同的权利。

（2）受益人，也称保险金受领人，财产保险合同的受益人通常是指当保险责任行使，保险合同所列明的被保险人由于各种法律原因不能行使保险金的请求权时，可以代表被保险人领取保险金的法人或自然人。受益人的身份一般是由被保险人通过法律程序确认，或者是法律承认的被保险人的合法继承人。一般认为受益人仅在人身保险合同中才存在，财产保险合同中不存在受益人，这也可以从我国《保险法》的相关规定中得出结论。

3. 财产保险合同的中介人

保险事业既是一种商业活动，又是一种关系到社会安定的事业，必须通过某种方式进行大力推广，再加上保险业务设计专门知识和技术，因而在财产保险合同的缔结与履行上，除上述财产保险合同的主体，在财产保险活动中常有辅助人介入，包括保险代理人、保险经纪人、保险公证人，也就是通常所说的保险中介人。他们虽然不是保险合同的直接主体，但对保险合同的签订和履行均产生十分重要的影响。

(1) 保险代理人。保险代理人是根据保险人的委托，向保险人收取佣金，并在保险人授权的范围内代为办理保险业务的机构或者个人。保险代理人是代表保险人从事保险中介业务的，保险代理人的一切行为由保险人负责，而保险代理人也不得从事保险人委托的业务范围之外的一切保险中介业务，除了保险人根据其代理业务收入向其支付的手续费，不允许向投保人或有关客户收取任何费用。

(2) 保险经纪人，俗称保险掮客。一般来讲，保险经纪人是基于投保人的利益，为投保人与保险人订立保险合同提供中介服务，并依法收取佣金的机构。这说明保险经纪人是投保人或被保险人的代表，是代表投保人或被保险人与保险人洽商保险业务的法人或自然人，其收入来源于按照保险公司允许的保险费标准所收取的保险费的一定比例的佣金。

(3) 保险公证人。保险公证人是指向保险人或者被保险人收取费用，接受保险人或被保险人的委托，为其办理保险标的的查勘、鉴定、估损等并给予证明的人，保险公证人可以按法定标准向委托方收取劳务费。

保险代理人、保险经纪人、保险公证人均须具备规定的资格条件，并取得许可证，领取营业执照后方可办理保险业务。他们不但与保险合同的缔结密切相关，而且还辅助并促进整个保险事业的兴旺发达。

二、财产保险合同的对象

财产保险合同的对象亦称为保险客体，是财产保险合同双方当事人权利与义务共同指向的标的。由于财产保险是保险人在被保险人的保险标的受损时，提供经济补偿，所以保险合同的对象也可以说是保险利益。具体包括：

1. 有形的物质财产

各种有形的物质财产是财产保险业务中最原始、最重要的保险对象，它包括人类社会生产和个人生活所必需的各种生产资料和生活资料。如机器设备、厂房、原材料或衣物、家具等。该类财产保险合同的保险利益是以实物形态的物质财产作为保险标的；它以财产的物权关系为保险利益。有形财产的物权关系包括所有利益、使用利益、收益利益和抵押利益等。所有利益是指投保人基于所有权而产生的利害关系，这是财产保险利益最主要的依据。其保险金额是以保险价值为基础的。保险价值即可保价值，是保险利益在经济上的价值，是可以用货币来估计财产的价值。在有形财产保险合同中，由于损失是可以计算出来的，所以是以损失补偿作为赔付原则的。赔付方式一般包括第一危险赔付、比例责任赔付、限额责任赔付和免责限度赔付等方式。适用代位求偿原则，即保险人在赔付被保险人的损失后，在其赔付金额限度内享有要求被保险人转让其对造成损失的责任方要求赔偿损失的权利。

2. 派生的经济利益

派生的经济利益是指由于物质财产在使用过程中发生的价值变化对于其所有者形成的财务利益或经济权利。由物质财产所派生的财务利益包括租金、运费和预期的利润等。这些经济利益的实现与物质财产的存在与否密切相关，成为构成企业或个人总资产的重要组成部分。与物质财产的价值使用相关联的经济权利，通常是指维系于物质财产本身的各种经济合同是否正常履行对于其权利人所产生的影响。所以，经济合同中的经济权利也成为构成企业或个人总资产的重要内容。

3. 损害赔偿责任

损害赔偿责任是指应该由被保险人承担的民事损害赔偿责任，它可以视为被保险人经济利益的损失，即这种责任通常表现为被保险人对于他人造成损害的赔偿行为，如果将这种责任转嫁给保险人，被保险人的利益即可得到保障。

三、保险责任与除外责任、特约责任

保险责任就是指保险人承担的经济损失补偿或人身保险金给付的责任，即保险合同中约定由保险人承担的危险范围，在保险事故发生时所负的赔偿责任，具体包括损害赔偿、责任赔偿、保险金给付、施救费用、救助费用和诉讼费用等。保险人所承担的具体的赔付责任的风险事项，是保险条款中的重要构成要素。保险责任通过责任条款在保险合同中加以明确。责任条款中列明的保险人应该承担的风险种类为保险风险，保险标的由于保险风险而形成的保险责任为保险事故或者保险事件。所以，保险责任就是当保险事故发生或者保险事件形成时，保险人根据保险条款的规定在保险金额或者赔偿金额限度内应承担的经济赔偿或给付保险金的责任。保险人赔偿或给付保险金的责任范围包括：损害发生在保险责任内，保险责任发生在保险期限内，以保险金额为限度。所以，保险责任既是保险人承担保障的保障责任，也是负责赔偿和给付保险金的依据；同时也是被保险人要求保障的责任和获得赔偿或给付的依据和范围。

不同的险种有不同的保险责任，保险责任主要分为基本责任、除外责任和特约责任。

1. 保险责任的基本责任

基本责任是指财产保险合同中载明的保险人承担经济损害赔偿责任的保险危险范围，一般包含自然灾害、意外事故、抢救或防止灾害蔓延采取必要措施造成的保险财产损失和保险危险发生时必要的施救、保护、整理等合理费用。

2. 保险责任的除外责任

除外责任是指财产保险合同中列明的保险人不承担经济赔偿责任的风险损失。保险合同列明的除外责任，主要有三部分：一是明确列入除外责任条款之内，如战争、军事行动、暴力行为、核子辐射和污染等；二是不在列举的保险责任范围之内，如其他不属于保险责任范围内的损失；三是由于除外责任列举事项引起的保险事故损失，如由于被保险人的故意行为造成的火灾、爆炸等，即使火灾、爆炸属于保险责任，但却是除外责任中被保险人的故意行为所引起，因而仍作为除外责任。责任免除通过除外责任条款在保险合同中加以明确。除外责任条款中所明列的保险人不予承担的风险种类为不保风险，保险标的由于不保风险发生的损失或者保险金的请求均不属于保险人的责任范围，保险人不予负责。所以，保险人在设计保险条款时，必须对责任免除的具体内容做出明确规定，从而避免承担无限的责任。

3. 保险责任的特约责任

特约责任是指财产保险合同载明的基本责任以外，或列为除外责任的风险损失，经保险双方协商同意后特约附加承保的一种责任，属于约定扩大的保险责任，故也称为“附加责任”或“附加险”。它附属于基本责任，作为基本险的一项补充，如企业财产保险附加盗窃险；也可独立存在，单独承保，如机动车辆第三者责任险。

四、保险价值与保险金额

保险价值是保险标的物本身的实际经济价值，保险标的的保险价值可以由投保人和保险人约定并在合同中载明，也可以按照保险事故发生时保险标的的实际价值来确定。保险金额是保险合同中确定保险保障的货币额度，是计算保险费的依据，也是保险人履行赔偿责任的最高限额。根据保险法的基本原理，保险金额不得超过保险价值，所以保险价值在保险合同中至关重要。保险价值和保险金额都是保险合同的重要内容。财产保险业务根据赔偿原则要求，保险金额按照保险标的的实际价值确定。当保险金额等于保险价值时称为足额保险，在足额保险的情况下，保险标的发生保险事故而造成损失时可以按照实际损失得到足额赔偿。当保险金额小于保险价值时，称为不足额保险，其中的不足额部分视为投保人自保，在不足额保险的情况下，保险标的发生保险事故而造成损失时，由保险人按照保险金额占保险价值的比例进行赔偿。当保险金额大于保险价值时，称为超额保险。根据我国《保险法》的有关规定，保险金额不得超过保险价值，超过保险价值部分的保险金额无效。因此准确地进行保险标的的估价，合理地确定保险金额，才能使保险标的得到实际的保障。按照保险价值在不同的财产保险业务中的确定方法，其保险标的的估价主要可采用以下几种方法：

1. 定值保险

定值保险是由保险人和投保人在签订保险合同时，双方共同约定保险标的的实际价值，并且按照这种约定的实际价值确定保险金额的一种方式。在定值保险方式下，保险标的发生损失后，不论保险标的受损当时的实际价值如何，均按保险金额计算赔款，即以订立合同时的价值为准。在实际操作中，定值保险合同较多适用于海上保险、国内货物运输保险、国内船舶保险及一些以不易确定价值的艺术品为保险标的的保险。这种方式有利于减少理赔环节，便于赔偿金额的确定。

2. 不定值保险

这是指双方当事人在订立合同时只列明保险金额，不预先确定保险标的的价值，须至危险事故发生后，再行估计其价值而确定其损失的保险合同。不定值保险合同中保险标的的损失额，以保险事故发生时保险标的的实际价值为计算依据。通常的方法是以保险事故发生时，当地同类财产的市场价格来确定保险标的价值。但无论保险标的的市场价格发生多大的变化，保险人对于标的所遭受的损失的赔偿，均不得超过合同所约定的保险金额。在实际操作中，大多数财产保险均采用不定值保险合同。

3. 重置价值保险

这是由保险人和投保人约定，按照保险标的损失时重新购置或更换零部件的价值确定保险金额，以抵消通货膨胀对于保险标的价值的影响。通常的做法是在保险标的承保时的市场价值的基础上增加一定的成数作为保险金额，这是允许投保人超额保险的一种方式。在重置价值保险方式下，保险标的发生损失时，按照保险金额或保险标的损失的市场价值计算赔款。

4. 第一危险赔偿方式

这是保险人要求投保人自行根据可保标的的市场价值确定保险金额的一种方式。在这种方式下，只要保险标的发生损失时的实际市场价值大于或等于保险金额，则认为保险金额限度内的损失为“第一危险”，由保险人承担全部的赔偿责任，而超过保险金额限度的损失为“第二危险”，视为被保险人自保，由被保险人自行承担损失。

五、财产保险的其他相关注意事项

1. 保险费与保险费率

保险费是投保人为了请求保险人对于投保标的及其利益承担风险而支付的与所需要保障的保险责任相适应的价金。保险费是保险金额或赔偿金额与保险费率的乘积。支付保险费是保险合同生效的一个基本条件。保险费的数额同保险金额的大小、保险费率的高低和保险期限的长短成正比，即保险金额越大，保险费率越高；保险期限越长，则保险费也就越多。缴纳保险费是被保险人的义务。如被保险人不按期缴纳保险费，在自愿保险中，则保险合同失效；在强制保险中，就要附加一定数额的滞纳金。

保险费率是每一个单位保险金额的保险费计收标准，常以百分数来表示。它是指每一个保险金额单位与应缴纳保险费的比率。保险费率是保险人用以计算保险费的标准。财产保险业务的保险费率水平根据保险标的的种类和性质、危险程度、保险责任范围、保险期限长短、免赔额的高低等因素来确定保险费率，一般由纯费率和附加费率两部分组成。习惯上，我们将由纯费率和附加费率两部分组成的费率称为毛费率。纯费率也称净费率，是保险费率的主要部分，它是根据损失概率确定的。按纯费率收取的保险费叫纯保费，用于保险事故发生后对被保险人进行赔偿和给付。附加费率是保险费率的次要部分，按照附加费率收取的保险费叫附加保费。它是以保险人的营业费用为基础计算的，用于保险人的业务费用支出、手续费支出以及提供部分保险利润等。

2. 保险费及其支付办法

保险费是投保人支付给保险人的为其承担保险责任的代价，是保险金的来源。财产保险合同中不仅要规定保险费的数额、比例，而且要明确规定其支付的方式和时间。

3. 保险赔付办法

保险金的赔付是保险人的主要义务。保险合同中应规定保险赔付的程序、赔付的办法等。《保险法》规定，保险人收到被保险人的赔付请求后，应及时做出核定，属于保险责任的，在与被保险人达成有关赔付保险金额的协议后10日内，履行赔付责任。

4. 保险期限

保险期限是保险人和投保人所约定的保险合同的有效时间界限。确定保险期限通常有两种方式：一种是自然时间界限，即根据保险标的的保障的自然时间所确定的保险期限，通常以年为计算单位，如企业财产保险、机动车辆保险等。另一种是行为时间界限，即以保险标的的运动时间为保险期限，通常以保险标的的运动过程为计算单位，如航程保险、建筑工程保险等。保险人和投保人在订立保险合同时，必须对保险期限的确定方式和具体时间达成协议。保险期限是计算保险费的根据之一，又是保险人和被保险人履行权利和义务的起讫期限和履行保险责任的期间，所以保险期限必须在保险条款中予以明确。财产保险按保险期限的不同分为定期保险和不定期保险。定期保险以一定的时间标准即年、月、日、时来计算保险责任的开始与终止，其中，超过1年期的为长期保险，1年期以下的为短期保险，相应确定不同的费率标准。保险期限一经确定，无特殊原因，一般不得随意更改。不定期保险也叫航程险、航次险，其保险责任的开始与终止主要不是按确定的时间标准，而是根据保险标的行动过程来确定，如船舶保险、货物运输保险均如此。

5. 免赔额（率）

免赔额（率）是保险人为了限制保险标的的小额损失所引起的保险金索赔，要求投保人自行承担部分损失的一种方法。这种方法有两种形式：一种是绝对免赔额（率）保险标的的损失必须超过保险单规定的金额或百分比，保险人才负责赔付其超过部分。保险单中规定的这个金额或百分比就被称为绝对免赔额（率）。如果保险标的的损失没有超过规定的金额或百分比，保险人则不予赔偿。另一种是相对免赔额（率）。保险标的的损失只有达到保险单规定的金额或百分比，保险人才不做任何扣除而全部予以赔付，保险单中规定的这个金额或百分比就被称为相对免赔额（率）。如果保险标的的损失没有达到保险单规定的金额或者百分比，保险人则不予赔偿。

6. 违约责任和保险争议处理

违约责任主要是对投保人或被保险人不能履行财产保险合同规定的义务条款时，所应承担的责任做出的相应规定。当然对保险人也有类似规定，只不过实务中违约情形在投保人一方出现的比较多。争议处理是指保险合同双方当事人就合同有关的内容产生争议时采取的处理方式。这些在财产保险合同中都应做出明确的规定。

第六节　企业财产保险适用范围与注意事项

企业财产保险是我国财产保险的主要险种，它以企业的固定资产和流动资产为保险标的，以企业存放在固定地点的财产为对象的保险业务，即保险财产的存放地点相对固定且处于相对静止的状态。企业财产保险具有一般财产保险的性质，许多适用于其他财产保险的原则同样适用于企业财产保险。投保的企业应根据保险合同向保险人支付相应的保险费。保险人对于保险合同中约定的可能发生的事故因其发生，给被保险人所造成的损失，予以承担赔偿责任。企业财产保险的适用范围十分广泛，一切工商、建筑、交通、服务企业、国家机关、社会团体等均可投保企业财产保险，即对一切独立核算的法人单位均适用。

一、企业财产保险的适用范围

企业财产保险在我国财产保险中占有重要地位，它是在火灾保险的基础上演变和发展而来，主要承保火灾以及其他自然灾害和意外事故造成保险财产的直接损失。企业财产保险范围包括：一是属于被保险人所有或与他人共有而由被保险人负责的财产；二是由被保险人经营管理或替他人保管的财产；三是其他具有法律上承认的与被保险人有经济利益关系的财产。

1. 可投保企业财产保险的范围

企业财产保险既适用于一般企业，也适用于国家机关、人民团体等。企业财产保险的对象只包括存放在固定地点且处于相对静止状态中的财产，而不包括处在运动状态中的财产。

可投保的企业财产主体范围包括：

（1）任何形式的企业，包括工业企业、商业企业、运输企业以及经济联合体、农场等。

（2）国家机关、事业单位和人民团体。其中包括党政机关、工会、共青团、妇联、科研机构、学校、医院、文艺团体等。

（3）企业和事业单位等有来料加工、装配、代销、代修商品业务的个体工商户，由于按合同规定对有关的商品负有责任，因此这类个体工商户也可以投保企业财产保险。

2. 不可投保企业财产保险的范围

下述法人不能投保企业财产保险：

（1）接受国外来料加工的企业，外国、外侨独资经营的企业，中外合资经营和合作经营的企业，以及通过补偿贸易、引进技术和设备等方法进行的工程和项目。

（2）军事机关和部队。

3. 企业财产保险的可保财产

下列财产属于保险标的范围以内：

（1）属于被保险人所有或与他人共有而由被保险人负责的财产；

（2）由被保险人经营管理或替他人保管的财产，如仓储公司可以将存储于其仓库里的货物投保企业财产保险（货主已投保的货物除外）；

（3）具有其他法律上承认的、与被保险人有经济利害关系的财产，如被保险人享有留置权的财产、根据租约被保险人享有承租权益的承租财产。

可保财产规定凡是投保的财产，被保险人必须对其具有可保利益，即被保险人对投保财产具有经济利害关系。

4. 企业财产保险的特保财产

特保财产又称特约保险财产，即与一般可保财产不同，经保险双方特别约定后在保险单中载明的保险财产。

特保财产有两种：一种是不增加费率的特保财产，这些财产的特点是：市场价格变化较大或无固定的市场价格，或受某种风险的影响较小。这类财产有金银、首饰、珠宝、古玩、古画、古书、艺术品、稀有金属和其他珍贵财物；堤堰、水闸、铁路、道路、涵洞、桥梁、码头。另一种是增加费率的特保财产，例如矿井、矿坑内的设备和物资，将这些财产作为特保财产予以承保主要是为了适应或满足部分行业的特殊需要。

5. 企业财产保险的不保财产

下列财产不属于保险标的范围之内：

（1）土地、矿藏、矿井、矿坑、森林、水产资源以及未经收割或收割后尚未入库的农作物；

（2）货币、票证、有价证券、文件、账册、图表、技术资料、计算机资料、枪支弹药以及无法鉴定价值的财产；

（3）违章建筑、危险建筑、非法占用的财产；

（4）在运输过程中的物资；

（5）领取执照并正常运行的机动车；

（6）牲畜、禽类和其他饲养动物。

上述不属于保险标的承保范围财产，其性质可以概括为：

（1）不能用货币衡量其价值的财产或利益，如土地、矿藏、矿井、矿坑、森林、水产资源及文件、账册、图表、技术资料等；

（2）不是实际的物资，如货币、票证、有价证券；

（3）不利于贯彻执行政府有关命令或规定，如违章建筑及其他政府命令限期拆除、改建的房屋、建筑物；

（4）不属于本财产保险范围，如运输过程中的物资、领取执照并正常运行的机动车和禽畜类等，应由其他险种承保。

二、财产保险基本险保险责任

1. 火灾、爆炸事故造成保险标的的损失

在财产保险基本险保险责任中，由于火灾、雷击、爆炸、飞行物体及其他空中运行物体坠落造成保险标的的损失，属于保险范围。

（1）火灾的认定与保险范围

火灾是指在时间或空间上失去控制的燃烧所造成的灾害。构成本保险的火灾责任必须同时具备以下三个条件：①有燃烧现象，即有热，有光，有火焰；②偶然、意外发生的燃烧；③燃烧失去控制并有蔓延扩大的趋势。因此，仅有燃烧现象并不等于构成本保险中的火灾责任。

在生产、生活中有目的的用火，如为了防疫而焚毁玷污的衣物，点火烧荒等属正常燃烧，不属火灾责任。因烘、烤、烫、烙造成焦煳变质等损失，既无燃烧现象，又无蔓延扩大的趋势，也不属于火灾责任。还需要注意的是，电机、电器、电气设备因使用过度、超电压、碰线、弧花、漏电、自身发热所造成的本身损毁，不属于火灾责任，但如果发生了燃烧并失去控制蔓延扩大，就构成了火灾责任，并对电机、电器、电气设备本身的损失也负责赔偿。

（2）雷击的认定与保险范围

雷击是只有雷电造成的灾害。雷电为积雨云中、云间或云地之间产生的放电现象。雷击的破坏形式分直接雷击与感应雷击两种：一是直接雷击。由于雷电直接击中保险标的造成损失，属直接雷击责任。二是感应雷击。由于雷击产生的静电感应或电磁感应使屋内对地绝缘金属物体产生高电位放出火花引起的火灾，导致电器部件的损毁，属感应雷击责任。

（3）爆炸的认定与范围

爆炸分物理性爆炸和化学性爆炸：

1）物理性爆炸。由于液体变为蒸气或气体膨胀，压力急剧增加并大大超过容器所能承受的极限压力，因而发生爆炸。如锅炉、空气压缩机、压缩气体钢瓶、液化气罐爆炸等。关于锅炉、压力容器爆炸的定义是“锅炉或压力容器在使用中或试压时发生破裂，使压力瞬时降到等于外界大气压力所造成的事故，称为爆炸事故”。锅炉爆管不属于爆炸事故。鉴别锅炉、压力容器爆炸事故的问题，以相关部门出具的鉴定为标准。

2）化学性爆炸。物体在瞬息分解或燃烧时放出大量的热和气体，并以很大的压力向四周扩散的现象。如火药爆炸、可燃性粉尘纤维爆炸、可燃气体爆炸及各种化学物品的爆炸等。

因物体本身的瑕疵、使用损耗、产品质量低劣，以及由于容器内部承受“负压”（内压比外压小）造成的损失，不属于爆炸责任。

（4）其他损害的认定与范围

飞行物体及其他空中飞行物体坠落是指凡是空中飞行或运行物体的坠落，如空中飞行器、人造卫星、陨石坠落，吊车在运行时发生的物体坠落都属于本保险责任。

在施工过程中，因人工开凿或爆炸而致石方、石块、土方飞射塌下而造成保险标的的损失，可以先予赔偿，然后向负有责任的第三者追偿。

建筑物倒塌、倒落、倾倒造成保险标的的损失，视同空中运行物体坠落责任。如果涉及第三者责任，可以先赔后追。但是，对建筑物本身的损失，不论是否属于保险标的，都不负责赔偿。

2. 因意外停电、停水、停气造成保险标的的直接损失

在财产保险基本险保险责任中，由于被保险人拥有财产所有权的自用的供电、供水、供气设备因保险事故遭受损坏，引起停电、停水、停气以致造成保险标的的直接损失，属于保险范围。但是上述“三停”所致保险标的的损失，必须同时具备下列三个条件才属于保险责任：

（1）必须是被保险人拥有财产所有权并自己使用的供电、供水、供气设备，包括本单位拥有所有权和使用权的专用设备以及本单位拥有所有权又与其他单位共用的设备。所谓设备包括发电机、变压器、配电间、水塔、线路、管道等供应设备。

（2）限于因保险事故造成的“三停”损失。

（3）仅限于对被保险人的机器设备、在产品和储藏物品等保险标的的损坏或报废负责。例如，印染厂因发生属本条责任范围的停电，使生产线上运转的高热烘筒停转，烘筒上的布匹被烧焦；又如，药厂因同样情况停电，使冷藏库内的药品变质，属保险责任。

3. 为抢救保险标的采取措施而造成保险标的的损失

在财产保险基本险保险责任中，由于发生意外事故时，为抢救保险标的或防止灾害蔓延，采取合理的、必要的措施而造成保险标的的损失，属于保险范围。主要有以下情况：

（1）在发生火灾时，保险标的在抢救过程中，遭受碰破、水淹等损失，以及灾后搬回原地、途中的损失。

（2）因抢救受灾物资而将保险房屋的墙壁、门窗等破坏造成的损失。

（3）发生火灾时隔断火道，将未着火的保险房屋拆毁造成的损失。

（4）遭受火灾后，为防止损坏的保险房屋、墙壁倒塌压坏其他保险标的而将其拆除所致的损失。

4. 为防止或减少保险标的的损失所支付的必要的费用

在财产保险基本险保险责任中，由于意外事故发生后，被保险人为防止或者减少保险标的的损失所支付的必要的、合理的费用，由保险人承担。这项保险责任是指被保险人为了减少保险标的损失而支出的施救、抢救、保护费用，因此也由保险人负责赔偿。

三、财产保险基本险的除外责任

1. 除外的损失原因

由于下列原因造成保险标的的损失，保险人不负责赔偿：

（1）战争、敌对行为、军事行动、武装冲突、罢工、暴动；

（2）被保险人及其代表的故意行为或纵容所致；

（3）核反应、核辐射和放射性污染；

（4）地震、暴雨、洪水、台风、暴风、龙卷风、雪灾、雹灾、冰凌、泥石流、崖崩、滑坡、水暖管爆裂、抢劫、盗窃。

以上列明的各种原因造成保险标的的损失，无论是由上述原因直接造成的，还是由这些原因引起本条款约定的保险事故发生造成的，均为除外责任，保险人不予赔偿。

2. 除外的损失

保险人对下列损失也不负责赔偿：

（1）保险标的遭受保险事故引起的各种间接损失；

（2）保险标的本身缺陷、保管不善导致的损毁，保险标的的变质、霉烂、受潮、虫咬、自然磨损、自然损耗、自燃、烘焙所造成的损失；

（3）由于行政行为或执法行为所致的损失。

以上第（1）款的各种间接损失主要指停工、停业期间支出的工资、各种费用、利润损失及因财产损毁导致的有关收益的损失，如旅馆的房租收入，被保险人与他人签订的合同因保险灾害事故不能履约所需承担的经济赔偿责任等。

以上第（2）款明确了保险标的本身内在的各种缺陷或由于保管不善等原因导致的损失，如变质、霉烂、受潮、虫咬、自然磨损、自燃或因烘、烤、烫、烙造成焦煳变质等损失，均属于人为的非意外损失，保险人不负责赔偿。

以上第（3）款指各级政府或各级执法机关下令破坏保险标的所致的损失属于非常性的行政措施，一般是从国家、社会整体利益出发或者维护更大的利益避免更大的损失所做出的决策，不属于保险承保的意外、偶然的灾害事故风险范畴，故此类损失不属于保险责任。

3. 属于保险责任范围内的损失和费用

由于保险人承担的保险责任为列明的风险责任，而且除外责任不可能完全列举，因此凡是不属于保险责任中列举的灾害事故损失、费用等都属于除外责任。

四、企业财产保险综合险保险责任

1. 企业财产保险综合险保险责任范围

按照《企业财产保险综合险》（以下简称《综合险》）相关条款，保险人不仅承担财产保险基本险方面的保险责任，而且在此基础上还把保险责任范围扩展到包括下列原因造成保险标的的损失：暴雨、洪水、台风、暴风、龙卷风、雪灾、雹灾、冰凌、泥石流、崖崩、突发性滑坡、地面下陷下沉。

（1）暴雨。暴雨指每小时降雨量达 16 毫米以上，或连续 12 小时降雨量达 30 毫米以上，或连续 24 小时降雨量达 50 毫米以上。

（2）洪水。山洪暴发、江河泛滥、潮水上岸及倒灌致使保险标的遭受浸泡、冲散、冲毁等损失都属洪水责任。规律性的涨潮、自动灭火设施漏水以及在常年水位以下或地下渗水、水管爆裂造成保险标的损失不属于洪水责任。

（3）台风。台风指中心附近最大平均风力 12 级或 12 级以上，即风速在 32.6 米/秒以上的热带气旋。是否构成台风以当地气象站的认定为准。

（4）暴风。暴风指风速在 28.3 米/秒，即风力等级表中的 11 级风。本保险条款的暴风责任扩大至 8 级风，即风速在 17.2 米/秒以上即构成暴风责任。

（5）龙卷风。龙卷风是一种范围小而时间短的猛烈旋风。陆地上平均最大风速一般在 79～103 米/秒，极端最大风速一般在 100 米/秒以上。是否构成龙卷风以当地气象站的认定为准。

（6）雪灾。因每平方米雪压超过建筑结构荷载规范规定的荷载标准，以致压塌房屋、建筑物造成保险标的的损失，为雪灾保险责任。

（7）雹灾。因冰雹降落造成的灾害。

（8）冰凌。冰凌即气象部门所称的凌汛，春季江河解冻期时冰块漂浮遇阻，堆积成坝，堵塞江道，造成水位急剧上升，以致冰凌、江水溢出江道，漫延成灾。陆地上有些地区，如山谷封口或酷寒致使雨雪在物体上结成冰块，成下垂状，越结越厚，重量增加，由于下垂的拉力致使物体毁坏，也属冰凌责任。至于一般的冰冻损失，如露天砖坯冻裂、水管冻裂等都不属于冰凌责任。

（9）泥石流。山地大量泥沙、石块突然爆发的洪流，随大暴雨或大量冰水流出。

（10）崖崩。石崖、土崖受自然风化、雨蚀、崖崩下塌或山上岩石滚下，或大雨使山上沙土透湿而崩塌。

（11）突发性滑坡。斜坡上不稳的岩体、土体或人为堆积物在重力作用下突然整体向下滑动。

（12）地面下陷下沉。地壳因为自然变异、地层收缩而发生突然塌陷。此外，对于因海潮、河流、大雨侵蚀，建筑房屋前没有掌握地层情况，地下有孔穴、矿穴，以致地面突然塌陷所致保险损失，也在保险责任范围以内。对于因地基不固或未按建筑施工要求导致建筑地基下沉、裂缝、倒塌等损失，不在保险责任范围以内。

2. 企业财产保险综合险的除外责任

《综合险》的除外责任与《基本险》相比较，主要区别是把上述 12 项灾害从除外责任中剔除，列为《综合险》的保险责任。此外，在《综合险》的除外责任中，还特别列明了地震所造成的一切损失和堆放在露天或罩棚下的保险标的以及罩棚由于暴风、暴雨造成的损失作为除外责任。《综合险》的除外责任其余项与基本险相同。

五、企业财产险的保险金额的确定

1. 固定资产保险金额的确定

固定资产保险金额的确定有如下几种方法：

（1）按照固定资产的账面原价确定保险金额。账面原价是指在建造或购置固定资产时所支出的货币总额。在固定资产登记入账时间较短、固定资产的市场价值变化不大的情况下，这种方式基本上能比较准确地反映固定资产的实际价值。但对于一些固定资产登记入账时间较长，或者固定资产的财务摊销已经接近规定的折旧年限，或者固定资产的市场价值变化较大的情况下，用这种方法难以真实反映固定资产的实际价值。

（2）按照固定资产的账面原价加成数确定。这种方式是将固定资产账面原价作为确保保险金额的基础，在此基础上再附加一定成数，使之接近于重置价值。采取这种方式必须由投保人和保险人事先协商，主要用于固定资产的市场价值变化较大的企业保险业务，依此抵御通货膨胀对于固定资产的实际价值可能造成的贬值影响。

（3）按照固定资产重置价值确定。重置价值是指重新或重建某财产所需支付的全部费用。由于这种方式回避了固定资产目前的实际价值，使得保险金额往往大于保险财产的实际价值。

（4）按其他方式确定。指被保险人依据公估或评价后的市价确定固定资产的保险金额。

2. 流动资产保险金额的确定

流动资产（存货）的保险金额由被保险人按最近 12 个月任意月的账面余额确定或由被保险人自行确定。最近 12 个月任意月的账面额是指从投保月份往前倒推 12 个月的其中任意一个月的流动资产账面余额。流动资产（存货）的账面余额应当按取得时的实际成本核算。

3. 账外财产和代保管财产的保险金额的确定

账外财产和代保管财产的保险金额可由被保险人自行估价或按重置价值确定。采取估价方法时，估价的标准是投保时财产的实际价值。账外财产和代保管财产应在保险单上分项列明。

六、企业财产保险的赔偿处理

1. 固定资产的赔偿处理

（1）全部损失。无论采用何种方式确定保险金额，当固定资产发生全部损失时，必须通过比较保险金额和出险时的重置价值来确定赔偿金额。当受损财产的保险金额等于或高于出险时的重置价值时，其赔偿金额以不超过出险时重置价值为限；当受损财产的保险金额低于出险时重置价值时，其赔款不得超过该项财产的保险金额。

（2）部分损失。若受损保险标的的保险金额等于或高于出险时重置价值，则按实际损失计算赔偿金额；受损财产的保险金额低于出险时重置价值，则应按照实际损失或恢复原状所需修复费用乘以保险金额与出险时重置价值的比例计算赔偿金额。

2. 流动资产的赔偿处理

（1）全部损失。受损财产的保险金额等于或高于出险时账面余额时，其赔偿金额以不超过出险时账面余额为限；受损财产的保险金额低于出险时账面余额时，其赔款不得超过该项财产的保险金额。

（2）部分损失。受损保险标的的保险金额等于或高于账面余额时，则按实际损失计算赔偿金额；受损财产的保险金额低于账面余额时，应根据实际或恢复原状所需的修复费用乘以保险金额与出险时账面余额的比例计算赔偿金额。

3. 账外财产和代保管财产的赔偿处理

（1）全部损失。受损财产的保险金额等于或高于出险时重置价值或账面余额时，其赔偿金额以不超过保险时重置价值或账面余额为限；受损财产的保险金额低于出险时重置价值或账面余额时，其赔款不得超过该项财产的保险金额。

（2）部分损失。受损保险标的的保险金额等于或高于出险时重置价值或账面余额时，按实际损失计算赔偿金额；当受损财产的保险金额低于出险时重置价值或账面余额时，应根据实际损失或恢复原状所需修复费用乘以保险金额与出险时重置价值或账面余额的比例计算赔偿金额。

4. 施救、保护和整理费用的赔偿处理

发生保险责任范围内的损失时，保险人可以承担被保险人为了减少保险财产的损失而支付的必要、合理的施救费用。这种费用的赔付在保险标的损失以外另行计算，即施救费用不包括在保险财产的损失赔偿金额之内，且其赔偿金额最高不得超过保险金额，若受损保险标的按比例赔偿时，则施救费用也按与财产损失赔款相同的比例赔偿。

对于施救、保护和整理费用的赔偿处理，保险人常做出如下规定：

（1）必须是灾害事故发生当时采取措施所支付的施救费用，而不是灾害事故发生之前支出的预防费用。

（2）必须是本单位员工参加施救、整理的人工费用。

（3）必须是房屋全损后清理现场的费用和洪灾后清除淤泥的费用。

（4）必须是对抢救人员的奖励费用。对抢救保险财产有功的集体和个人，不论是本单位员工或外来群众或企业消防队，都可给予一定的奖励，其费用可以从施救费用中开支。

5. 保险财产损失发生后的残余部分的处理

（1）保险财产遭受损失以后的残余部分，应当充分利用，协议作价折归被保险人，并在保险人计算赔款时予以扣除。所谓残余部分是指财产受损后尚有经济价值的残留物资，即残值。所以，如果残值经协议作价折归被保险人，保险人必须在计算赔款时予以扣除。

（2）被保险人向保险人申请赔偿时，应当提供保险单、财产损失清单、技术鉴定证明、事故报告书、救护费用发票以及必要的账簿、单据和有关部门的证明，各项单证、证明必须真实可靠，不得有任何欺诈。被保险人欺诈行为给保险人造成损失的，应当承担赔偿责任。保险人收到单证后应当迅速审定、核实。

七、企业财产保险的其他相关事项

1. 被保险人在企业财产保险中应尽的义务

财产保险合同是保险双方当事人同意履行规定的权利和义务的产物，被保险人在执行

保险合同过程中，不能单方面要求保险人履行经济补偿的义务，还要遵守保险合同规定被保险人应该履行的义务。如果被保险人不履行规定的义务，保险人有权拒绝赔偿，或从解约通知书送达15日后终止保险合同。企业财产保险的被保险人应该履行如下义务：

（1）交付保险费的义务。被保险人应当在保险合同生效之前按照保险单的规定交清保险费。保险人只有在被保险人于保险合同生效前交清保险费才能承担保险合同所约定的保险责任。投保人也可按照与保险人约定的期限交付保险费。如不按期交付保险费，保险人可以分别情况要求其交付保险费及利息或者终止合同。终止合同前投保方所欠交的保险费及利息，保险人仍有权要求投保人如数交足。

（2）被保险人应当履行告知义务。如实回答保险人就保险标的或者被保险人的有关情况提出的询问。

（3）安全防灾的义务。被保险人应遵守国家有关部门制定的关于消防、安全、生产操作和劳动保护财产安全的各种规定，不能因为财产已参加保险而放松安全防灾工作。对各种灾害事故隐患应采取合理的预防措施，对安全检查中发现的各种灾害事故隐患，在接到安全主管部门或保险人提出的整改通知后，必须认真付诸实施。

（4）变更保险条件时的申请批改义务。保险合同订立后，被保险人若须变更合同内容，如变更被保险人名称、保险标的占用性质、危险程度、财产存放地点、权利转让等，必须及时以书面形式向保险人提出申请，办理批改手续，经保险公司同意后，签发批单，附于保险单上，作为保险合同的一部分。若需要增加保险费，应当按规定补交保险费。

（5）保险事故发生时施救、通知义务。保险标的在发生保险事故时，被保险人应当采取必要的措施，抢救财产，减少财产的损失以及防止灾害的扩大，并对受损财产进行保护和妥善处理。在发生保险事故时，被保险人还应尽快通知保险人，以便保险人及时到现场查勘定损和进行必要的处理。

2. 企业财产保险的保险费率

我国财产保险基本险和综合险的保险费率分为工业险、仓储险和普通险三类，每一类别又按照财产的种类、占用性质和危险程度，分为不同的档次。每一投保单位适用一个费率。如果企业选择投保部分财产，其费率应根据其占用性质和危险程度确定。但如果部分保险财产与其他财产在同一处所，则所确定的费率应不低于该行业适用的费率。在单独一个处所的，按最高危险程度确定费率。

由于企业财产保险业务的保险期限通常为一年，则我国采用的企业财产保险业务的保险费率均按保险期限为一年，保险金额以千元计算。财产保险年费率又分为基本险和综合险两种，综合险年费率又分为费率1和费率2，前者适用华东、中南、西南地区，后者适用于华北、东北、西北地区。下面就按工业类、仓储类和普通类具体介绍财产保险的保险费率：

（1）工业类。凡从事制造、修配、加工生产的工厂，均按工业险费率计收保险费。根据工业企业使用的原材料、主要产品生产过程中的工艺操作和处理的危险程度，把工业险费率分为六个级别，一级工业危险程度最小、费率最低；六级工业危险程度最大、费率最高。

一级工业险。适用于钢铁、机器制造、耐火材料、水泥、砖石制品等工业。

二级工业险。适用于一般机械零件制造、修配行业。如自行车制造厂、五金零件制造厂。

三级工业险。适用于一般物资为主要原料的棉纺品、食品、精工、电信、电器、仪表、日常生活用品等工业。

四级工业险。适用于以竹、木、皮毛或一般可燃物资为主要原料或一般危险品进行复合生产的工业；棉、棉麻、塑料及其制成品、化纤、医药制造等加工工业；以油脂为原料的工业和文具、纸制品工业。

五级工业险。适用于以一般危险品及部分特别危险品为主要原料进行复合生产的工业、制氧、挥发性试剂以及塑料、染料制造等工业；大量使用竹、木、稻草主要原料的木器家具、工具、竹器、草编制品制造工业；油布、油纸制造工业。

六级工业险。适用于以特别危险品，如赛璐珞、磷、醚及其他爆炸品为主要原料进行复合生产的工业和染料工业。

（2）仓储类。凡储存大宗物资的仓库、露堆、罩棚、油槽、储气柜、地窖、趸船等，都适用仓储险费率。根据仓储商品和物资的性质以及危险程度，仓储险费率可分为四个级别：一般物资、危险品、特别危险品和金属材料、粮食专储。

（3）普通类。工业和仓储业以外的其他行业使用普通险费率，划分为三级，在实际业务中，可能出现中途退保或保险期限不满一年的情况，这就需要按照短期保险费率计算保险费。

八、财产基本险保险合同样式参考

在财产保险的实际业务中，各保险公司所制定的保险合同有不同的规定和要求，在此，所介绍的财产基本险保险合同只是作为参考。

总则

第一条　本保险合同由保险条款、投保单、保险单或其他保险凭证以及批单组成。凡涉及本保险合同的约定，均应采用书面形式。

保险标的

第二条　本保险合同载明地址内的下列财产可作为保险标的：

(1) 属于被保险人所有或与他人共有而由被保险人负责的财产；

(2) 由被保险人经营管理或替他人保管的财产；

(3) 其他具有法律上承认的与被保险人有经济利害关系的财产。

第三条　本保险合同载明地址内的下列财产未经保险合同双方特别约定并在保险合同中载明保险价值的，不属于本保险合同的保险标的：

(1) 金银、珠宝、钻石、玉器、首饰、古币、古玩、古书、古画、邮票、字画、艺术品、稀有金属等珍贵财物；

(2) 堤堰、水闸、铁路、道路、涵洞、隧道、桥梁、码头；

(3) 矿井（坑）内的设备和物资；

(4) 便携式通信装置、便携式计算机设备、便携式照相摄像器材以及其他便携式装置、设备；

(5) 尚未交付使用或验收的工程。

第四条　下列财产不属于本保险合同的保险标的：

(1) 土地、矿藏、水资源及其他自然资源；

(2) 矿井、矿坑；

(3) 货币、票证、有价证券以及有现金价值的磁卡、集成电路（IC）卡等卡类；

(4) 文件、账册、图表、技术资料、计算机软件、计算机数据资料等无法鉴定价值的财产；

(5) 枪支弹药；

(6) 违章建筑、危险建筑、非法占用的财产；

(7) 领取公共行驶执照的机动车辆；

(8) 动物、植物、农作物。

保险责任

第五条　在保险期间内，由于下列原因造成保险标的的损失，保险人按照本保险合同的约定负责赔偿：

(1) 火灾；

(2) 爆炸；

(3) 雷击；

(4) 飞行物体及其他空中运行物体坠落。

前款原因造成的保险事故发生时，为抢救保险标的或防止灾害蔓延，采取必要的、合理的措施而造成保险标的的损失，保险人按照本保险合同的约定也负责赔偿。

第六条　保险事故发生后，被保险人为防止或减少保险标的的损失所支付的必要的、合理的费用，保险人按照本保险合同的约定也负责赔偿。

责任免除

第七条　下列原因造成的损失、费用，保险人不负责赔偿：

（1）投保人、被保险人及其代表的故意或重大过失行为；

（2）行政行为或司法行为；

（3）战争、类似战争行为、敌对行动、军事行动、武装冲突、罢工、骚乱、暴动、政变、谋反、恐怖活动；

（4）地震、海啸及其次生灾害；

（5）核辐射、核裂变、核聚变、核污染及其他放射性污染；

（6）大气污染、土地污染、水污染及其他非放射性污染，但因保险事故造成的非放射性污染不在此限；

（7）保险标的的内在或潜在缺陷、自然磨损、自然损耗，大气（气候或气温）变化、正常水位变化或其他渐变原因，物质本身变化、霉烂、受潮、鼠咬、虫蛀、鸟啄、氧化、锈蚀、渗漏、自燃、烘焙；

（8）暴雨、洪水、暴风、龙卷风、冰雹、台风、飓风、暴雪、冰凌、沙尘暴、突发性滑坡、崩塌、泥石流、地面突然下陷下沉；

（9）水箱、水管爆裂；

（10）盗窃、抢劫。

第八条　下列损失、费用，保险人也不负责赔偿：

（1）保险标的遭受保险事故引起的各种间接损失；

（2）广告牌、天线、霓虹灯、太阳能装置等建筑物外部附属设施，存放于露天或简易建筑物内部的保险标的以及简易建筑本身，由于雷击造成的损失；

（3）锅炉及压力容器爆炸造成其本身的损失；

（4）任何原因导致供电、供水、供气及其他能源供应中断造成的损失和费用；

（5）本保险合同中载明的免赔额或按本保险合同中载明的免赔率计算的免赔额。

第九条　其他不属于本保险合同责任范围内的损失和费用，保险人不负责赔偿。

保险价值、保险金额与免赔额（率）

第十条　保险标的的保险价值可以为出险时的重置价值、出险时的账面余额、出险时的市场价值或其他价值，由投保人与保险人协商确定，并在本保险合同中载明。

第十一条　保险金额由投保人参照保险价值自行确定，并在保险合同中载明。保险金额不得超过保险价值。超过保险价值的，超过部分无效，保险人应当退还相应的保险费。

第十二条　免赔额（率）由投保人与保险人在订立保险合同时协商确定，并在保险合同中载明。

保险期间

第十三条　除另有约定外，保险期间为一年，以保险单载明的起讫时间为准。

保险人义务

第十四条　订立保险合同时，采用保险人提供的格式条款的，保险人向投保人提供的投保单应当附格式条款，保险人应当向投保人说明保险合同的内容。对保险合同中免除保险人责任的条款，保险人在订立合同时应当在投保单、保险单或者其他保险凭证上做出足以引起投保人注意的提示，并对该条款的内容以书面或者口头形式向投保人做出明确说明；未作提示或者明确说明的，该条款不产生效力。

第十五条　本保险合同成立后，保险人应当及时向投保人签发保险单或其他保险凭证。

第十六条　保险人依据第二十条所取得的保险合同解除权，自保险人知道有解除事由之日起，超过30日不行使而消灭。自保险合同成立之日起超过两年的，保险人不得解除合同；发生保险事故的，保险人承担赔偿责任。

保险人在合同订立时已经知道投保人未如实告知的情况的，保险人不得解除合同；发生保险事故的，保险人应当承担赔偿责任。

第十七条　保险人按照第二十六条的约定，认为被保险人提供的有关索赔的证明和资料不完整的，应当及时一次性通知投保人、被保险人补充提供。

第十八条　保险人收到被保险人的赔偿保险金的请求后，应当及时做出是否属于保险责任的核定；情形复杂的，应当在30日内做出核定，但保险合同另有约定的除外。

保险人应当将核定结果通知被保险人；对属于保险责任的，在与被保险人达成赔偿保险金的协议后10日内，履行赔偿保险金义务。保险合同对赔偿保险金的期限有约定的，保险人应当按照约定履行赔偿保险金的义务。保险人依照前款约定做出核定后，对不属于保险责任的，应当自做出核定之日起3日内向被保险人发出拒绝赔偿保险金通知书，并说明理由。

第十九条　保险人自收到赔偿的请求和有关证明、资料之日起60日内，对其赔偿保险金的数额不能确定的，应当根据已有证明和资料可以确定的数额先予支付；保险人最终确定赔偿的数额后，应当支付相应的差额。

投保人、被保险人义务

第二十条　订立保险合同，保险人就保险标的或者被保险人的有关情况提出询问的，投保人应当如实告知，并如实填写投保单。

投保人故意或者因重大过失未履行前款规定的如实告知义务，足以影响保险人决定是否同意承保或者提高保险费率的，保险人有权解除合同。

投保人故意不履行如实告知义务的，保险人对于合同解除前发生的保险事故，不承担赔偿责任，并不退还保险费。

投保人因重大过失未履行如实告知义务，对保险事故的发生有严重影响的，保险人对于合同解除前发生的保险事故，不承担赔偿责任，但应当退还保险费。

第二十一条　投保人应按约定交付保险费。

约定一次性交付保险费的，投保人在约定交费日后交付保险费的，保险人对交费之前发生的保险事故不承担保险责任。

约定分期交付保险费的，保险人按照保险事故发生前保险人实际收取保险费总额与投保人应当交付的保险费的比例承担保险责任，投保人应当交付的保险费是指截至保险事故发生时投保人按约定分期应该缴纳的保费总额。

第二十二条　被保险人应当遵守国家有关消防、安全、生产操作、劳动保护等方面的相关法律、法规及规定，加强管理，采取合理的预防措施，尽力避免或减少责任事故的发生，维护保险标的的安全。

保险人可以对被保险人遵守前款约定的情况进行检查，向投保人、被保险人提出消除不安全因素和隐患的书面建议，投保人、被保险人应该认真付诸实施。

投保人、被保险人未按照约定履行其对保险标的的安全应尽责任的，保险人有权要求增加保险费或者解除合同。

第二十三条　保险标的转让的，被保险人或者受让人应当及时通知保险人。

因保险标的转让导致危险程度显著增加的，保险人自收到前款规定的通知之日起 30 日内，可以按照合同约定增加保险费或者解除合同。保险人解除合同的，应当将已收取的保险费，按照合同约定扣除自保险责任开始之日起至合同解除之日止应收的部分后，退还投保人。

被保险人、受让人未履行本条规定的通知义务的，因转让导致保险标的危险程度显著增加而发生的保险事故，保险人不承担赔偿责任。

第二十四条　在合同有效期内，如保险标的占用与使用性质、保险标的地址及其他可能导致保险标的危险程度显著增加的，或其他足以影响保险人决定是否继续承保或是否增加保险费的保险合同重要事项变更，被保险人应及时书面通知保险人，保险人有权要求增加保险费或者解除合同。

被保险人未履行前款约定的通知义务的，因保险标的的危险程度显著增加而发生的保险事故，保险人不承担赔偿责任。

第二十五条　知道保险事故发生后，被保险人应该：

（1）尽力采取必要、合理的措施，防止或减少损失，否则，对因此扩大的损失，保险人不承担赔偿责任。

（2）立即通知保险人，并书面说明事故发生的原因、经过和损失情况；故意或者因重大过失未及时通知，致使保险事故的性质、原因、损失程度等难以确定的，保险人对无法确定的部分，不承担赔偿责任，但保险人通过其他途径已经及时知道或者应当及时知道保险事故发生的除外。

（3）保护事故现场，允许并且协助保险人进行事故调查；对于拒绝或者妨碍保险人进行事故调查导致无法确定事故原因或核实损失情况的，保险人对无法核实的部分不承担赔偿责任。

第二十六条　被保险人请求赔偿时，应向保险人提供下列证明和资料：

（1）保险单正本、索赔申请、财产损失清单、技术鉴定证明、事故报告书、救护费用发票、必要的账簿、单据和有关部门的证明；

（2）投保人、被保险人所能提供的与确认保险事故的性质、原因、损失程度等有关的其他证明和资料。

投保人、被保险人未履行前款约定的单证提供义务，导致保险人无法核实损失情况的，保险人对无法核实的部分不承担赔偿责任。

赔偿处理

第二十七条　保险事故发生时，被保险人对保险标的不具有保险利益的，不得向保险人请求赔偿保险金。

第二十八条　保险标的发生保险责任范围内的损失，保险人有权选择下列方式赔偿：

（1）货币赔偿：保险人以支付保险金的方式赔偿；

（2）实物赔偿：保险人以实物替换受损标的，该实物应具有保险标的出险前同等的类型、结构、状态和性能；

（3）实际修复：保险人自行或委托他人修理修复受损标的。

对保险标的在修复或替换过程中，被保险人进行的任何变更、性能增加或改进所产生的额外费用，保险人不负责赔偿。

第二十九条　保险标的遭受损失后，如果有残余价值，应由双方协商处理。如折归被保险人，由双方协商确定其价值，并在保险赔款中扣除。

第三十条　保险标的发生保险责任范围内的损失，保险人按以下方式计算赔偿：

（1）保险金额等于或高于保险价值时，按实际损失计算赔偿，最高不超过保险价值；

（2）保险金额低于保险价值时，按保险金额与保险价值的比例乘以实际损失计算赔偿，最高不超过保险金额；

（3）若本保险合同所列标的不止一项时，应分项按照本条约定处理。

第三十一条　保险标的的保险金额大于或等于其保险价值时，被保险人为防止或减少保险标的的损失所支付的必要的、合理的费用，在保险标的损失赔偿金额之外另行计算，最高不超过被施救保险标的的保险价值。

保险标的的保险金额小于其保险价值时，上述费用按被施救保险标的的保险金额与其保险价值的比例在保险标的损失赔偿金额之外另行计算，最高不超过被施救保险标的的保险金额。

被施救的财产中，含有本保险合同未承保财产的，按被施救保险标的的保险价值与全部被施救财产价值的比例分摊施救费用。

第三十二条　每次事故保险人的赔偿金额为根据第三十条、第三十一条约定计算的金额扣除每次事故免赔额后的金额，或者为根据第三十条、第三十一条约定计算的金额扣除该金额与免赔率乘积后的金额。

第三十三条　保险事故发生时，如果存在重复保险，保险人按照本保险合同的相应保险金额与其他保险合同及本保险合同相应保险金额总和的比例承担赔偿责任。

其他保险人应承担的赔偿金额，本保险人不负责垫付。若被保险人未如实告知导致保险人多支付赔偿金的，保险人有权向被保险人追回多支付的部分。

第三十四条　保险标的发生部分损失，保险人履行赔偿义务后，本保险合同的保险金额自损失发生之日起按保险人的赔偿金额相应减少，保险人不退还保险金额减少部分的保险费。如投保人请求恢复至原保险金额，应按原约定的保险费率另行支付恢复部分从投保人请求的恢复日期起至保险期间届满之日止按日比例计算的保险费。

第三十五条　发生保险责任范围内的损失，应由有关责任方负责赔偿的，保险人自向被保险人赔偿保险金之日起，在赔偿金额范围内代位行使被保险人对有关责任方请求赔偿的权利，被保险人应当向保险人提供必要的文件和所知道的有关情况。

被保险人已经从有关责任方取得赔偿的，保险人赔偿保险金时，可以相应扣减被保险人已从有关责任方取得的赔偿金额。

保险事故发生后，在保险人未赔偿保险金之前，被保险人放弃对有关责任方请求赔偿权利的，保险人不承担赔偿责任；保险人向被保险人赔偿保险金后，被保险人未经保险人同意放弃对有关责任方请求赔偿权利的，该行为无效；由于被保险人故意或者因重大过失致使保险人不能行使代位请求赔偿的权利的，保险人可以扣减或者要求返还相应的保险金。

第三十六条　被保险人向保险人请求赔偿保险金的诉讼时效期间为两年，自其知道或者应当知道保险事故发生之日起计算。

争议处理和法律适用

第三十七条　因履行本保险合同发生的争议，由当事人协商解决。协商不成的，提交保险单载明的仲裁机构仲裁；保险单未载明仲裁机构且争议发生后未达成仲裁协议的，依法向人民法院起诉。

第三十八条　与本保险合同有关的以及履行本保险合同产生的一切争议，适用中华人民共和国法律（不包括港澳台地区法律）。

其他事项

第三十九条 保险标的发生部分损失的，自保险人赔偿之日起 30 日内，投保人可以解除合同；除合同另有约定外，保险人也可以解除合同，但应当提前 15 日通知投保人。

保险合同依据前款规定解除的，保险人应当将保险标的未受损失部分的保险费，按照合同约定扣除自保险责任开始之日起至合同解除之日止应收的部分后，退还投保人。

第四十条 保险责任开始前，投保人要求解除保险合同的，应当按本保险合同的约定向保险人支付退保手续费，保险人应当退还剩余部分保险费。

保险责任开始后，投保人要求解除保险合同的，自通知保险人之日起，保险合同解除，保险人按短期费率计收保险责任开始之日起至合同解除之日止期间的保险费，并退还剩余部分保险费。

保险责任开始后，保险人要求解除保险合同的，可提前 15 日向投保人发出解约通知书解除本保险合同，保险人按照保险责任开始之日起至合同解除之日止期间与保险期间的日比例计收保险费，并退还剩余部分保险费。

第四十一条 保险标的发生全部损失，属于保险责任的，保险人在履行赔偿义务后，本保险合同终止；不属于保险责任的，本保险合同终止，保险人按短期费率计收自保险责任开始之日起至损失发生之日止期间的保险费，并退还剩余部分保险费。

释义

第四十二条 本保险合同涉及下列术语时，适用下列释义：

(1) 火灾

在时间或空间上失去控制的燃烧所造成的灾害。构成本保险的火灾责任必须同时具备以下三个条件：

◆有燃烧现象，即有热、有光、有火焰；

◆偶然、意外发生的燃烧；

◆燃烧失去控制并有蔓延扩大的趋势。

因此，仅有燃烧现象并不等于构成本保险中的火灾责任。在生产、生活中有目的用火，如为了防疫而焚毁玷污的衣物，点火烧荒等属正常燃烧，不同于火灾责任。

因烘、烤、烫、烙造成焦煳变质等损失，既无燃烧现象，又无蔓延扩大趋势，也不属于火灾责任。

电机、电器、电气设备因使用过度、超电压、碰线、孤花、漏电、自身发热所造成的本身损毁，不属于火灾责任。但如果发生了燃烧并失去控制蔓延扩大，才构成火灾责任，并对电机、电器、电气设备本身的损失负责赔偿。

(2) 爆炸

爆炸分物理性爆炸和化学性爆炸。

◆物理性爆炸：由于液体变为蒸气或气体膨胀，压力急剧增加并大大超过容器所能承受的极限压力，因而发生爆炸。如锅炉、空气压缩机、压缩气体钢瓶、液化气罐爆炸等。关于锅炉、压力容器爆炸的定义是：锅炉或压力容器在使用中或试压时发生破裂，使压力瞬时降到等于外界大气压力的事故，称为“爆炸事故”。

◆化学性爆炸：物体在瞬息分解或燃烧时放出大量的热和气体，并以很大的压力向四周扩散的现象。如火药爆炸、可燃性粉尘纤维爆炸、可燃气体爆炸及各种化学物品的爆炸等。

因物体本身的瑕疵，使用损耗或产品质量低劣以及由于容器内部承受“负压”（内压比外压小）造成的损失，不属于爆炸责任。

（3）雷击

雷击指由雷电造成的灾害。雷电为积雨云中、云间或云地之间产生的放电现象。雷击的破坏形式分直接雷击与感应雷击两种。

◆直接雷击：由于雷电直接击中保险标的造成损失，属直接雷击责任。

◆感应雷击：由于雷击产生的静电感应或电磁感应使屋内对地绝缘金属物体产生高电位放出火花引起的火灾，导致电器本身的损毁，或因雷电的高电压感应，致使电器部件的损毁，属感应雷击责任。

（4）暴雨：指每小时降雨量达 16 毫米以上，或连续 12 小时降雨量达 30 毫米以上，或连续 24 小时降雨量达 50 毫米以上的降雨。

（5）洪水：指山洪暴发、江河泛滥、潮水上岸及倒灌。但规律性的涨潮、自动灭火设施漏水以及在常年水位以下或地下渗水、水管爆裂不属于洪水责任。

（6）暴风：指风力达 8 级、风速在 17.2 米/秒以上的自然风。

（7）龙卷风：指一种范围小而时间短的猛烈旋风，陆地上平均最大风速在 79～103 米/秒，极端最大风速在 100 米/秒以上。

（8）冰雹：指从强烈对流的积雨云中降落到地面的冰块或冰球，直径大于 5 毫米，核心坚硬的固体降水。

（9）台风、飓风：台风指中心附近最大平均风力 12 级或以上，即风速在 32.6 米/秒以上的热带气旋；飓风是一种与台风性质相同、但出现的位置区域不同的热带气旋，台风出现在西北太平洋海域，而飓风出现在印度洋、大西洋海域。

（10）沙尘暴：指强风将地面大量尘沙吹起，使空气很混浊，水平能见度小于 1 公里的天气现象。

（11）暴雪：指连续 12 小时的降雪量大于或等于 10 毫米的降雪现象。

（12）冰凌：指春季江河解冻期时冰块漂浮遇阻，堆积成坝，堵塞江道，造成水位急剧上升，以致江水溢出江道，漫延成灾。

陆上有些地区，如山谷风口或酷寒致使雨雪在物体上结成冰块，成下垂形状，越结越厚，重量增加，由于下垂的拉力致使物体毁坏，也属冰凌责任。

（13）突发性滑坡：斜坡上不稳的岩土体或人为堆积物在重力作用下突然整体向下滑动的现象。

（14）崩塌：石崖、土崖、岩石受自然风化、雨蚀造成崩溃下塌，以及大量积雪在重力作用下从高处突然崩塌滚落。

（15）泥石流：由于雨水、冰雪融化等水源激发的、含有大量泥沙石块的特殊洪流。

（16）地面突然下陷下沉：地壳因为自然变异，地层收缩而发生突然塌陷。对于因海潮、河流、大雨侵蚀或在建筑房屋前没有掌握地层情况，地下有孔穴、矿穴，以致地面突然塌陷，也属地面突然下陷下沉。但未按建筑施工要求导致建筑地基下沉、裂缝、倒塌等，不在此列。

（17）飞行物体及其他空中运行物体坠落：指空中飞行器、人造卫星、陨石坠落，吊车、行车在运行时发生的物体坠落，人工开凿或爆炸而致石方、石块、土方飞射、塌下，建筑物倒塌、倒落、倾倒，以及其他空中运行物体坠落。

（18）自然灾害：指雷击、暴雨、洪水、暴风、龙卷风、冰雹、台风、飓风、沙尘暴、暴雪、冰凌、突发性滑坡、崩塌、泥石流、地面突然下陷下沉及其他人力不可抗拒的破坏力强大的自然现象。

（19）意外事故：指不可预料的以及被保险人无法控制并造成物质损失的突发性事件，包括火灾和爆炸。

（20）重大过失行为：指行为人不但没有遵守法律规范对其较高要求，甚至连人们都应当注意并能注意的一般标准也未达到的行为。

（21）恐怖活动：指任何人以某一组织的名义或参与某一组织使用武力或暴力对任何政府进行恐吓或施加影响而采取的行动。

（22）地震：地壳发生的震动。

（23）海啸：海啸是指由海底地震，火山爆发或水下滑坡、塌陷所激发的海洋巨波。

（24）行政行为或司法行为：指各级政府部门、执法机关或依法履行公共管理、社会管理职能的机构下令破坏、征用、罚没保险标的的行为。

（25）简易建筑：指符合下列条件之一的建筑：

◆使用竹木、芦席、篷布、茅草、油毛毡、塑料膜、尼龙布、玻璃钢瓦等材料为顶或墙体的建筑；

◆顶部封闭，但直立面非封闭部分的面积与直立面总面积的比例超过10%的建筑；

◆屋顶与所有墙体之间的最大距离超过1米的建筑。

（26）自燃：指可燃物在没有外部热源直接作用的情况下，由于其内部的物理作用（如吸附、辐射等）、化学作用（如氧化、分解、聚合等）或生物作用（如发酵、细菌腐败等）

而发热，热量积聚导致升温，当可燃物达到一定温度时，未与明火直接接触而发生燃烧的现象。

（27）重置价值：指替换、重建受损保险标的，以使其达到全新状态而发生的费用，但不包括被保险人进行的任何变更、性能增加或改进所产生的额外费用。

（28）水箱、水管爆裂：包括冻裂和意外爆裂两种情况。水箱、水管爆裂一般是由水箱、水管本身瑕疵或使用耗损或严寒结冰造成的。

附录　　　　短期费率表

保险期间	1个月	2个月	3个月	4个月	5个月	6个月	7个月	8个月	9个月	10个月	11个月	12个月
年费率/%	10	20	30	40	50	60	70	80	85	90	95	100

注：不足1个月的部分按1个月计收。

第五章　企业责任风险与保险

企业责任风险是指企业在生产以及销售等经营过程中，造成员工或他人人身伤害或财产损失，而使企业在法律上应负民事赔偿责任的风险。公众责任保险正是为适应上述风险的需要而产生的。公众责任保险可适用于企事业单位、社会团体、个体工商户、其他经济组织及自然人为其经营的工厂、办公楼、旅馆、住宅、商店、医院、学校、影剧院等各种公众活动的场所投保。公众责任保险包括餐饮业综合保险、火灾公众责任保险、物业责任保险等，范围广泛，业务复杂，险种众多。如果发生意外事故而造成他人人身伤亡和财产损失，那么投保了公众责任险的企业就可以先行赔付，然后再找保险公司索赔。

第一节　企业主要的责任风险

企业在生产经营过程中，存在着各种各样的风险，其中企业责任风险是一个很重要的风险。随着我国法律制度的逐步健全，机关、企事业单位及个人在经济活动过程中，常常因疏忽或意外事故造成他人人身伤亡或财产损失，依照法律须承担一定的经济赔偿责任，伴随着公众索赔意识的增强，此类索赔逐渐增多，影响当事人经济利益及正常的经营活动顺利进行。公众责任险正是为适应上述机关、企事业单位及个人转嫁这种风险的需要而产生的。可以说，企业责任保险来自于企业责任风险，是化解企业责任风险的一个很好的方法。

一、企业责任风险中的民事责任

企业责任风险来自于法律对企业责任的强制规定。企业承担的法律责任有刑事责任与民事责任之分，企业对刑事责任无疑要特别注意避免，但作为可以用货币衡量的民事责任，即经济赔偿责任，可以通过保险进行转移。民事责任分为侵权责任与合同责任两类，即侵权责任风险与合同责任风险。

民事责任包括：侵权责任与合同责任（违约责任），在侵权责任中，包括故意责任、过失责任（过错责任）、无过失责任（严格责任）；在合同责任中，包括直接责任与间接责任。

1. 侵权责任风险

侵权责任风险是指企业因侵害他人合法或自然的财产权利和人身权利而被起诉并承担

民事赔偿责任的风险。

（1）侵权行为的分类。企业的侵权行为分为三类：一是故意侵权行为，这是指企业能够预见自己的违法行为将会对他人造成损害，但仍然追求或放任这种损害后果的发生。例如企业未经有关部门的许可，未经处理任意排放污水、废气，影响了周围环境与居民生活的行为。二是过失侵权行为，这是指企业应该预见或可以预见自己的违法行为可能会给他人造成损害结果，却没有预见或轻信可以避免而导致结果的发生。三是无过失侵权行为，这是指即使没有过失也必须对他人的损失承担赔偿责任。例如许多国家的法律规定，雇员在工作中受到意外伤害，不论雇主有无过失，均应承担赔偿责任。

（2）侵权行为应具备的条件。侵权行为的产生，必须具备三个法律要件：一是行为人的违法性。侵权的第一个要素是个人或团体必须具有对他人构成责任的作为（或不作为）义务，但个人或团体却违反了该项义务。例如，企业在举行庆典时，有义务维护庆典场所的安全，而企业却在会场内燃放烟花爆竹，并且没有采取周到的防范措施，从而使与会者遭到人身伤害。企业的这种行为构成了对他人合法权利的侵犯。二是发生损害事实。被侵害方必须有财产、人身或权利上的损害事实存在，才能就责任事故中企业的侵权行为主张赔偿。损害可分为有形损害和无形损害。前者可以较为客观地确定损失金额，如财产损失、医疗费用、丧葬费和赡养费等；后者则难以确定损失金额且在确定过程中具有较大的主观因素，如侵犯肖像权和名誉等行为而产生的精神损失赔偿。三是违法性与损害事实之间存在因果关系。除无过失侵权行为外，损害事实必须是由企业的违法行为（或不行为）引起的，否则企业可以不负法律责任。

2. 合同责任风险

合同责任风险又称违约责任风险，是指企业因违反合同或协议导致合同另一方或其他人受损而承担赔偿责任的风险。我国《民法通则》规定，法人违反合同或不履行约定义务的，应承担民事责任。合同责任主要为违约方应当承担的财产上的责任，包括损害赔偿、恢复原状和支付违约金等形式。合同责任包括直接合同责任和间接合同责任。

（1）直接合同责任，即合同一方违反合同规定的义务，对另一方造成损害所应承担的赔偿责任。例如，根据雇佣合同规定，企业对员工在受雇期间受到的人身伤害所应负的赔偿责任，为直接合同责任。

（2）间接合同责任，即合同一方根据合同规定，对另一方造成他人损害应负的赔偿责任。例如，按照工程合同规定，在施工期间承包人的过失造成他人财产损失或人身伤害时，由工程所有人承担的赔偿责任，为间接合同责任。

二、企业主要的责任风险

由于社会、经济和科技的不断进步，使得企业所承担的责任风险变得越来越复杂，而且与财产风险相比，企业责任风险具有更大的不确定性。企业责任风险主要有产品责任风险、公众责任风险、雇主责任风险。

1. 产品责任风险

企业对其生产制造或销售的产品，因有缺陷致使用户、消费者或公众受到身体伤害或财产损失时，依法应承担的经济赔偿责任为产品责任风险。产品制造者、销售者是产品责任事故的责任方，其中产品的制造者承担着最大、最终的责任风险。

产品缺陷是产品责任风险存在的前提条件。产品没有缺陷，就没有产品责任；谁造成产品的缺陷，就由谁来承担责任。根据产品的生产或制造过程，产品缺陷可以有四种情况：一是设计缺陷。如建筑结构设计不合理或机械设备没有设计保护装置等。产品带来的可预见性伤害风险可以通过采取合理的、安全的设计而减少。二是材料缺陷。这是因产品原材料或配件质量不合格造成的。如制药原材料不纯会导致药品含有影响人体健康的物质、化纤衣料未经阻燃处理会导致衣物烧伤穿用者等。三是制造装配的缺陷，即指产品质量标准与制造工艺出现偏差。如烟花爆竹的引线不够长就容易导致炸伤人事故、机械产品零部件装配不当会出现松动而造成损害事故等。四是指示缺陷。通常是指产品说明书或包装标志上没有正确标注或正确说明使用该产品会有风险。如含有小零件或者弹珠的玩具，包装上没有明文警告“不适合三岁以下儿童使用”而造成儿童伤害等。总的来讲，制造者可能是在生产产品时就已经发现缺陷，但因疏忽没有告知使用者；也可能是在生产时尚未发现缺陷。可见，缺陷必须是在产品离开制造者或销售者控制之前就已经存在。

产品责任风险的产生基础是各国的产品责任法律制度。在国际上，北美国家的产品责任法律制度最为严厉，对产品责任事故处理采用的是严格责任制，也称无过失责任制。其内容为：只要产品存在缺陷，不论企业有无过失，都要对消费者的损失负责赔偿。而且随着经济的发展，产品责任法律制度越来越完善，消费者的自我保护意识和索赔意识越来越强，与消费者关系密切的产品责任风险也越来越大，产品制造商和销售商对产品责任保险的需求也会越来越大。

2. 公众责任风险

企业在生产经营中，常因妨害公共利益和私人利益而承担风险。例如烟花厂的仓库因储存爆炸性物资致使火灾风险增大、餐馆饭店的路面过滑导致顾客摔伤等，均可构成对企业起诉的理由。

企业的公众责任风险是企业在其民事活动中因为疏忽或过失等侵权行为致使他人的人身或财产受到损害，依法对受害人承担经济赔偿责任的风险。公众责任有两个特征：其一，企业所损害的对象不是事先特定的某个人；其二，损害行为是对社会大众利益的侵犯。由于责任者的行为损害了公众利益，所以这种责任被称为“公众责任”。公众责任的构成，必须以法律上负有责任为前提。我国的《民法通则》规定：公民、法人由于过错侵害国家的、集体的财产以及侵害他人财产、人身的，应当承担民事责任。

公众责任风险是普遍存在的。在各种公众场所，如工厂、商店、旅馆、展览馆、医院、影剧院、运动场和动物园等场所，或者旅游公司、航空公司、车队、运输公司、广告公司和建筑公司等企业，或者举行展览、表演、庆祝、游览和促销等有社会公众参加的活动，都有可能产生公众责任风险。企业在生产或经营过程中，因其疏忽、过失或意外事故的发生造成第三者的人身伤害或财产损失，致害人就必须依法承担相应的民事损害赔偿责任。随着法律的健全和完善，以及公民依法维护自身权益意识的提高，公众责任风险分散、转嫁的必要性日益凸显，这是各种公众责任保险产生并得到迅速发展的基础。

3. 雇主责任风险

企业的所有者或经营者同其员工之间存在着雇佣关系，由于这种关系的存在，企业一方面有责任提供合理安全的工作条件，或提醒员工注意安全操作；另一方面又有责任对其员工在受雇期间从事业务活动时，因发生意外或患职业病造成的人身伤残或死亡承担经济赔偿责任，这就是企业所面临的雇主责任风险。

雇主责任风险产生的前提条件是企业与员工之间存在着直接的雇佣合同关系。这种权利与义务关系均通过书面形式的雇佣合同体现。企业如果未尽到其必要的经营管理之责，如提供了危险的工作地点、机器工具或工作程序；雇用了不称职的管理人员；没有提供适当与安全的工具而致使员工蒙受伤害，则雇主应承担过失或疏忽责任。此外，许多国家的法律还规定雇主应承担无过失责任，即只要员工在受雇期间受到伤害，除非员工自己故意行为所致，均应由雇主承担法律赔偿责任。因此雇主责任风险相对于其他民事责任而言较为重大，雇主的过失责任和无过失责任，均可以通过雇主责任保险转嫁给雇主责任保险人。

三、企业责任风险导致的损失后果

客观地讲，企业因责任风险所导致的损害，即企业在生产以及销售等经营过程中，造成员工或他人身体伤害或财产损失的情况，应该说是比较常见的，有时候是难以避免的。这类责任风险的发生，会给企业造成严重的后果和损失。这种损失包括直接后果造成的损

失与间接后果造成的损失两个方面。

1. 直接后果造成的损失

企业责任风险至少会给企业造成两类直接经济损失，即损害赔偿金及法律费用。

（1）损害赔偿金。损害赔偿金是指企业对受害人的损失或损害给予补偿的金额。在民事责任案件中，损害赔偿金是对受害人身体伤害、财产损失、财务损失和情感伤害等方面的补偿。在多数简单的案例中，损害赔偿金的具体金额由双方当事人及其法律代表相互协商确定，称为庭外解决，但也有不少案件必须通过法院审理和判决来确定损害赔偿金额。

损害赔偿分为不同的情况。通过法律程序确定损害赔偿金额时，由受害人起诉负有责任的企业，要求其对所受伤害负责。法院判决可能要求企业支付名义损害赔偿金、补偿性损害赔偿金或惩罚性损害赔偿金，或者要求企业做出或停止特定行为。名义损害赔偿金表明受害人受到一定伤害，但该伤害不需要实质性的经济补偿。补偿性损害赔偿金是指对受害人所受伤害的合理补偿金额。分特别损害赔偿金和一般损害赔偿金两类。特别损害赔偿金通常用于补偿受害人特定的、易确定的损失或费用，如实际发生的医疗费用、受害人的误工损失、被损坏财产的修理或重置成本等，保险人通常可以承担赔偿责任；一般损害赔偿金是由法院判定的、对不易量化的伤害给予的补偿金额，如疼痛或精神伤害等。这类损害赔偿保险人不予负责。惩罚性损害赔偿金是指因企业对受害人实施了恶意、欺骗或不公正行为，应支付给受害人的赔偿金。这是对企业的惩戒，以防止其再犯类似的错误。惩罚性损害赔偿金的数额可能是十分惊人的，有时远远超过原告的实际损失和补偿性损害赔偿金。

（2）法律费用。由于许多责任案件需要聘请律师，责任损失的赔偿金还将包括起诉方和辩护方的律师费用。此外，还包括调查、记录、寻找证人、旅行查访费用以及其他一系列正常的诉讼辩护所需费用。企业即使不必对对方所受伤害负责，也可能需要承担律师费用。除此之外，还有可能发生一些法院费用，例如在关于财产争议中，受害人可能需要对引起双方争议的财产进行登记备案。法院在不同审理阶段要求收取登记费，这些成本可能会包含在受害人主张的赔偿金中。在实务中，许多案情是复杂的，审理过程是长期的，此时，发生的法律费用、法院费用等诉讼费用是极为可观的。

2. 间接后果造成的损失

企业责任风险导致的间接后果主要为名誉损失和市场份额丧失。比如，当一家化工厂因发生重大毒气泄漏责任事故或一家商场因未保持场所安全致使顾客受到伤害而被起诉时，这些企业会遭受名誉损失。名声不佳比法院裁决更可怕，名誉损失自然会导致企业的市场份额减少。一些企业为了保护自己的名誉，会设法避免诉讼。

第二节　产品责任保险

产品责任是指产品在使用过程中因其缺陷而造成用户、消费者或公众的人身伤亡或财产损失时，依法应当由产品供给方（包括制造者、销售者、修理者等）承担的民事损害赔偿责任。产品责任保险承保的产品责任，是以产品为具体指向物，以产品可能造成的对他人的财产损害或人身伤害为具体承保风险，以制造或能够影响产品责任事故发生的有关各方为被保险人的一种责任保险。简单地讲，产品责任保险是指以产品制造者、销售者、维修者等的产品责任为承保风险的一种责任保险。

一、产品责任保险的含义与特点

1. 产品责任保险的含义与发展过程

产品责任保险是指在保险有效期内，由于被保险人所生产、出售的产品或商品存在缺陷，并在承保区域内发生事故，造成使用、消费或操作该产品的人或其他任何人的人身伤害、疾病、死亡或财产损失，依法应由被保险人承担赔偿责任时，保险人根据保险合同约定的赔偿限额负责赔偿的责任保险。

产品责任保险在世界上已有 100 多年历史。早期的产品责任保险，主要承保一些直接与人体健康有关的产品，如食品、饮料、药品、化妆品等。随着现代科学技术的迅猛发展，产品责任保险承保的产品日趋多样化，承保范围也扩大到各种日用产品以至于大型生产设备。只要投保人有投保产品责任保险的要求，其任何产品均可以从保险人处获得产品责任风险的保险保障。当然，武器、弹药以及残次产品等保险人不予承保。20 世纪 70 年代，随着经济发达国家对消费者利益有很强保护作用的产品责任法律制度进一步完善，同时，消费者维权和索赔意识增强，产品的生产者和销售者为了保护自己的经济利益，普遍选择把风险转嫁给保险公司。

我国于 1985 年开办了这一保险业务。目前我国的涉外业务承保了包括烟花爆竹、汽车轮胎、自行车、儿童玩具、航空食品及饮料、施工机械、电风扇、药品在内的十余类一百多种产品的产品责任险，国内业务也承保了包括家用电器、机电产品、食品等在内的广泛产品。

我国的产品责任保险开办以来，由于投保需求量较小，而占大部分承保比例的是涉外业务，并在实务上采取严格控制、限制承保的方针，所以发展速度并不快。但近年来由于改革开放后经济的迅猛发展，外资的不断注入，以及产品责任法律的建立和逐步完善，产品责任保险的需求，特别是外资企业和出口产品的此类需求逐渐扩大。同时，随着法规的实施和完善，消费者维护自身权益的意识和索赔意识的逐步提高，产品制造商及销售商越来越感受到有缺陷产品给他们带来损害赔偿的压力。因此，国内产品的投保需求也在增加，产品责任保险将得到更大的发展。

2. 产品责任保险的特点

产品责任保险主要有以下特点：

(1) 产品责任保险强调以产品责任法为基础。一般来说，受害者（用户、消费者或其他人）与致害者（制造者、销售者）既不会有合同关系，又不一定有直接联系。如果没有一定的法律规定，受害者的索赔将没有依据，产品责任也不易划分，产品责任保险就失去了可靠的基础。

(2) 产品责任保险虽然不承担产品本身损失，但它与产品有着内在的联系。产品本身损失是指具有缺陷的产品本身所引起的直接损失和费用。例如，由于高压锅本身质量问题引起高压锅爆裂的损失，即产品本身的损失。但由于高压锅的爆炸导致家庭主妇受伤，这就是产品责任风险问题。产品责任保险不负责赔偿高压锅本身的损失，只承担家庭主妇伤害赔偿责任。但产品责任与产品质量有着内在联系，产品质量越好，产品责任风险就越小；产品种类越多，产品责任风险就越复杂；产品销售量和销售区域越大，产品责任风险就越广泛。

(3) 产品责任保险要求保险合同双方有良好的协作与信息沟通。随着经济的不断发展和竞争的需要，产品必然要不断改进并更新换代，或者要采用新技术、新工艺和新材料，这一特征决定了产品责任保险人须随时把握被保险人的产品变化情况，并通过产品变化来评估风险。

(4) 与其他责任保险相比，产品责任保险的承保区域更为广泛。如公众责任保险一般承保被保险人在固定场所之内的责任风险；雇主责任保险的区域范围大多规定在雇主的工作场所内；而产品责任保险的范围可以规定为产品生产国或出口国，乃至全世界各个地方。

3. 产品责任保险与产品质量保险的区别

在一些场合，人们极易将产品责任与产品质量违约责任相混淆。其实，尽管这两者都与产品直接相关，其风险都存在于产品本身且均需要产品的制造者、销售者、修理者承担相应的法律责任，但作为两类不同性质的保险业务，它们仍然有很大的区别。

两者的区别主要体现在以下几个方面：

(1) 风险性质不同。产品责任保险承保的是被保险人的侵权行为，且不以被保险人是否与受害人之间订有合同为条件。它以各国的民事民法制度为法律依据。而产品质量保证保险承保的是被保险人的违约行为，并以合同法供给方和产品的消费方签订合同为必要条件。它以经济合同法规制度为法律依据。

(2) 处理原则不同。产品责任事故的处理，在许多国家采用严格责任的原则。即只要不是受害人出于故意或自伤所致，便能够从产品的制造者、销售者、修理者等处获得经济赔偿，并受到法律的保护。而产品质量保险的违约责任只能采取过错责任的原则进行处理，即产品的制造者、销售者、修理者等存在过错是其承担责任的前提条件，可见，严格责任原则与过错责任原则是有很大区别的，其对产品责任保险和产品质量保险的影响也具有很大的直接意义。

(3) 自然承担者与受损方的情况不同。从责任承担方的角度看，在产品责任保险中，责任承担者可能是产品的制造者、修理者、消费者，也可能是产品的销售者，甚至是承运者。其中制造者与销售者负连带责任。受损方可以任择其一提出赔偿损失的要求，也可以同时向多方提出赔偿请求，在产品质量保证保险中，责任承担者仅限于提供不合格产品的一方，受损人只能向他提出请求。从受损方的角度看，产品责任保险的受损方可以是产品的直接消费者或用户，也可以是与产品没有任何关系的其他法人或者自然人，即只要因产品造成了财产或人身损害，就有向责任承担者取得经济赔偿的法定权益。而在产品质量保险中，受损方只能是产品的消费者。

(4) 承担责任的方式与标准不同。产品责任事故的责任承担方式，通常只能采取赔偿损失的方式，即在产品责任保险中，保险人承担的是经济赔偿责任，这种经济赔偿的标准不受产品本身的实际价值的制约。而在产品质量保险中，保险公司承担的责任一般不会超过产品本身的实际价值。

(5) 诉讼的管辖权不同。产品责任保险所承保的是产品责任事故，因产品责任提起诉讼案件应由被告所在地或侵权行为发生地法院管辖，产品质量保险违约责任的案件由合同签订地和履行地的法院管辖。

(6) 保险的内容性质不同。产品责任保险提供的是代替责任方承担的经济赔偿责任，是属于责任保险。产品质量保险提供的是带有担保性质的保险，属于保证保险的范畴。

二、产品责任险的主要内容

1. 产品责任保险的投保人与被保险人

产品制造者、销售者等一切可能对产品责任事故造成的损害负有赔偿责任的企业，都对产品责任具有保险利益，均可以投保产品责任保险。根据具体情况需要，可以由他们中间的任何一方投保，也可以由他们中间的几方或全体联名投保。产品责任保险的被保险人，除投保人本身外，经投保人申请且保险人同意后，可以将其他有关方作为被保险人，必要时必须加费，并规定对各被保险人之间的责任互不追偿。

在产品制造者、销售者等有关各方中，产品制造者承担的风险最大，除非其他有关方已将产品重新装配、改装、修理、改换包装或使用说明书，并因此引起产品事故，应由有关方负责外，凡产品原有缺陷引起的风险与损失，最后均将追溯产品制造者的责任。

2. 产品责任保险的保险责任

产品责任保险的保险责任主要包括以下两项：

(1) 在保险有效期和承保区域内，由于被保险人生产、销售的产品或商品发生事故，造成使用、消费或操作该产品或商品的人或其他任何人的人身伤害、疾病、死亡或财产损失，依法应由被保险人承担的损害赔偿责任，保险人在保险单约定的赔偿限额内予以赔偿。

一般情况下，保险人在产品责任保险项下承担的赔偿责任必须满足三个条件。

第一，必须有“意外事故”发生。如被保险人提供的有缺陷的轮胎造成整车质量不合格，由此引起汽车公司的经济损失。但如果该车并没有销售到最终用户的手中，也没有发生意外事故，则保险人不负责赔偿。

第二，产品责任事故必须具有“意外”和“偶然”的性质，不是被保险人事先能预料的。如某食品公司在生产糕点时，不慎将一枚铁钉夹在其中而未察觉，之后消费者在食用时铁钉伤及口腔，因而向厂家索赔。若该食品公司投保了产品责任保险，那么这起事故属于保险责任范围，可以获得保险赔偿，因为此事完全出乎意料。但是，如果食品公司事先知道铁钉掉在糕点里，而且知道这将会伤害消费者，却仍将其投放市场，那么由此引起的索赔，保险人不予负责。

第三，产品责任事故必须发生在制造或销售场所范围之外的地点，而且产品的所有权已转移给产品使用者或消费者。如有人参观烟花、爆竹的生产场所时，因烟花爆竹受了伤，保险人不予赔偿。因为该产品还未离开生产场所，产品的所有权未转移，受伤者只能从公众责任保险项下获得保险赔偿。对于在餐厅、旅馆等场所消费该单位自制、自用的食品和饮料等发生事故的，为了使被保险人应承担的产品赔偿责任也能在产品责任保险项下获得保障，可以在保单内加以特别规定并加收一定的保险费后予以承保。

(2) 被保险人为产品责任事故所支付的法律费用，及其他经保险人事先同意支付的合理费用，保险人也负责赔偿。产品责任事故发生后，是否由被保险人承担经济赔偿责任以及赔偿数额的高低，原则上应通过法院来裁定。由此而产生的诉讼费用等，保险人应予负责。但是如果因法律费用很高，保险人为了避免或减少这项支出，对一些索赔金额不大、责任比较明确的案件，通常与受害人协商解决或通融赔付。此外，有些产品制造者、销售者为了避免在法院诉讼影响其对外声誉，也愿意和受害人私下协商解决索赔问题，在不损害保险人利益并取得保险人同意的情况下，保险人亦可承担有关费用的赔偿责任，但赔偿金额与诉讼等法律费用之和不得超过保险单上规定的赔偿限额。

3. 产品责任保险的除外责任

在产品责任保险中，有一些除外责任，主要有：

（1）根据合同或协议应由被保险人承担的其他确定的责任。产品责任保险承担的是被保险人的法律赔偿责任，因此，对被保险人按合同或协议规定应承担的确定的责任是不负责的。

（2）根据劳动法或雇佣合同应由被保险人承担的对其员工及有关人员的损害赔偿责任。这一责任应由劳工保险或雇主责任保险承保。

（3）对由被保险人所有、照管或控制的财产的损失。这种损失应通过有形财产保险获得保障。

（4）对产品仍在制造或销售场所，其所有权尚未转移至用户或消费者手中时的事故责任。这种责任属于公众责任保险的承保范围。

（5）对由被保险人故意违法生产、出售或分配的产品，如生产假冒产品、出售变质食品等，所造成的人身伤亡或财产损失。

（6）被保险产品本身的损失及被保险人因收回有缺陷产品造成的费用及损失。该除外责任属于产品质量保证保险的责任范围。

（7）对被保险人事先所能预料的产品责任事故所造成的损害赔偿责任。

（8）对消费者或使用者不按照被保险产品的说明去安装、使用，或在非正常状态下使用时造成的损害事故。

（9）罚款、罚金和惩罚性赔款。

（10）由于战争、类似战争行为、敌对行为、武装冲突、恐怖活动、谋反和政变，由于罢工、暴动、民众骚乱或恶意行为，由于核裂变、核聚变、核武器、核材料、核辐射及放射性污染所引起的直接或间接的责任。该条属于绝对的除外责任。

4. 产品责任保险的承保基础

产品责任保险的承保基础，主要有以下情况：

（1）期内发生式。期内发生式是以产品责任事故发生的时间为承保基础，即保险人仅负责在保险期内发生的产品责任事故所导致的，应由被保险人负责的民事损害赔偿责任。即使是在保险生效前几年生产或销售的产品，只要在保险有效期内发生事故并导致用户、消费者或其他人的损害，不论被保险人何时提出索赔，保险人均予负责。

按照这种承保基础承保的业务，保险公司须随时准备处理那些保险合同已到期，但是因发现损失较晚而提出的索赔案件。由于索赔期过于滞后，易产生大量“长尾巴”责任的业务，因此“期内发生式”一般适用于责任事故发生后能够立即得知或发现的产品责任险业务。

(2) 期内索赔式。期内索赔式是以第三者提出索赔的时间为承保基础，即保险人负责赔偿在保单有效期内受害人向被保险人提出的索赔，而不论产品责任事故是否发生在保险期间。

可见，以此种方式承保的业务，可以对保险合同生效日以前发生的产品责任事故所引起的损失进行赔偿。它适用于责任事故发生后不能立即得知或发现的产品责任险业务，如某些具有缺陷潜伏期的药品等。对于某些具有缺陷“潜伏期”的产品投保产品责任保险时，就会出现“追溯期”的问题。保险人只负责在保险单追溯期内发生的事故引起的人身伤害或财产损失的索赔。例如，某企业从2002年1月1日开始投保电视机的产品责任保险，按规定当年没有追溯期，但如果该企业在2005年1月1日在同一家保险公司续保该项产品责任保险，保险单就可以规定追溯期从2002年1月1日起。

三、产品责任保险合同样式参考

在产品责任保险的实际业务中，各保险公司所制定的产品责任保险合同有不同的规定和要求，在此，所介绍的产品责任保险合同只是作为参考。

产品责任保险条款

总则

第一条　本保险合同由保险条款、投保单、保险单、保险凭证以及批单组成。凡涉及本保险合同的约定，均应采用书面形式。

第二条　合法生产、销售产品或商品的生产者或销售者，可作为本保险合同的被保险人。

保险责任

第三条　在保险期间或保险合同载明的追溯期内，被保险人在保险合同列明的区域范围内生产或出售的保险单中载明的产品或商品（以下简称“保险产品”）业务时，因存在缺陷导致意外事故，造成他人人身伤亡和/或财产损失，由受害人或其代理人在保险期限内首次向被保险人提出索赔申请，依照中华人民共和国法律（不包括港澳台地区法律）应由被保险人承担的经济赔偿责任，保险人按本保险合同的约定负责赔偿。

缺陷：是指产品存在危及人身、他人财产安全的不合理的危险；产品有保障人体健康，人身、财产安全的国家标准、行业标准的，是指不符合该标准。

意外事故：是指不可预料的以及被保险人无法控制并造成物质损失或人身伤亡的突发

性事件。

第四条 保险事故发生后，被保险人因保险事故而被提起仲裁或者诉讼的，对应由被保险人支付的仲裁或诉讼费用以及事先经保险人书面同意支付的其他必要的、合理的费用（以下简称“法律费用”），保险人按照本保险合同约定也负责赔偿。

责任免除

第五条 出现下列任一情形时，保险人不负责赔偿：

（1）根据劳动法应由被保险人承担的责任；

（2）根据雇佣关系应由被保险人对雇员所承担的责任；

（3）产品仍在制造或销售场所，尚未转移到消费者手中。

第六条 下列原因造成的损失、费用和责任，保险人不负责赔偿：

（1）投保人、被保险人及其代表的故意行为；

（2）战争、敌对行动、军事行为、武装冲突、罢工、骚乱、暴动、恐怖活动；

（3）核辐射、核爆炸、核污染及其他放射性污染；

（4）大气污染、土地污染、水污染及其他各种污染；

（5）行政行为或司法行为。

第七条 下列损失、费用和责任，保险人不负责赔偿：

（1）被保险人或其雇员的人身伤亡及其所有或管理的财产的损失；

（2）被保险人应该承担的合同责任，但无合同存在时仍然应由被保险人承担的经济赔偿责任不在此限；

（3）保险产品本身的损失；

（4）产品退换回收的损失；

（5）保险产品造成对飞机或轮船的损害责任；

（6）罚款、罚金、惩罚性赔款；

（7）精神损害赔偿；

（8）间接损失；

（9）本保险合同中载明的免赔额或按本保险合同载明的免赔率计算的免赔额。

第八条 其他不属于本保险责任范围内的损失、费用和责任，保险人不负责赔偿。

责任限额与免赔额（率）

第九条 责任限额包括每次事故责任限额、每人人身伤亡责任限额、累计责任限额，由投保人与保险人协商确定，并在保险合同中载明。

第十条 每次事故免赔额（率）由投保人与保险人在签订保险合同时协商确定，并在保险合同中载明。

保险期间

第十一条　除另有约定外，保险期间为一年，以保险单载明的起讫时间为准。

保险费

第十二条　除另有约定外，保险费根据本保险合同约定的年销售额乘以费率确定。

保险期满后，被保险人应将保险期间生产、出售的产品或商品的总值书面通知保险人，作为计算实际保险费的依据。实际保险费若高于预收保险费，被保险人应补交其差额，反之，若预收保险费高于实际保险费，保险人退还其差额，但实际保险费不得低于所规定的最低保险费。保险人有权在保险期间内的任何时候，要求被保险人提供一定期限内所生产、销售的产品或商品总值的数据，并有权派员检查被保险人的账册或记录，对上述数据进行核实。

保险人义务

第十三条　订立本保险合同时，采用保险人提供的格式条款的，保险人向投保人提供的投保单应当附格式条款，保险人应当向投保人说明本合同保险合同的内容。对本合同保险合同中免除保险人责任的条款，保险人在订立合同时应当在投保单、保险单或者其他保险凭证上做出足以引起投保人注意的提示，并对该条款的内容以书面或者口头形式向投保人作出明确说明；未作提示或者明确说明的，该条款不产生效力。

第十四条　本保险合同成立后，保险人应当及时向投保人签发保险单或其他保险凭证。

第十五条　保险人依据第十九条所取得的保险合同解除权，自保险人知道有解除事由之日起，超过30日不行使而消灭。自保险合同成立之日起超过两年的，保险人不得解除合同；发生保险事故的，保险人承担赔偿责任。

保险人在合同订立时已经知道投保人未如实告知的情况的，保险人不得解除合同；发生保险事故的，保险人应当承担赔偿责任。

第十六条　保险人按照第二十六条的约定，认为被保险人提供的有关索赔的证明和资料不完整的，应当及时一次性通知投保人、被保险人补充提供。

第十七条　保险人收到被保险人的赔偿保险金的请求后，应当及时做出是否属于保险责任的核定；情形复杂的，应当在30日内做出核定，但本保险合同另有约定的除外。保险人应当将核定结果通知被保险人；对属于保险责任的，在与被保险人达成赔偿保险金的协议后10日内，履行赔偿保险金义务。本保险合同对赔偿保险金的期限有约定的，保险人应当按照约定履行赔偿保险金的义务。保险人依照前款的规定做出核定后，对不属于保险责任的，应当自作出核定之日起3日内向被保险人发出拒绝赔偿保险金通知书，并说明理由。

第十八条　保险人自收到赔偿保险金的请求和有关证明、资料之日起60日内，对其赔偿保险金的数额不能确定的，应当根据已有证明和资料可以确定的数额先予支付；保险人最终确定赔偿的数额后，应当支付相应的差额。

投保人、被保险人义务

第十九条　订立保险合同，保险人就保险标的或者被保险人的有关情况提出询问的，投保人应当如实告知。

投保人故意或者因重大过失未履行前款规定的如实告知义务，足以影响保险人决定是否同意承保或者提高保险费率的，保险人有权解除保险合同。

投保人故意不履行如实告知义务的，保险人对于合同解除前发生的保险事故，不承担赔偿保险金的责任，并不退还保险费。

投保人因重大过失未履行如实告知义务，对保险事故的发生有严重影响的，保险人对于合同解除前发生的保险事故，不承担赔偿保险金的责任，但应当退还保险费。

第二十条　除另有约定外，投保人应在保险合同成立时交清保险费。保险事故发生时，投保人未缴纳保险费的，保险人不承担赔偿责任；投保人未按约定缴纳足额保险费的，保险人按照已缴保险费与保险合同约定应缴纳的保险费的比例承担赔偿责任。

第二十一条　被保险人应严格遵守《中华人民共和国产品质量法》及其他相关的法律、法规及规定，加强产品质量管理，避免生产或销售存在缺陷的产品或商品。

保险人可以对被保险人遵守前款约定的情况进行检查，向投保人、被保险人提出消除不安全因素和隐患的书面建议，投保人、被保险人应该认真付诸实施。

投保人、被保险人未按照约定履行上述安全义务的，保险人有权要求增加保险费或者解除合同。

第二十二条　在保险合同有效期内，保险标的的危险程度显著增加的，被保险人应当按照合同约定及时通知保险人，保险人可以按照合同约定增加保险费或者解除合同。

被保险人未履行前款约定的通知义务的，因保险标的的危险程度显著增加而发生的保险事故，保险人不承担赔偿保险金的责任。

第二十三条　知道保险事故发生后，被保险人应该：

(1) 尽力采取必要、合理的措施，防止或减少损失，否则，对因此扩大的损失，保险人不承担赔偿责任。

(2) 及时通知保险人，并书面说明事故发生的原因、经过和损失情况；故意或者因重大过失未及时通知，致使保险事故的性质、原因、损失程度等难以确定的，保险人对无法确定的部分，不承担赔偿责任，但保险人通过其他途径已经及时知道或者应当及时知道保险事故发生的除外。

(3) 保护事故现场，允许并且协助保险人进行事故调查。对于拒绝或者妨碍保险人进行事故调查导致不能确定事故原因或核实损失情况的，保险人对无法确定或核实的部分不承担赔偿责任。

第二十四条　被保险人收到受害人及其代理人的损害赔偿请求时，应立即通知保险人。未经保险人书面同意，被保险人对受害人及其代理人做出的任何承诺、拒绝、出价、约定、付款或赔偿，保险人不受其约束。对于被保险人自行承诺或支付的赔偿金额，保险人有权重新核定，不属于本保险责任范围或超出应赔偿限额的，保险人不承担赔偿责任。在处理索赔过程中，保险人有权自行处理由其承担最终赔偿责任的任何索赔案件，被保险人有义务向保险人提供其所能提供的资料和协助。

第二十五条　被保险人获悉可能发生诉讼、仲裁时，应立即以书面形式通知保险人；接到法院传票或其他法律文书后，应将其副本及时送交保险人。保险人有权以被保险人的名义处理有关诉讼或仲裁事宜，被保险人应提供有关文件，并给予必要的协助。对因未及时提供上述通知或必要协助导致扩大的损失，保险人不承担赔偿责任。

第二十六条　被保险人请求赔偿时，应向保险人提供下列证明和资料：

（1）保险单正本。

（2）消费证明、产品鉴定报告、事故证明以及出险通知书。

（3）法院裁决及诉讼材料或仲裁机构的仲裁材料。

（4）仲裁或诉讼费用单据。

（5）受害人身份证明资料。

（6）涉及人身伤亡的相关资料：

◆本公司认可的医疗机构出具的医疗证明；

◆病历、医疗发票及医疗费用清单；

◆残疾、烧伤程度鉴定诊断证明；

◆收入损失证明；

◆死亡证明、尸体检验报告、户籍注销证明。

（7）涉及财产损失的相关资料：

◆损失清单；

◆估价单；

◆财产赔偿凭证。

（8）投保人、被保险人所能提供的与确认保险事故的性质、原因、损失程度等有关的其他证明和资料。被保险人未履行前款约定的索赔材料提供义务，导致保险人无法核实损失情况的，保险人对无法核实部分不承担赔偿责任。

赔偿处理

第二十七条　保险人的赔偿以下列方式之一确定的被保险人的赔偿责任为基础：

（1）被保险人和向其提出损害赔偿请求的受害方协商并经保险人确认；

（2）仲裁机构裁决；

（3）人民法院判决；

（4）保险人认可的其他方式。

第二十八条　被保险人给第三者造成损害，被保险人未向该第三者赔偿的，保险人不得向被保险人赔偿保险金。

第二十九条　发生保险责任范围内的损失，保险人按以下方式计算赔偿：

(1) 对于每次事故造成的损失，保险人在每次事故责任限额内计算赔偿，其中对每人人身伤亡的赔偿金额不得超过每人人身伤亡责任限额；

(2) 在依据本条第 (1) 项计算的基础上，保险合同双方在本保险合同中约定了免赔额的，每次事故赔偿金额为核定损失金额扣除每次事故免赔额后的金额，但对于人身伤亡的赔偿不扣除每次事故免赔额。保险合同双方在本保险合同中约定了免赔率的，每次事故赔偿金额为核定损失金额扣除核定损失金额与免赔率乘积后的金额，但对于人身伤亡的赔偿不扣除每次事故免赔额。免赔额和免赔率同时存在的，两者以高者为准（免赔金额部分以按前款根据免赔率计算方式得出的金额与约定免赔额两者中高者为准）。

(3) 在保险期间内，保险人对多次事故损失的累计赔偿金额不超过累计责任限额。

第三十条　除合同另有约定外，对每次事故法律费用的赔偿金额，保险人在第二十九条计算的赔偿金额以外按本保险合同的约定另行计算。

第三十一条　发生保险事故时，如果被保险人的损失在有相同保障的其他保险项下也能够获得赔偿，则本保险人按照本保险合同的责任限额与其他保险合同及本合同的责任限额总和的比例承担赔偿责任。其他保险人应承担的赔偿金额，本保险人不负责垫付。若被保险人未如实告知导致保险人多支付赔偿金的，保险人有权向被保险人追回多支付的部分。

第三十二条　发生保险责任范围内的损失，应由有关责任方负责赔偿的，保险人自向被保险人赔偿保险金之日起，在赔偿金额范围内代位行使被保险人对有关责任方请求赔偿的权利，被保险人应当向保险人提供必要的文件和所知道的有关情况。

被保险人已经从有关责任方取得赔偿的，保险人赔偿保险金时，可以相应扣减被保险人已从有关责任方取得的赔偿金额。

保险事故发生后，在保险人未赔偿保险金之前，被保险人放弃对有关责任方请求赔偿权利的，保险人不承担赔偿责任；保险人向被保险人赔偿保险金后，被保险人未经保险人同意放弃对有关责任方请求赔偿权利的，该行为无效；由于被保险人故意或者因重大过失致使保险人不能行使代位请求赔偿的权利的，保险人可以扣减或者要求返还相应的保险金。

第三十三条　被保险人向保险人请求赔偿保险金的诉讼时效期间为两年，自其知道或者应当知道保险事故发生之日起计算。

争议处理和法律适用

第三十四条　因履行本保险合同发生的争议，由当事人协商解决。协商不成的，提交保险单载明的仲裁机构仲裁；保险单未载明仲裁机构且争议发生后未达成仲裁协议的，依法向中华人民共和国人民法院起诉。

第三十五条　本保险合同的争议处理适用中华人民共和国法律（不包括港澳台地区法律）。

其他事项

第三十六条　缺陷纠正。

若在某一保险产品或商品中发现的缺陷表明或预示类似缺陷亦存在于其他保险产品或商品时，被保险人应立即自付费用进行调查并纠正该缺陷，否则，由于类似缺陷造成的一切损失应由被保险人自行承担。

第三十七条　以索赔提出为基础。

（1）本保险仅在下列条件下适用于在本保险单明细表中列明的追溯期开始后发生的事故引起的“人身伤害”和“财产损失”：

◆由于“人身伤害”和“财产损失”引起的任何索赔，必须在本保险单有效期限内以书面形式向任一被保险人提出第一次索赔。

◆任何被保险人在本保险单生效之日对事故的发生都不知情或不能合理预见。

（2）本批单中“任何索赔”和“全部索赔”含义如下：

◆任何个人或组织寻求损失补偿的“任何索赔”，在任一被保险人或公司收到书面通知后（以先收到为准），视为该索赔已经提出。

◆同一个人在任何一次事故中因人身伤害而向任何被保险人第一次提出索赔时，即被视作“全部索赔”已经提出。

任何个人或组织在任何一次事故中因财产损失而向任何被保险人第一次提出索赔时，即被视作“全部索赔”已经提出。

第三节　公众责任保险

公众责任保险承保被保险人在公共场所进行生产、经营或其他活动时，因发生意外事故而造成社会公众的人身伤亡或财产损失，依法应承担的经济赔偿责任。公众责任保险的最终目的，是使第三方受害人获得及时有效的经济补偿，因此具有很强的公益性。在发达国家，责任保险在财险业中所占的比重目前高达30%以上，如美国为45%，而目前在中国仅为4%左右。随着各项保护公民生命财产权益不受侵犯的法律责任制度的健全完善，以及公民维权意识不断增强，我国责任保险已具备了大力发展的条件。

一、公众责任保险的特点与适用范围

1. 公众责任保险的含义和特点

公众责任保险又称“普通责任保险”或“综合责任保险”，主要承保被保险人在公共场所进行生产、经营或其他活动时，因发生意外事故而造成的他人人身伤亡或财产损失，依法应由被保险人承担的经济赔偿责任。投保人可就工厂、办公楼、旅馆、住宅、商店、医院、学校、影剧院、展览馆等各种公众活动的场所投保公众责任保险。

公众责任险可适用于企事业单位、社会团体、个体工商户、其他经济组织及自然人均可为其经营的工厂、办公楼、旅馆、住宅、商店、医院、学校、影剧院等各种公众活动的场所投保该险种。公众责任保险适用范围广泛，业务复杂，险种众多。

公众责任保险主要有以下特点：

（1）保险标的无形。该险种的保险标的是被保险人的法律责任，为无形标的。

（2）涉及范围较广。该险种可适用于工厂、办公楼、旅馆、住宅、商店、医院、学校、影剧院、展览馆等各种公众活动的场所。

（3）表现形式丰富。表现形式丰富主要有普通责任、综合责任、场所责任、电梯责任、承包人责任等，我国则主要表现为场所公众责任。

2. 公众责任保险的适用范围

公众责任保险适用的范围非常广泛，最常见的险种有场所责任保险、承包人责任保险、承运人责任保险等。

（1）场所责任保险。这是公众责任保险中业务量最大的一个险种。场所责任保险是指承保固定场所（包括房屋、建筑物及其设备、装置等）因存在结构上的缺陷或管理不善，或被保险人在被保险场所内进行生产经营活动时因疏忽发生意外事故，造成他人人身伤亡或财产损失的经济赔偿责任。

场所责任保险广泛运用于商店、办公楼、幼儿园、小学、旅馆、展览馆、影剧院、公园、动物园、游乐场和溜冰场等各种公共场所。根据场所的不同，它又可以进一步分为旅馆责任保险、电梯责任保险、车库责任保险、展览会责任保险、娱乐场所责任保险（如公园、动物园、影剧院、溜冰场、游乐场、青少年宫和俱乐部等）、商店责任保险、办公楼责任保险、校方责任保险、工厂责任保险和机场责任保险等。场所责任保险的承保方式通常是在普通公众责任保险单的基础上，加列场所责任保险条款独立承保，但也可以设计专门的场所责任保险合同予以承保。

（2）承包人责任保险。承包人是指承包各种建筑工程、安装工程、装卸作业以及承揽加工、定做、修缮、修理、印刷、测绘、测试和广告等业务的人，如建筑公司、安装公司、装卸队、搬运人、修理（缮）公司、设计所和测绘所等。承包人责任保险承保承包人在进行承包（揽）合同项下的工程或其他作业时，造成他人的人身伤亡或财产损失，依法或按合同约定应承担的经济赔偿责任。

承包人责任的特点在于，责任产生于承包人从事受托工作即为他人工作的过程中。虽然行为人是承包人，但与之相联系的却是发包人和委托人的工程项目或加工作业等活动。因此，承包人有转嫁损害赔偿责任风险的必要。在保险实务中，承包人的分承包人也可作为共同被保险人而获得保障。

（3）承运人责任保险。承运人是指根据运输合同、规章或提货单等与发货人或乘客建立承运、客运关系，并承担客、货运输义务的单位，如铁路局、民用航空公司、汽车运输公司和出租车公司等。

承运人责任保险承保承运人（被保险人）对承保对象（包括旅客或货物）的人身伤亡或财产损失所导致的依法应承担的经济赔偿责任。由于运输工具种类繁多，运输对象分为客、货两大类，运输方式又有直接运输和联合运输之分。因此，承运人责任保险也只能根据不同的运输方式和运输对象进行设计。常见的承运人责任保险有旅客责任保险、承运货物责任保险和运送人员意外责任保险等。

3. 公众责任保险的发展

公众责任保险产生于19世纪80年代，最先开办的业务有承包人责任保险、升降梯责任保险等，此后，其险种不断增多。尤其是20世纪70年代后，由于意外事故造成公众损害日趋严重，以及公众维护自身权益的意识不断增强，公众责任保险在工业化国家尤其是欧美发达国家中，已经成为机关、企业、团体及各种游乐、公众活动场所的必要保障。

我国国内的公众责任保险从20世纪80年代初期开始试办，但由于法制不健全、各责任主体风险意识不强以及保险公司开发不力等原因，使其发展缓慢。目前，国内开办的公众责任保险主要局限在场所责任保险上，其他的公众责任保险开展得较少。

一般而言，公众场所责任事故发生后，对受害方提供的安抚补偿资金主要源于事故责任主、政府财政以及公众责任险赔偿这三个方面。但由于我国公众责任保险的发展不理想，使得在发生重大灾害和安全、意外事故之后，本应在应急措施中充分发挥社会管理功能的保险公司在事故援助、善后处理、经济赔偿等方面，还存在着一些不尽如人意的事情。因此，大力发展公众责任保险迫在眉睫。

二、公众责任保险的主要内容

1. 公众责任保险的保险责任

公众责任险的责任范围主要包括两项。

（1）在保险合同有效期限内，被保险人在保险单列明的地点范围内依法从事生产、经营等活动时，由于意外事故造成第三者的人身伤亡或财产损失，依法应由被保险人承担的民事赔偿责任，保险人在保险合同规定的赔偿限额内负责赔偿。

负责赔偿需要两个条件：一是意外事故发生并造成第三者的人身伤亡或财产损失。这里的意外事故是指不可预料的以及被保险人无法控制并造成物质损失或人身伤亡的突发性事件；第三者是指保险人、被保险人及其雇员以外的任何自然人或法人。二是依法应承担的民事赔偿责任。依法是指依照发生损害责任事故的相关法律法规。如果被保险人从事的生产、经营活动是违反国家法律法规的，这种违法活动造成的对第三者的人身伤害或财产损失，保险人不负责赔偿。同时，对非保险单注明的营业性质的业务过程中所发生的事故，保险人也不承担赔偿责任。

（2）法律诉讼费用。诉讼费用包括两部分：一是索赔人的诉讼费用。即受害的第三者按法律诉讼程序向被保险人索赔而支出的，根据法院裁决应由被保险人偿还索赔人的有关费用。二是被保险人自己支出的诉讼费用。即保险人认为有必要以被保险人的名义直接和受害的第三者在法院进行诉讼或抗辩而支出的合理的费用，这部分费用的支出事先要征得保险人的同意。上述两项费用只有在发生保险人负责的意外事故的情况下才能获得赔偿。

2. 公众责任保险的除外责任

公众责任保险的除外责任与产品责任保险有相似之处，如保险人不对合同责任负责，不对雇员所遭受的人身伤害责任负责，不对被保险人或其代表、雇用人员所有的或由其保管或控制的财产的损失责任，不对战争、罢工、核风险及放射性污染、被保险人或其代表的故意行为或重大过失造成的直接或间接的任何后果负责任。

公众责任保险比较常见的除外责任主要包括：

（1）由于震动、移动或减弱支撑引起的任何土地、财产、建筑物的损坏责任。这类风险在建筑工程险第三者责任险下承保更合适。

（2）火灾、地震、爆炸、洪水、烟熏和大气、土地、水污染及其他污染。洪水、地震等是巨灾，而且是普遍性的，非被保险人单一遭受的风险。对污染责任，其影响范围大，后果难以预料，一般不在公众责任险下承保，有专门的污染责任险承保。

3. 公众责任保险的承保基础

公众责任保险多以“期内发生式”为承保基础，即只要责任事故发生在保单有效期内，即使财产损失或人身伤害是在保单终止日期之后发现的，保险人仍须承担赔偿责任。这是由于公众责任保险承担的责任事故从发生到其后果被人发现，一般时间都比较短，不至于产生“长尾巴”责任。

4. 公众责任保险的地点范围

一般公众责任险条款对保险事故的发生地点都有限制，即保险单列明的地点范围内，保险单中一般列明被保险人营业场所，即必须是发生在被保险人营业场所的范围内。因此，被保险人如果有多处营业场所，应在保险单中一一列明。

三、公众责任保险合同样式参考

在公众责任保险的实际业务中，各保险公司所制定的公众责任保险合同有不同的规定和要求，在此所介绍的公众责任保险合同只是作为参考。

1. 公众责任保险条款

总则

第一条　本保险合同由保险条款、投保单、保险单以及批单组成。凡涉及本保险合同的约定，均应采用书面形式。

第二条　凡依法设立的企事业单位、社会团体、个体工商户及其他经济组织，均可作为本保险合同的被保险人。

保险责任

第三条　在本保险期间内，被保险人在本保险单明细表列明的范围内，因经营业务发生意外事故，造成第三者的人身伤亡和财产损失，依法应由被保险人承担的经济赔偿责任，保险人按下列条款的规定负责赔偿。

第四条　对被保险人因上述原因而支付的诉讼费用以及事先经保险人书面同意而支付的其他必要的、合理的费用，保险人也负责赔偿，但本项费用与责任赔偿金额之和以本保险单明细表中列明的赔偿限额为限。

第五条　保险人对每次事故引起的赔偿金额以法院或政府有关部门根据现行法律裁定的应由被保险人偿付的金额为准。但在任何情况下，均不得超过本保险单明细表中对应列明的每次事故赔偿限额。在本保险期间内，保险人在本保险单项下对上述经济赔偿的最高赔偿责任不得超过本保险单明细表中列明的累计赔偿限额。

定义：意外事故指不可预料的以及被保险人无法控制并造成物质损失或人身伤亡的突发性事件。

责任免除

第六条　下列原因造成的损失、费用和责任，保险人不负责赔偿：

（1）投保人、被保险人及其代表的故意行为；

（2）战争、敌对行动、军事行为、武装冲突；

（3）核辐射、核爆炸、核污染及其他放射性污染；

（4）烟熏、大气污染、土地污染、水污染及其他各种污染；

（5）行政行为或司法行为；

（6）地震及其次生灾害；

（7）雷击、暴风、暴雨、洪水、暴雪、冰雹、沙尘暴、冰凌、泥石流、崖崩、突发性滑坡、火山爆发、地面突然塌陷等自然灾害；

（8）由被保险人做出的或认可的医疗措施或医疗建议。

第七条　下列损失、费用和责任，保险人不负责赔偿：

（1）投保人、被保险人或其代表或其雇佣人员的人身伤亡及其所有、管理或控制的财产的损失，包括因经营业务一直使用和占用的任何物品、土地、房屋及建筑等财产的损失；

（2）对为被保险人服务的第三方所遭受的伤害的赔偿责任；

（3）罚款、罚金及惩罚性赔偿；

（4）精神损害赔偿；

（5）间接损失；

（6）由于震动、移动或减弱支撑引起任何土地、财产、建筑物的损坏责任；

（7）被保险人或其雇员因从事医师、律师、会计师、设计师、建筑师、美容师或其他专门职业所发生的赔偿责任；

（8）本保险合同中载明的免赔额。

第八条　除本保险合同另有约定外，下列各项造成的损失、费用和责任，保险人也不负责赔偿：

（1）罢工、暴乱、民众骚动、恶意破坏和恐怖活动；

（2）被保险人应该承担的合同责任，但无合同存在时仍然应由被保险人承担的经济赔偿责任不在此限；

（3）火灾、爆炸；

（4）未载入本保险合同但属于被保险人的或其所占有的或以其名义使用的任何牲畜、脚踏车、车辆、火车头、各类船只、飞机、电梯、升降机、自动梯、起重机、吊车或其他升降装置；

(5) 不洁、有害食物或饮料引起的食物中毒或传染性疾病，有缺陷的卫生装置，以及售出的商品、食物、饮料存在缺陷造成他人的损害；

(6) 锅炉爆炸、空中运行物体坠落；

(7) 被保险人拥有、使用或经营的游泳池发生意外事故造成的第三者人身伤亡或财产损失；

(8) 被保险人因在本保险合同列明的承保区域内布置的广告、霓虹灯、灯饰物发生意外事故造成的第三者人身伤亡或财产损失；

(9) 被保险人拥有、使用或经营的停车场发生意外事故造成的第三者人身伤亡或财产损失；

(10) 被保险人因出租房屋或建筑物发生火灾造成第三者人身伤亡或财产损失的赔偿责任；

(11) 被保险人因改变、维修或装修建筑物造成第三者人身伤亡或财产损失的赔偿责任。

第九条　其他不属于本保险责任范围内的损失、费用和责任，保险人不负责赔偿。

赔偿限额与免赔额

第十条　赔偿限额包括每次事故赔偿限额、每次事故财产损失赔偿限额、每人人身伤亡赔偿限额和累计赔偿限额，由投保人与保险人协商确定，并在保险合同中载明。

第十一条　每次事故免赔额由投保人与保险人在签订保险合同时协商确定，并在保险合同中载明。

保险期间

第十二条　除另有约定外，保险期间为一年，以保险单载明的起讫时间为准。

保险人义务

第十三条　订立本保险合同时，采用保险人提供的格式条款的，保险人向投保人提供的投保单应当附格式条款，保险人应当向投保人说明本保险合同的内容。对本保险合同中免除保险人责任的条款，保险人在订立合同时应当在投保单、保险单或者其他保险凭证上做出足以引起投保人注意的提示，并对该条款的内容以书面或者口头形式向投保人做出明确说明；未做提示或者明确说明的，该条款不产生效力。

第十四条　本保险合同成立后，保险人应当及时向投保人签发保险单或其他保险凭证。

第十五条　保险人依据第十八条所取得的保险合同解除权，自保险人知道有解除事由之日起，超过 30 日不行使而消灭。

保险人在合同订立时已经知道投保人未如实告知的情况的，保险人不得解除合同；发生保险事故的，保险人应当承担赔偿责任。

第十六条　保险人按照第二十六条的约定，认为被保险人提供的有关索赔的证明和资料不完整的，应当及时一次性通知投保人、被保险人补充提供。

第十七条　保险人收到被保险人的赔偿保险金的请求后，应当及时做出是否属于保险责任的核定；情形复杂的，应当在30日内做出核定，但本保险合同另有约定的除外。

保险人应当将核定结果通知被保险人；对属于保险责任的，在与被保险人达成赔偿保险金的协议后10日内，履行赔偿保险金义务。本保险合同对赔偿保险金的期限有约定的，保险人应当按照约定履行赔偿保险金的义务。保险人依照前款的规定做出核定后，对不属于保险责任的，应当自做出核定之日起3日内向被保险人发出拒绝赔偿保险金通知书，并说明理由。

第十八条　保险人自收到赔偿保险金的请求和有关证明、资料之日起60日内，对其赔偿保险金的数额不能确定的，应当根据已有证明和资料可以确定的数额先予支付；保险人最终确定赔偿的数额后，应当支付相应的差额。

投保人、被保险人义务

第十九条　订立保险合同，保险人就保险标的或者被保险人的有关情况提出询问的，投保人应当如实告知。

投保人故意或者因重大过失未履行前款规定的如实告知义务，足以影响保险人决定是否同意承保或者提高保险费率的，保险人有权解除保险合同。

投保人故意不履行如实告知义务的，保险人对于保险合同解除前发生的保险事故，不承担赔偿责任，并不退还预付保险费。

投保人因重大过失未履行如实告知义务，对保险事故的发生有严重影响的，保险人对于保险合同解除前发生的保险事故，不承担赔偿责任，但应当退还预付保险费。

第二十条　投保人应当按照保险合同约定及时支付保险费。保险事故发生时投保人未足额支付预付保险费的，保险人按照已交保险费与本保险合同约定预付保险费的比例承担赔偿责任。

第二十一条　被保险人应遵守《中华人民共和国安全生产法》《中华人民共和国消防法》以及其他相关的法律、法规及规定，选用可靠的、认真的、合格的工作人员并且使拥有的建筑物、道路、工厂、机器、装修和设备处于坚实、良好可供使用的状态。对已经发现的缺陷应予立即修复，并采取合理的预防措施尽力避免意外事故的发生。

保险人可以对被保险人遵守前款约定的情况及本保险合同列明的承保区域内的风险情况进行现场查验，被保险人应允许并协助保险人。但上述查验并不构成保险人对被保险人的任何承诺。

投保人、被保险人未按照约定履行上述安全义务的，保险人有权要求增加保险费或者解除保险合同。

第二十二条 保险期间内，如有被保险人名称变更、营业处所地址变更、业务危险程度增加、经营项目增加等涉及保险标的的危险程度显著增加的重要事项发生变更，被保险人应及时书面通知保险人，保险人可以增加保险费或者解除保险合同。

被保险人未履行通知义务，因保险标的的危险程度显著增加而发生的保险事故，保险人不承担赔偿责任。

第二十三条 知道保险事故发生后，被保险人应该：

(1) 尽力采取必要、合理的措施，防止或减少损失，否则，对因此扩大的损失，保险人不承担赔偿责任。

(2) 及时通知本保险人，并书面说明事故发生的原因、经过和损失情况；故意或者因重大过失未及时通知，致使保险事故的性质、原因、损失程度等难以确定的，保险人对无法确定的部分，不承担赔偿责任，但保险人通过其他途径已经及时知道或者应当及时知道保险事故发生的除外。

(3) 保护事故现场，在未经保险人检查和同意之前，对拥有的建筑物、道路、工厂、机器、装修和设备不得予以改变和修理；允许并且协助保险人进行事故调查。

第二十四条 被保险人或其代表收到受害人或其代理人的损害赔偿请求时，应立即通知保险人。未经保险人书面同意，被保险人对受害人及其代理人做出的任何承诺、拒绝、出价、约定、付款或赔偿，保险人不受其约束。对于被保险人自行承诺或支付的赔偿金额，保险人有权重新核定，不属于本保险责任范围或超出应赔偿限额的，保险人不承担赔偿责任。在处理索赔过程中，保险人有权自行处理由其承担最终赔偿责任的任何索赔案件，被保险人有义务向保险人提供其所能提供的资料和协助。

第二十五条 被保险人获悉可能发生诉讼、仲裁时，应立即以书面形式通知保险人；接到法院传票或其他法律文书后，应将其副本及时送交保险人。保险人有权以被保险人的名义处理有关诉讼或仲裁事宜，被保险人应提供有关文件，并给予必要的协助。

对因未及时提供上述通知或必要协助导致扩大的损失，保险人不承担赔偿责任。

第二十六条 被保险人请求赔偿时，应向保险人提供保险单正本、索赔申请、损失清单、有关事故的证明文件、有关的法律文书（裁定书、裁决书、判决书等）或和解协议、诊疗记录、检验报告、费用原始单据、支付凭证以及投保人或被保险人能提供的与确认保险事故的性质、原因、损失程度等有关的其他证明和资料。

被保险人未履行前款约定的索赔单证提供义务，导致保险人无法核实损失的，保险人对无法核实部分不承担赔偿责任。

赔偿处理

第二十七条 保险人的赔偿以下列方式之一确定的被保险人的赔偿责任为基础：

(1) 被保险人与向其提出损害赔偿请求的第三者或其代理人协商并经保险人确认；

（2）仲裁机构裁决；

（3）人民法院判决；

（4）保险人认可的其他方式。

第二十八条　被保险人给第三者造成损害，被保险人未向该第三者赔偿的，保险人不得向被保险人赔偿保险金。

第二十九条　保险事故发生时，如果被保险人的损失在有相同保障的其他保险项下也能够获得赔偿，则本保险人按照本保险合同的责任限额与其他保险合同及本合同的责任限额总和的比例承担赔偿责任。

其他保险人应承担的赔偿金额，本保险人不负责垫付。若被保险人未如实告知导致保险人多支付赔偿金的，保险人有权向被保险人追回多支付的部分。

第三十条　发生保险责任范围内的损失，应由有关责任方负责赔偿的，保险人自向被保险人赔偿保险金之日起，取得在赔偿金额范围内代位请求赔偿的权利。保险人向有关责任方行使代位请求赔偿权利时，被保险人应当向保险人提供必要的文件和其所知道的有关情况。

被保险人已经从有关责任方取得损害赔偿的，保险人赔偿保险金时，可以相应扣减被保险人从有关责任方已取得的赔偿金额。

保险事故发生后，保险人未履行赔偿义务之前，被保险人放弃对有关责任方请求赔偿的权利的，保险人不承担赔偿责任。保险人赔偿保险金之后，被保险人未经保险人同意放弃对第三者请求赔偿权利的，该行为无效。由于被保险人的故意或重大过失致使保险人不能行使代位请求赔偿的权利的，保险人相应扣减或者要求返还相应的保险金。

第三十一条　被保险人对保险人请求赔偿保险金的诉讼时效期间为两年，自其知道或者应当知道保险事故发生之日起计算。

争议处理和法律适用

第三十二条　因履行本保险合同发生的争议，由当事人协商解决。协商不成的，提交本保险合同载明的仲裁机构仲裁；本保险合同未载明仲裁机构且争议发生后未达成仲裁协议的，应向人民法院起诉。

第三十三条　本保险合同的争议处理适用中华人民共和国法律（不包括港澳台地区法律）。

其他事项

第三十四条　保险责任开始后，投保人要求解除保险合同的，自书面通知送达保险人次日起，保险合同解除，保险人按短期费率计收自保险责任开始之日起至合同解除之日止期间的保险费，并退还剩余部分保险费；保险人要求解除保险合同的，应向投保人或被保险人发出解约通知书，自解约通知书送达投保人或被保险人之日起15天后保险合同解除，保险人按照保险责任开始之日起至合同解除之日止期间与保险期间的日比例计收保险费，并退还剩余部分保险费。

2. 公众责任险扩展条款

停车场责任保险条款

保险责任

在本保险合同列明的承保区域范围内，被保险人拥有、使用或经营的停车场由于意外事故造成第三者的人身伤亡或财产损失（包括车辆的失窃），依法应由被保险人承担的经济赔偿责任，保险人负责赔偿。

责任免除

（1）下列原因造成的损失、费用和责任，保险人不负责赔偿：

1）投保人、被保险人及其代表或雇员的故意行为；

2）车辆所有人、使用人的故意行为、重大过失行为；

3）地震、海啸、雷击、暴雨、洪水、火山爆发、地下火、龙卷风、台风、暴风、暴雪等自然灾害；

4）因停车场缺乏应有保卫人员和安全防范措施。

（2）下列损失、费用和责任，保险人不负责赔偿：

1）投保人、被保险人或其雇员的人身伤亡及其所有或管理的财产的损失；

2）被保险人应该承担的合同责任，但无合同存在时仍然应由被保险人承担的法律责任不在此限；

3）车内装载、携带的物品的损失；

4）未交付停车费或无停车凭证或停车证已过期的车辆的损失；

5）车上零部件或附属设备被盗窃、被抢劫、被抢夺；

6）车辆本身的缺陷或进场前已发生的损失；

7）间接损失；

8）罚款、罚金及惩罚性赔偿；

9）精神损害赔偿；

10）本保险合同中载明的免赔额。

（3）其他不属于本保险责任范围内的损失和费用，保险人不承担赔偿责任。

赔偿限额和免赔额

（1）本附加条款每次事故赔偿限额、每人人身伤亡赔偿限额、累计责任限额和每次事故免赔额由投保人与保险人协商确定，并在保险合同中载明。

（2）本附加条款项下每次事故各项赔偿金额之和不得超过本附加条款的每次事故赔偿

限额，在本保险有效期内不得超过本附加条款的累计赔偿限额。

投保人、被保险人义务

（1）被保险人应遵守国家及政府有关部门制定的相关法律、法规及规定，加强管理，采取合理的预防措施，尽力避免责任事故的发生。对公安交通、消防部门或保险人提出的整改意见应认真付诸实施。

（2）车辆入场时，停车场管理人员必须履行登记手续，向驾驶人员出具停车凭证；车辆入场后，停车场管理人员应做好指挥工作，协助驾驶人员将车辆停放在指定位置；车辆离场时，管理人员应向驾驶人员取回停车凭证；对进入停车场的闲杂人员，停车场管理人员应及时劝导离场。

相关事项

本附加条款与主条款内容相悖之处，以本附加条款为准；未尽之处，以主条款为准。

电梯责任条款

保险责任

在本保险合同列明的承保区域内，已取得有关管理部门颁发的检验、检测合格证书的电梯、升降机由于下列原因造成第三者人身伤亡或财产损失，依法应由被保险人承担的经济赔偿责任，保险人负责赔偿：

（1）坠落；

（2）电梯运行过程中的突然故障。

责任免除

下列费用、损失和责任，保险人不负责赔偿：

（1）由于自然灾害和意外事故等原因造成电梯本身的损坏；

（2）未取得有关管理部门颁发的检验、检测合格证书或有关管理部门对影响安全的有关问题提出限期整改后仍未改正的；

（3）保险责任事故发生后引起的各种间接损失；

（4）因电梯超载引起的损失和费用；

（5）其他不属于本保险责任范围内的损失和费用。

赔偿限额与免赔额

（1）本附加条款每次事故赔偿限额、每人人身伤亡赔偿限额、累计责任限额和每次事故免赔额由投保人与保险人协商确定，并在保险合同中载明。

（2）本附加条款下每次事故各项赔偿金额之和不得超过本附加条款列明的每次事故赔偿限额，在本保险有效期内不得超过本附加条款累计赔偿限额。

被保险人义务

（1）必须遵守国家有关电梯、升降机的法令条例和设备使用的各种规定；

（2）按时对电梯进行检查、保养、维修等工作，并接受劳动部门的检查；

（3）操作非自动电梯的人员必须持有安全操作证，被保险人应定期对操作人员进行安全操作教育检查。

相关事项

本附加条款与主条款内容相悖之处，以本附加条款为准；未尽之处，以主条款为准。

第四节　雇主责任保险

雇主责任保险与工伤保险有许多相似之处，两者一个重要的不同之处在于，雇主责任保险作为一种商业保险，用人单位可以自愿选择参加与否；工伤保险作为一种社会保险是国家强制实行的，企业必须参加。相对于工伤保险，雇主责任保险对于承担员工的有关工伤赔偿事宜要求更高，因此，企业对雇主责任险这类商业保险，要根据自身的情况有选择地参加，以求得企业与员工的利益最大化。

一、雇主责任保险特点与发展

1. 雇主责任保险的含义

雇主责任保险承保被保险人所雇用的员工，在受雇期间从事保险单所载明的与被保险人的业务有关的工作时，因遭受意外而导致伤残、死亡或患有与业务有关的职业性疾病而依法或根据雇佣合同应由被保险人承担的经济赔偿责任。

构成雇主责任的前提条件，是雇主与雇员之间存在着直接的雇佣合同关系，即只有雇主才有解雇该雇员的权利，雇员有义务听从雇主管理从事业务工作。这种权利与义务关系均通过书面形式的雇佣（劳动）合同体现。

下列情况被视为雇主的过失或疏忽责任：

（1）雇主提供危险的工作地点、机器工具或工作程序；

（2）雇主提供的是不称职的管理人员；

（3）雇主本人直接的疏忽或过失行为，如对有害工种没有提供相应的合格的劳保用品等即为过失。

凡属上述情形且不存在故意意图的均属雇主的过失责任，由此而造成的雇员人身伤害，雇主应负赔偿责任。

2. 雇主责任保险的特点

雇主责任风险产生的前提条件是企业与员工之间的雇佣合同关系和国家制定的有关法律。法律一般规定雇主应承担无过失责任。雇主责任保险的投保人和被保险人都是雇主，但受益人是与雇主有雇佣合同关系的雇员。构成雇主责任的前提条件是雇主与雇员之间存在着直接的雇佣合同关系。

（1）契约责任保障：以雇主与雇员之间的雇佣合同为基础；

（2）承保责任单一：仅承保雇员从事职业有关工作时的人身伤亡，不负责任何财产损失；

（3）独立处理理赔：保险公司对索赔处理具有绝对控制权。

3. 雇主责任保险的特性

雇主责任保险的特性主要体现在以下几个方面：

（1）责任主体的特殊性。雇主责任险的责任主体是各企业的雇主，即与员工有直接雇佣合同关系，掌握解雇员工权力，并承担员工在受雇期间遭受伤害的法律责任的人。

（2）保险对象的特殊性。与其他责任保险相同，其保险的对象也包括第三者。然而公众责任保险的第三者被固定在某一场所或运输途中；产品责任保险的第三者只能是该产品的购买者、使用者或受害者；以企业、公司所聘用的员工为第三者，是雇主责任保险区别于其他责任保险的重要特征。

（3）保险期限的特殊性。雇主责任保险的保险期限一般是以雇佣合同为基础的。通常情况下，保险期限为一年，若雇主限于某些特殊的劳动合同期限的需要，也可以按该劳动合同的期限投保不足一年或一年以下的雇主责任保险。

4. 雇主责任保险的发展

雇主责任保险是西方国家广大劳工通过长时期的斗争取得的确保劳工利益的胜利成果。它始于19世纪80年代初，是责任保险中最早兴起并最早进入法定强制实施时代的险种。自20世纪60年代以来，投保雇主责任保险已成为许多国家的所有雇主必须履行的法定义务。因此，西方国家的雇主责任保险均很发达，但在具体经营及赔偿标准上有所差异。如英美等国将雇主责任保险交由商业保险公司经营，从法律上要求雇主必须投保；日本则规定雇主必须向其政府机构投保法定的雇主责任保险，再由商业保险公司开办自愿的雇主责任保险予以补充。因此，雇主责任保险在国外叫法不一，其性质、内容与范围亦有区别。

我国的雇主责任保险产生于20世纪80年代，当时主要为我国部分企业，尤其是“三资”企业的员工提供保障，对促进企业的稳定经营发挥了一定的作用。自开办以来，雇主责任保险的业务发展一直比较缓慢，投保率偏低，其主要原因有：一是相关的法律、法规不够健全；二是我国企业管理者为节省成本且保险意识不强；三是员工自身的保险观念十分薄弱。近年来随着经济的迅猛发展、相关法律法规的逐步完备以及民众保险意识的逐步提高，企业尤其是中小型的民营企业对雇主责任险产生了强烈的需求。雇主责任险作为一个维护社会稳定，为经济发展保驾护航的重要险种开始受到了人们的关注。据统计，2010年我国雇佣劳动人口占到劳动总人口的82%，这为雇主责任保险的发展提供了肥沃的土壤。国务院于2006年6月颁布的《国务院关于保险业改革发展的若干意见》明确规定，在煤炭开采等行业推行强制责任保险试点，取得经验后逐步在高危行业、公众聚集场所、境内外旅游等方面推广。雇主责任保险在我国将得到迅速的发展。

二、雇主责任保险的主要内容

1. 雇主责任保险的投保人和被保险人

各类企业以及机关事业单位对其职工在工作中发生的死亡、伤残、疾病等事故均有依法或依据雇佣合同负责赔偿的义务，都可以投保雇主责任保险。

雇主责任保险的投保人和被保险人都是雇主，但受益人是与雇主有雇佣合同关系的雇员。

2. 雇主责任保险的保险责任

雇主责任保险的保险责任是雇主根据劳工赔偿法或雇佣合同等法律法规对雇员应负的赔偿责任。我国雇主责任保险多以雇佣合同中规定的雇主赔偿责任为保险责任。

（1）被保险人所雇用的员工在保险有效期内，在受雇过程中，在保单列明的地点从事保单载明的被保险人的业务活动时，遭受意外而致伤、残、死亡，被保险人根据法律或雇佣合同应承担的经济赔偿责任。

被保险人所雇用的员工是指其一切直接雇用的员工，包括短期工、临时工、季节工、徒工和长期固定工；雇佣关系指雇主与员工双方之间存在着直接的权利和义务关系，且有雇佣合同为依据；保险单上列明的地点指员工在被保险人处工作的场所，如有外勤工作，投保时必须申请，并以保险单上注明为准；在受雇期间内从事与其相应职务有关的工作中所受伤害才属保险责任范围，员工在上下班路途中亦可以列入工作时间，但无雇佣关系或从事与其相应职务无关的业务活动或不在上班时间所遭受的意外伤害，保险人不予负责；遭受意外是指突然的、不可预料的意外事故。

上述实质上是保险人对自己代替被保险人承担法律赔偿责任的限制条件，以此达到控制风险的目的。

(2) 因患有与业务有关的职业性疾病而致雇员人身伤残、死亡的经济赔偿责任：职业病是雇员在从事其职业活动中接触职业性有害因素而引起的疾病，其发生具有必然性和普遍性，因为职业病与员工所从事的工作有关，保险人亦予负责。职业病的主要种类有职业中毒、尘肺、传染病、皮肤病、肿瘤、眼病等，保险人可通过职业病患病率、死亡率、平均发病年龄等指标对其进行风险评估。

(3) 被保险人依法应承担的雇员的医药费。医药费的支出以员工遭受前述两项事故而致伤残为条件，对于非前述两项事故所致的员工医药费，保险人则不负责。

(4) 应支出的法律费用，包括抗辩费用、律师费用、取证费用以及经法院判决应由被保险人代员工支付的诉讼费用。但该项费用必须是用于处理保险责任范围内的索赔纠纷或诉讼案件，且是合理的诉诸法律而支出的额外费用。

当然保险人在具体经营业务中还可以对上述责任范围根据投保人的具体情况进行修订、调整或扩展，同时剔除各项除外责任。同时，雇主责任保险多采用“期内索赔式”承保，即以索赔提出的时间是否在保单有效期内作为确定保险人承担责任的基础。因为员工的身体伤害大多不能在雇主责任事故发生后立即得知或发现。

3. 对雇主责任认定概念

与雇佣关系有关的伤害赔偿，其索赔定案虽然在具体的判断标准上受制于法官以及理赔人员的尺度，但总是围绕“发生于工作地点”和“因工作而起”两点进行。雇主的责任范围还有不断扩大化的倾向。相比之下，“责任”的概念被淡化，强调的是“相关”的概念。

一般来讲，只要是发生在工作时间、工作地点，或者说“与工作有关”，就可能被认定为雇主责任。以此看来，雇主责任险的概念越来越倾向于是一种与工作“相关”的“意外”险，这使得在劳动保险高度普及的国家，雇主险的投保比例与赔付率都非常高。

在雇主责任险的认定上，有这样一些案例，能够清晰地感受到理赔定案尺度的这种倾向性偏移。

案例一：有一名索赔人受雇于一贵重金属经销商，工作中经常去银行为雇主存现金。一次被武装匪徒抢劫并打伤。法庭裁决是工作使索赔人要面对更高的抢劫风险，所遭受的伤害由工作而起，因而裁定其应该获得赔偿。

案例二：索赔人是一家农业公司的副主管，工作时间在一块空旷、平坦的田地里被雷击中。法庭裁定该雇员的工作比其他的工作更容易造成雷击的风险，认定赔偿。

案例三：一名矿工得到指示去雇主的办公室归还灯具，结果在结冰的路上滑倒摔伤。法庭判决：是雇主要求索赔人在路上行走，因此导致的事故应该由雇主承担，索赔有效。

案例四：一名索赔人的工作是驾驶室外工作的筑路机。因为他患有糖尿病，所以他穿了电热的暖靴以保持脚部的温暖，而电热暖靴给他造成伤害。法庭裁定是工作让索赔人必须在寒冷的室外环境劳动，如果不是因为工作环境，他无须穿电暖靴，因此索赔有效。

案例五：当事人在一个偏远的工作站上班，他每天在那里过夜。工作站有一个用来取暖用的火炉，火炉散发一氧化碳，当事人不幸死于一氧化碳中毒。因为索赔人有充足的理由表明他必须待在工作站，法庭判决索赔有效。

4. 雇主责任保险的除外责任

雇主责任保险常用的除外责任主要有三点。

（1）被雇用人员由于疾病、传染病、分娩、流产以及因这些疾病而施行内、外科治疗手术所致的伤残、死亡及医药费。因为正常疾病或正常手术及其导致的伤残、死亡及医药费均与被保人员从事的职业无关，故而除外不保。

（2）被雇用人员自身的故意行为和违法行为造成的伤害，如雇员自加伤害、自杀、犯罪行为、酗酒及无照驾驶各种机动车辆所致的伤残或死亡。因为雇主责任保险项下被雇人员是最终的受益人，故保险人对雇员自己的故意或违法行为所致的伤害在任何情况下均不负责任。

（3）被保险人对其承包人雇用员工的责任。雇主责任的构成以雇主与员工之间有直接雇佣合同关系为条件，而承包人的雇员与承包人是直接雇佣关系，应由承包人直接对其负责，即由承包人投保雇主责任保险来获得保障。

5. 雇主责任保险的赔偿限额

雇主责任保险的赔偿限额，通常是以所雇员工工资收入为依据，由保险双方当事人在签订保险合同时确定保险合同，每一雇员只适用自己的赔偿额度。其计算公式为：

赔偿限额＝被雇用员工月均工资收入×规定月数

确定赔偿限额时，需要考虑以下因素：

（1）每个员工的工种及月工资数。被雇用人员的月工资是按事故发生之日或经医生证明发生疾病之日该人员的前12个月的平均工资计算，不足12个月的按实际月数计算。

（2）死亡赔偿限额应为每个员工若干个月的工资额之和。具体以多少个月工资额为宜，保险人可规定若干档次（如72个月、60个月、48个月等）由被保险人选择，也可以依据有关法律、法规及雇佣合同规定或保险双方协商确定。

（3）伤残赔偿限额确定方式同死亡赔偿限额，但要考虑其养老或伤残扶养的生活保障，其最高限额应超过死亡赔偿限额。死亡赔偿限额与永久伤残赔偿限额不能同时兼得。保险单把伤残分为三种：一是永久丧失全部工作能力按保单规定的最高额度办理；二是永久丧失部分工作能力按受伤部位及受伤程度，参照保单所规定的赔偿比例乘以保单规定的赔偿额度确定；三是暂时丧失工作能力超过5天的，经医生证明，按被雇用人员的工资给予赔偿。

6. 雇主责任保险的扩展责任

雇主责任保险的扩展责任包括：

(1) 附加第三者责任保险。承保被保险人因其疏忽或过失行为导致除雇员以外的他人人身伤亡或财产损失的法律赔偿责任，它实质上是公众责任保险的范畴，但如果被保险人要求在雇主责任保险项下加保，保险人可扩展承保。

(2) 附加雇员第三者责任保险。承保被保险人所雇用的员工在保险有效期内，从事保险单所载明的与被保险人的业务有关的工作时，由于意外或疏忽，造成第三者人身伤亡或财产损失，以及所引起的对第三者的抚恤、医疗费和赔偿费用，依法应由被保险人承担的经济赔偿责任。

如员工在工作中造成他人伤害并由此导致的费用，根据法律或雇佣合同应由雇主承担赔偿责任，雇主面临的这种由员工带来的责任风险，有转嫁的必要。保险人可以将其作为雇主责任保险的扩展责任予以加保，并另行计算收取保险费，但其赔偿限额一般仍适用雇主责任保险单上规定的赔偿限额。

(3) 附加医药费保险。承保被保险人的雇用人员在保险有效期内，不论遭受意外伤害与否，因患职业病以外的疾病（包括传染病、分娩、流产）等所需的医疗费用，包括治疗费、医药费、手术费和住院费等，它实质上属于人身保险或医疗保险的范畴。

除另有约定外，一般只限于在国内的医院或诊疗所治疗，并凭其出具的单证赔付。不论一次或多次赔偿，医疗费的最高赔偿金额每人累计以不超过附加医药费保险的金额为限，同时还规定对先天性疾病、性病和精神病等医疗费用不予负责。

三、雇主责任保险合同样式参考

在雇主责任保险的实际业务中，各保险公司所制定的雇主责任保险合同有不同的规定和要求，在此，所介绍的雇主责任保险合同只是作为参考。

雇主责任保险条款

总则

第一条　本保险合同由保险条款、投保单、保险单以及批单组成。凡涉及本保险合同的约定，均应采用书面形式。

第二条　中华人民共和国境内（不包括香港、澳门和台湾地区）的各类企业、有雇工的个体工商户、国家机关、事业单位、社会团体、学校均可作为本保险合同的被保险人。

第三条　本保险合同所称工作人员，是指与被保险人存在劳动关系（包括事实劳动关系）的各种用工形式、各种用工期限、年满十六周岁的劳动者及其他按国家规定和法定途径审批的劳动者。

保险责任

第四条　在保险期间内，被保险人的工作人员在中华人民共和国境内（不包括香港、澳门和台湾地区）因下列情形导致伤残或死亡，依照中华人民共和国法律应由被保险人承担的经济赔偿责任，保险人按照本保险合同约定负责赔偿：

（1）在工作时间和工作场所内，因工作原因受到事故伤害；

（2）工作时间前后在工作场所内，从事与工作有关的预备性或者收尾性工作受到事故伤害；

（3）在工作时间和工作场所内，因履行工作职责受到暴力等意外伤害；

（4）被诊断、鉴定为职业病；

（5）因工外出期间，由于工作原因受到伤害或者发生事故下落不明；

（6）在上下班途中，受到交通及意外事故伤害；

（7）在工作时间和工作岗位，突发疾病死亡或者在48小时之内经抢救无效死亡；

（8）在抢险救灾等维护国家利益、公共利益活动中受到伤害；

（9）原在军队服役，因战、因公负伤致残，已取得革命伤残军人证，到用人单位后旧伤复发；

（10）法律、行政法规规定应当认定为工伤的其他情形。

第五条　保险事故发生后，被保险人因保险事故而被提起仲裁或者诉讼的，对应由被保险人支付的仲裁或者诉讼费用以及事先经保险人书面同意支付的其他必要的、合理的费用（以下简称“法律费用”），保险人按照本保险合同约定的限额也负责赔偿。

责任免除

第六条　下列原因造成的损失、费用和责任，保险人不负责赔偿：

（1）投保人、被保险人的故意或重大过失行为；

（2）战争、敌对行动、军事行为、武装冲突、罢工、暴动、民众骚乱、恐怖活动；

（3）核辐射、核爆炸、核污染及其他放射性污染；

（4）行政行为或司法行为；

（5）被保险人承包商的工作人员遭受的伤害；

（6）被保险人的工作人员犯罪或者违反法律、法规的；

（7）被保险人的工作人员醉酒导致伤亡的；

（8）被保险人的工作人员自残或者自杀的；

（9）在工作时间和工作岗位，被保险人的工作人员因投保时已患有的疾病发作或分娩、流产导致死亡或者在48小时之内经抢救无效死亡。

第七条　下列损失、费用和责任，保险人不负责赔偿：

（1）罚款、罚金及惩罚性赔款；

（2）精神损害赔偿；

（3）被保险人的间接损失；

（4）被保险人的工作人员因保险合同列明情形之外原因发生的医疗费用；

（5）本保险合同中载明的免赔额。

责任限额与免赔额

第八条　责任限额包括每人伤亡责任限额、每人医疗费用责任限额、法律费用责任限额及累计责任限额，由投保人自行确定，并在保险合同中载明。其中每人伤亡责任限额不低于3万元人民币；每人医疗费用责任限额不超过每人伤亡责任限额的50%，并且不高于5万元人民币，法律费用责任限额为伤亡责任限额的20%。

第九条　每次事故每人医疗费用免赔额由投保人与保险人在签订保险合同时协商确定，并在保险合同中载明。

保险期间

第十条　除另有约定外，保险期间为一年，以保险合同载明的起讫时间为准。

投保人、被保险人义务

第十一条　投保人应履行如实告知义务，如实回答保险人就被保险人的有关情况提出的询问，并如实填写投保单。

投保人故意隐瞒事实，不履行如实告知义务的，或者因过失未履行如实告知义务，足以影响保险人决定是否同意承保或者提高保险费率的，保险人有权解除保险合同，保险合同自保险人的解约通知书到达投保人或被保险人时解除。

投保人故意不履行如实告知义务的，保险人对于保险合同解除前发生的保险事故，不承担赔偿责任，并不退还保险费。

投保人因过失未履行如实告知义务，对保险事故的发生有严重影响的，保险人对于保险合同解除前发生的保险事故，不承担赔偿责任，但可退还保险费。

第十二条　投保人应在保险合同成立时一次性支付保险费。保险事故发生时投保人未足额支付保险费的，保险人按照已交保险费与保险合同约定保险费的比例承担赔偿责任。

第十三条　被保险人应严格遵守有关安全生产和职业病防治的法律法规以及国家及政府有关部门制定的其他相关法律、法规及规定，执行安全卫生规程和标准，加强管理，采取合理的预防措施，预防保险事故发生，避免和减少损失。

保险人可以对被保险人遵守前款约定的情况进行检查，向投保人、被保险人提出消除不安全因素和隐患的书面建议，投保人、被保险人应该认真付诸实施。

投保人、被保险人未遵守上述约定而导致保险事故发生的，保险人不承担赔偿责任；投保人、被保险人未遵守上述约定而导致损失扩大的，保险人对扩大部分的损失不承担赔偿责任。

第十四条　在保险期间内，如保险合同所载事项变更或其他足以影响保险人决定是否继续承保或是否增加保险费的保险合同重要事项变更，被保险人应及时书面通知保险人，保险人有权要求增加保险费或者解除合同。

被保险人未履行通知义务，因上述保险合同重要事项变更而导致保险事故发生的，保险人不承担赔偿责任。

第十五条　发生本保险责任范围内的事故，被保险人应该：

(1) 尽力采取必要、合理的措施，防止或减少损失，使工作人员得到及时救治，否则，对因此扩大的损失，保险人不承担赔偿责任。

(2) 立即通知保险人，并书面说明事故发生的原因、经过和损失情况；对因未及时通知导致保险人无法对事故原因进行合理查勘的，保险人不承担赔偿责任；对因未及时通知导致保险人无法核实损失情况的，保险人对无法核实部分不承担赔偿责任。

(3) 允许并且协助保险人进行事故调查；对于拒绝或者妨碍保险人进行事故调查导致无法确定事故原因或核实损失情况的，保险人不承担赔偿责任。

第十六条　被保险人收到其工作人员的损害赔偿请求时，应立即通知保险人。未经保险人书面同意，被保险人自行对其工作人员做出的任何承诺、拒绝、出价、约定、付款或赔偿，保险人不承担赔偿责任。

第十七条　被保险人获悉可能发生诉讼、仲裁时，应立即以书面形式通知保险人；接到法院传票或其他法律文书后，应将其副本及时送交保险人。保险人有权以被保险人的名义对诉讼进行抗辩或处理有关仲裁事宜，被保险人应提供有关文件，并给予必要的协助。

对因未及时提供上述通知或必要协助引起或扩大的损失，保险人不承担赔偿责任。

第十八条　被保险人向保险人请求赔偿时，应提交保险单正本、索赔申请、工作人员名单、有关事故证明书、就诊病历、检查报告、用药清单、支付凭证、损失清单、劳动保障行政部门出具的工伤认定证明、劳动能力鉴定委员会出具的劳动能力鉴定证明或保险人认可的医疗机构出具的残疾程度证明、公安部门或保险人认可的医疗机构出具的死亡证明、有关的法律文书（裁定书、裁决书、判决书等）或和解协议，以及保险人合理要求的有效的、作为请求赔偿依据的其他证明材料。

被保险人未履行前款约定的单证提供义务，导致保险人无法核实损失的，保险人对无法核实部分不承担赔偿责任。

第十九条　被保险人在请求赔偿时应当如实向保险人说明与本保险合同保险责任有关的其他保险合同的情况。对未如实说明导致保险人多支付保险金的，保险人有权向被保险人追回应由其他保险合同的保险人负责赔偿的部分。

第二十条　发生保险责任范围内的损失，应由有关责任方负责赔偿的，被保险人应行使或保留行使向该责任方请求赔偿的权利。

保险事故发生后，保险人未履行赔偿义务之前，被保险人放弃对有关责任方请求赔偿的权利的，保险人不承担赔偿责任。

在保险人向有关责任方行使代位请求赔偿权利时，被保险人应当向保险人提供必要的文件和其所知道的有关情况。

由于被保险人的过错致使保险人不能行使代位请求赔偿的权利的，保险人相应扣减赔偿金额。

赔偿处理

第二十一条　保险人的赔偿以下列方式之一确定的被保险人的赔偿责任为基础：

（1）被保险人和向其提出损害赔偿请求的工作人员或其代理人协商并经保险人确认；

（2）仲裁机构裁决；

（3）人民法院判决；

（4）保险人认可的其他方式。

第二十二条　在保险责任范围内，被保险人对其工作人员因本保险合同列明的原因所致伤残、死亡依法应承担的经济赔偿责任，保险人按照本保险合同约定负责赔偿：

（1）死亡：在保险合同约定的每人伤亡责任限额内据实赔偿。

（2）伤残：

A. 永久丧失全部工作能力：在保险合同约定的每人伤亡责任限额内据实赔偿。

B. 永久丧失部分工作能力：依保险人认可的医疗机构出具的伤残程度证明，在保险合同所附伤残赔偿比例表规定的百分比乘每人伤亡责任限额的数额内赔偿。

C. 经保险人认可的医疗机构证明，暂时丧失工作能力超过5天（不包括5天）的，在超过5天的治疗期间，每人每天按当地政府公布的最低生活标准赔偿误工补助，以医疗期满及确定伤残程度先发生者为限，最长不超过1年。如经过诊断被医疗机构确定为永久丧失全部（部分）工作能力，保险人按A款或B款确定的赔偿金额扣除已赔偿的误工补助后予以赔偿。

第二十三条　在保险责任范围内，被保险人对其工作人员因本保险合同列明的情形所致伤残、死亡依法应承担的下列医疗费用，保险人在本保险合同约定的每人医疗费用责任限额内据实赔偿，包括：

（1）挂号费、治疗费、手术费、检查费、医药费；

（2）住院期间的床位费、陪护费、伙食费、取暖费、空调费；

（3）就（转）诊交通费、急救车费；

(4) 安装假肢、义齿、假眼和残疾用具费用。

除紧急抢救外，受伤工作人员均应在县级以上（含县级）医院或保险人认可的医疗机构就诊。

被保险人承担的诊疗项目、药品使用、住院服务及辅助器具配置费用，保险人均按照国家工伤保险待遇规定的标准，在依据本条第一款（1）至（4）项计算的基础上，扣除每次事故每人医疗费用免赔额后进行赔偿。

第二十四条　保险人对每次事故法律费用的赔偿金额，不超过法律费用责任限额的25%。

同一原因同时导致被保险人多名工作人员伤残或死亡的，视为一次保险事故。

第二十五条　发生保险责任范围内的损失，在保险期间内，保险人对每个工作人员的各项累计赔偿金额不超过保险合同载明的分项每人责任限额；保险人对应由被保险人支付的法律费用的累计赔偿金额不超过保险合同载明的法律费用责任限额；保险人对被保险人的所有赔偿不超过保险合同载明的累计责任限额。

第二十六条　保险人按照投保时被保险人提供的工作人员名单承担赔偿责任。被保险人对名单范围以外的工作人员承担的赔偿责任，保险人不负责赔偿。

经保险人同意按约定人数投保的，如发生保险事故时被保险人的工作人员人数多于投保时人数，保险人按投保人数与实际人数的比例承担赔偿责任。

第二十七条　保险事故发生时，如有其他相同保障的保险（包括工伤保险）存在，不论该保险赔偿与否，保险人对本条款第二十二、二十三及二十四条下的赔偿，仅承担差额责任。

其他保险人应承担的赔偿金额，本保险人不负责垫付。

第二十八条　保险人收到被保险人的赔偿请求后，应当及时做出核定，并将核定结果通知被保险人；对属于保险责任的，在与被保险人达成有关赔偿金额的协议后十日内，履行赔偿义务。

第二十九条　被保险人对保险人请求赔偿的权利，自其知道保险事故发生之日起两年不行使而消灭。

争议处理

第三十条　因履行本保险合同发生的争议，由当事人协商解决。协商不成的，提交保险合同载明的仲裁机构仲裁；保险合同未载明仲裁机构或者争议发生后未达成仲裁协议的，应向被告住所地人民法院起诉。

第三十一条　本保险合同的争议处理适用中华人民共和国法律。

其他事项

第三十二条　保险责任开始前，投保人要求解除保险合同的，应当向保险人支付相当于保险费5%的退保手续费，保险人应当退还剩余部分保险费；保险人要求解除保险合同的，不得向投保人收取手续费并应退还已收取的保险费。

保险责任开始后，投保人要求解除保险合同的，自通知保险人之日起，保险合同解除，保险人按照保险责任开始之日起至合同解除之日止期间按短期费率计收保险费，并退还剩余部分保险费；保险人要求解除保险合同的，应提前15日向投保人发出解约通知书，保险人按照保险责任开始之日起至合同解除之日止期间与保险期间的日比例计收保险费，并退还剩余部分保险费。

附录1　　短期费率表

保险期间	1个月	2个月	3个月	4个月	5个月	6个月	7个月	8个月	9个月	10个月	11个月	12个月
年费率/%	10	20	30	40	50	60	70	80	85	90	95	100

注：不足1个月的按1个月计收。

附录2　　伤亡赔偿比例表

项目	伤害程度	保险合同约定每人伤亡责任限额的百分比/%
(1)	死亡	100
(2)	永久丧失工作能力或一级伤残	100
(3)	二级伤残	80
(4)	三级伤残	65
(5)	四级伤残	55
(6)	五级伤残	45
(7)	六级伤残	25
(8)	七级伤残	15
(9)	八级伤残	10
(10)	九级伤残	4
(11)	十级伤残	1

第六章　企业员工风险与保险

俗话说：天有不测风云，人有旦夕祸福。人类社会自产生以来，人们就面临着各种风险，既有台风、暴雨、地震、雷击等自然灾害，又有生产和生活中的各类事故，这些都可以使人们遭受意外伤害。特别是在危险性较高的企业从事生产作业，所面临的事故危险性就更高，有的时候，生死祸福就在一瞬间。面对危险，需要积极应对，采取意外伤害保险的方式，来预防和补偿风险带来的损害。

第一节　企业员工的事故风险

随着社会的发展，科技的进步，人们一方面可以采取措施避免和减少某些意外伤害的发生，但另一方面又产生了一些前所未有的意外伤害。由于其威胁着人们的安全和健康，所以人们总是力图避免，但是，实践证明，意外伤害还不能完全避免。就企业员工而言，需要面对的风险有：工伤事故风险、职业病风险、身体疾病风险、身体残疾风险、养老风险等，其中主要的是工伤事故风险（包括职业病风险）。

一、企业员工面临的事故风险

1. 企业生产过程中存在的风险

在现代化工业生产过程中，由于大量机械设备、电力设备、起重机械以及其他设备的使用，不可避免地存在着各种危险，以及发生人身伤害事故的可能。特别是一些危险性较高的行业，例如建筑施工、煤矿采掘、金属非金属矿山生产、钢铁冶炼、化工生产、烟花爆竹生产等，员工所面临的事故风险更大。

在许多工业生产行业存在较高危险性的大环境下，目前我国进城务工和在工矿企业就业的农民工总数超过 2 亿人，其中企业务工人员为 1.2 亿人左右，已经成为产业工人的重要组成部分。但是由于多种原因，农民工整体文化素质较低，安全意识淡漠，缺乏必要的安全知识和自我防范能力，给安全生产带来很大压力。据统计，近几年发生的安全生产伤亡事故，90%以上是由于工人的不安全行为造成的，80%以上发生在农民工比较集中的小企业；每年职业伤害、职业病新发病例和死亡人员中，半数以上是农民工。

2. 企业工伤认定与事故风险

工伤，也称职业伤害，是指员工在职业活动中发生的，或与之相关的人身伤害，包括事故伤残和职业病，以及这两种情况造成的死亡。

职工有下列情形之一的，应当认定为工伤：

(1) 在工作时间和工作场所内，因工作原因受到事故伤害的；

(2) 工作时间前后在工作场所内，从事与工作有关的预备性或者收尾性工作受到事故伤害的；

(3) 在工作时间和工作场所内，因履行工作职责受到暴力等意外伤害的；

(4) 患职业病的；

(5) 因工外出期间，由于工作原因受到伤害或者发生事故下落不明的；

(6) 在上下班途中，受到非本人主要责任的交通事故或者城市轨道交通、客运轮渡、火车事故伤害的；

(7) 法律、行政法规规定应当认定为工伤的其他情形。

职工有下列情形之一的，视同工伤：

(1) 在工作时间和工作岗位，突发疾病死亡或者在48小时之内经抢救无效死亡的；

(2) 在抢险救灾等维护国家利益、公共利益活动中受到伤害的；

(3) 职工原在军队服役，因战、因公负伤致残，已取得革命伤残军人证，到用人单位后旧伤复发的。

有下列情形之一的，不得认定为工伤或者视同工伤：

(1) 故意犯罪的；

(2) 醉酒或者吸毒的；

(3) 自残或者自杀的。

在工伤保险制度发展的早期，工伤不包括职业病。随着时间的推移，各国逐渐开始将职业病也纳入工伤范畴，并以国际公约的形式确定了现在的工伤概念。职业病是指劳动者在职业活动中，因接触粉尘、放射性物质和其他有毒、有害物质等因素而引起的疾病。

工伤事故、职业病不仅给员工带来了身体的痛苦和精神上的折磨，而且还导致了至少两方面的损失：一是医药支出、康复支出或丧葬费用；二是工资损失。针对工伤风险，各国纷纷建立工伤保险制度，保护员工的合法权益。

二、主要行业工伤事故风险

1. 建筑施工企业生产特点与事故风险

(1) 建筑施工企业生产特点

建筑施工（包括市政施工）属于事故发生率较高的行业，每年的事故死亡人数仅次于煤炭与交通行业。目前农民工已经成为建筑施工的主力军，因此也是各类意外伤害事故的主要受害群体。根据事故统计，在建筑施工伤亡人员中农民工约占60%，并且呈现不断上升的趋势，这给许多农民工家庭带来了难以弥补的伤痛和损失。

建筑业是国民经济支柱产业之一。建筑业所生产的大批建筑产品为我国国民经济的发展奠定了重要的物质基础，同时带动了相关产业的蓬勃发展，成为经济繁荣的支撑点。然而，建筑业又是一个危险性高、易发生事故的行业，是安全生产专项治理的重点行业之一。建筑业之所以成为高危险行业，主要与建筑施工特点有关。

建筑施工有以下几个特点：

1）建筑产品的多样性。由于各种建筑物或构筑物都有特定的使用功能，因而建筑产品的种类繁多。不同的建筑物建造不仅需要制定一套适应于生产对象的工艺方案，而且还需要针对工程特点编制切实可行并行之有效的施工安全技术措施，才可能确保施工顺利进行和安全生产。

2）建筑施工的流动性。建筑产品都必须固定在一定的地点建造，而建筑施工却具有流动性，主要表现在三个方面：一是各工种的工人在某建筑物的部位上流动；二是施工人员在一个工地范围内的各栋建筑物上流动；三是建筑施工队伍在不同地区、不同工地的流动。这些都给安全生产带来了许多可变因素，稍有不慎，极易导致伤亡事故的发生。

3）建筑施工的综合性。建筑物的建造是多工种在不同空间、不同时间劳动并相互配合协调的过程，同一时间的垂直交叉作业不可避免。由于隔离防护措施不当，容易造成伤亡事故，各工种间的交叉作业由于安排不当，也可能导致伤亡事故的发生。

4）作业条件的多变性。建筑施工大多是露天作业，日晒雨淋、严寒酷暑以及大风影响等形成的恶劣环境，不仅影响施工人员的健康，还易诱发安全事故。此外建筑施工的高处作业多，据统计，建筑施工中的高处作业约占总工程量的90%，而且高处作业的等级越来越高，有不少高度超过100 m的高处作业。高处作业除了不安全因素多外，还会影响工人的生理和心理因素，建筑施工伤亡事故中，近六成与高处作业有关。另外还有不少作业在未完成安装的结构上或搭设的临时设施（如脚手架等）上进行，严重加剧高处作业的危险程度。

5）操作人员劳动强度的繁重性。建筑施工中不少工种仍以手工操作为主，加上组织管理不善，无限制加班加点，工人在高强度劳动和超长时间作业中，体力消耗过大，容易造成过度疲劳，由此引起的注意力不集中，或作业中的力不从心等易导致事故的发生。

6）施工现场设施的临时性。随着社会发展，建筑物体量和高度不断增加，工程的施工周期也随之延长，一年以上工期的工程比比皆是。为了保证工程建造正常和顺利进行，施工中必须使用各种临时设施，如临时建筑、临时供电系统以及现场安全防护设施。这些临时设施经过长时间的风吹、日晒、雨淋、冰冻和种种人为因素，其安全可靠性往往明显降低，特别是由于这些设施的临时性，容易导致施工管理人员忽视这些设施的质量，因而安全隐患和防护漏洞时有出现。

（2）建筑施工中常见伤亡事故类别

建筑施工中常见伤亡事故的类别是：物体打击、车辆伤害、机械伤害、起重伤害、触电、高处坠落、坍塌、中毒和窒息、火灾和爆炸以及其他伤害。根据历年来伤亡事故统计分类，建筑施工中最主要、最常见、死亡人数最多的事故有五类，即高处坠落、触电、物体打击、机械伤害、坍塌事故。这五类事故占事故总数的86%左右，被人们称为建筑施工五大类伤亡事故。

（3）建筑施工伤亡事故的主要原因

造成建筑施工伤亡事故的原因有外部原因、内部原因、客观原因三个方面。

1）事故的外部原因。从事故的外部原因分析，目前建筑市场尚不规范，有些业主片面压工期、压价，拖欠工程款，给施工企业增加负担，从而造成施工企业安全生产上的投入资金严重不足；有些工程长官意志严重，部分首长工程、政府工程、献礼工程不按科学合理工期施工，违背规律，随意确定竣工日期，使施工企业的安全管理无法按规章进行；有的业主随意肢解工程，总包单位无权对工程进行综合管理，施工现场杂乱无章。

2）事故的内部原因。从事故的内部原因分析，一些施工企业在当前市场经济条件下，片面追求经济效益，减少安全设施上的必要投入；有的企业以包代管现象严重，一包了之，缺乏必要的管理；有的企业在改革改制中，削弱安全管理机构，减少安全管理人员，造成企业的安全生产管理力量不足，力度不够；有的企业不重视安全培训教育，对所聘用的人员缺乏最基本的安全教育，违章指挥、违章操作、违反劳动纪律现象普遍存在。由此种种原因，造成建筑伤亡事故时有发生，给国家和人民生命财产造成损失，同时影响了社会稳定、家庭幸福，影响了建筑业的社会形象。

3）事故的客观原因。建筑施工伤亡事故多，还有其客观原因，这些客观原因主要包括：一是高处作业多。按照《高处作业分级》（GB 3608—2008）规定划分，建筑施工中有90%以上是高处作业。二是露天作业多。一栋建筑物的露天作业约占整个工作量的70%，它受到春、夏、秋、冬不同气候以及阳光、风、雨、冰雪、雷电等自然条件的影响和危害。三是手工劳动及繁重体力劳动多。建筑业大多数工种至今仍是手工操作，由于手工操作容易使人疲劳、注意力分散、误操作多，所以容易导致事故的发生。四是立体交叉作业多。建筑产品结构复杂、工期较紧，必须多单位、多工种互相配合、立体交叉施工。如果管理不好、衔接不当、防护不严，就有可能造成互相伤害。五是临时员工多。目前，在工地第一线作业的工人中，农民工占50%～70%，有的工地甚至高达95%。

外部原因、内部原因以及客观方面的原因，决定了建筑工程的施工是一个危险性大、突发性强、容易发生伤亡事故的生产过程，因此，必须加强施工过程的安全管理，并严格按照安全技术措施的要求进行作业。

2. 煤矿企业生产特点与事故风险

(1) 煤矿企业生产特点

我国是一个缺气、少油、富煤的国家，煤炭是我国重要的基础能源和工业原料。近年来，在我国总的能源消费结构中，煤炭约占2/3，其余为石油、天然气及电力。煤矿大体分为两类，一类是露天煤矿，另一类是井工煤矿。井工煤矿就是地下煤矿，下井作业就是地下作业。我国煤矿大多属于地下开采的井工煤矿，井工煤矿的矿井产量约占总产量的97%。井工煤矿危险性较高，这主要与井下作业的特殊性有关。

煤矿井下作业工作场所潮湿、阴暗而且狭窄，地质条件、开采技术复杂，生产环节较多，受水、火、瓦斯、煤尘、顶板等多种自然灾害的威胁，不安全因素多。并且由于煤层赋存不稳定，地质构造复杂多样，伴随产生各种各样的地质灾害，例如具有煤尘爆炸危险的矿井，高瓦斯和煤与瓦斯突出矿井，自然发火危险矿井，具有水害危险的矿井，某些矿井还有冲击地压、岩爆、矿震和高温危害。

此外，我国小煤矿所占比例很大，绝大多数小煤矿基础装备简陋，生产系统不完善，管理落后，采用原始落后的采煤方法，还存在不具备安全生产的基本条件的现象。目前，我国正在加大对不合格小煤矿的关闭工作。小煤矿数量虽然在逐年减少，安全生产也趋于好转，但在安全生产基础管理方面仍存在诸多问题，安全生产事故多发的状况依然未得到有效遏制。小煤矿的产量近几年仅占全国总产量的1/3左右，但是事故数和死亡人数却占总量的2/3以上。

(2) 煤矿农民工的特点

最近几年，农村劳动力大量转移，进入矿山、建筑等高风险、重体力劳动行业和领域。全国550万煤矿职工中，农民工约占半数，主要在井下一线工作。小煤矿从业人员几乎全部为农民工。据统计，在农民工中，文盲与半文盲占7%，小学文化为29%，高中以上学历仅占13%。因此，农民工的安全理念、操作技能、抵御各种灾害的能力直接影响着煤矿企业的安全、效益和发展。此外，由于许多农民工是农闲进城打工，处于刚放下锄头即下井作业的粗放劳动型，从事某项工作具有很大的随机性和流动性，不能全面掌握某项工作的专业知识，即使参加企业用业余时间为农民工举办的安全、技术培训，也是似懂非懂，不知所云，技术水平很难提高，这也为其作业安全和人身安全埋下了隐患。正是因为技术水平不高，对技术操作掌握不够，许多事故的发生，往往是由于农民工自身的“三违”（违章指挥、违章操作、违反劳动纪律）原因造成的。所以，一旦发生事故，农民工常常既是事故的受害者，又是事故的肇事者。

由于煤矿井下作业环境的复杂性和特殊性，为了防止职业危害，保护职工的身体健康，需要采取有效的措施进行劳动保护，最大限度地消除劳动过程中危及人身安全和健康的不良条件，防止伤亡事故和职业病，保障煤矿职工身体的安全和健康。

（3）煤矿井下作业环境的危险性

煤矿井下的作业环境十分艰苦，特别是地方小煤矿的此类现象尤为突出。具体表现为劳动强度大，一般矿井采掘工纯工作时间为 8 小时，在井下就需 10 小时左右；没有阳光照射；上下、前后、左右无时无刻不受到安全威胁，还有矿尘、煤尘、炮烟等存在；呼吸新鲜空气需要通风解决；由于地热作用、人体和机电设备散热、水分蒸发等，井下的温度、湿度、空气质量等气候条件，使得矿井采掘井下环境远不如地面。

另外，井下作业危险系数也较高。首先是生产工艺复杂，采煤、掘进、机电、运输、通风、排水等，哪一个工种、哪一道工序、哪一个系统和环节出了问题都可能酿成事故。二是瓦斯、煤尘爆炸，水、火灾害和大冒顶事故破坏性很大，严重的可导致矿毁人亡。三是机电操作、运输环节、施工材料等也时常发生事故，或产生职业危害。如机械设备运转产生的噪声，局部通风机和风动凿岩机等尤为突出；施工中所用材料，例如水泥和锚固剂对人的腐蚀和毒害以及井下的泥水环境等，每时每刻都对人产生着伤害。

3. 金属非金属矿山企业生产特点与事故风险

（1）金属非金属矿山企业生产特点

金属非金属矿山（又称非煤矿山）企业是指除煤矿、煤系硫铁矿以及与煤共生伴生矿山、石油矿山以外的所有矿山企业。我国金属非金属矿山点多面广，是重要的基础性产业之一。据统计，目前全国约有非煤矿山 10 万座，做好金属非金属矿山企业安全生产工作，不仅关系到作业人员的生命安全，而且还关系到社会的稳定和矿业经济的健康发展。

金属非金属矿山开采分为露天开采与井工开采，属于综合性的技术行业，涉及地质、采矿、通风、运输、安全、机械和电气、爆破、环境保护及企业管理等多方面内容。与其他行业相比，采矿业劳动强度大，作业条件差，不安全因素多，工作场所及工作本身都具有一定的危险性。井下生产工作空间狭窄，井下有毒有害气体、矿尘、火灾、水灾、顶板事故、井下爆破、机电设备等都直接威胁矿工的生命安全和身体健康。特别是乡镇矿山企业和个体采矿单位，很多都存在着生产管理混乱，安全设施简陋，事故隐患多及抗灾能力极弱等问题。

我国金属非金属矿山由于开采手段相对落后等原因，使安全生产工作仍然存在很多问题，特别是小矿山安全基础差，安全投入少、技术含量低、办矿标准低、管理水平低的状况没有得到明显改善。一些个体矿主，急功近利，要钱不要命，“三违”现象严重，甚至一些非法矿山一证多井，超层越界和重叠开采。非公有制矿山事故数和死亡人数在金属非金属矿山事故总数和死亡总数中占有很大比例。

（2）露天矿山开采的主要危害

露天开采对矿床的埋藏条件要求严格。埋藏较深的矿床，露天开采范围受到限制，并且占用土地多，地表受到破坏，污染环境。此外受气候影响较大，如严寒、冰雪、酷热和暴雨等对露天开采有一定影响。露天矿山的主要意外伤害有：

1）爆破作业造成的意外伤害。爆破作业中有较多的不安全因素，包括爆破准备、药包加工、装药、起爆、爆后检查等。爆破地震波、冲击波、飞石可对人及建筑物产生危害，早爆和盲炮处理可引起严重的安全事故。

2）机械运行造成的意外伤害。穿孔机、潜孔钻、牙轮钻行走作业时，由于露天作业条件恶劣，可引发各种安全事故。还存在电铲作业时机械室内、电铲作业范围内、电铲向汽车装载、作业台阶岩块悬浮倒挂、盲炮等不安全因素。

3）交通运输造成的意外伤害。露天矿山铁路运输中撞车、脱轨、道口肇事，行驶过程的制动，调车时的摘挂车等均可引发事故。矿用汽车运输作业时的制动失灵、夜间照明不良、路况不好、行驶过程中翻斗自起等均可导致事故。露天矿带式运输作业中，由于保护罩不当，人员靠近胶带行走等也会引起伤人事故。

4）用电造成的意外伤害。露天矿使用的三相交流电、采场移动设备的高压胶缆，各种接地保护失灵、各类电气设备的安装检修存在的不安全因素。

5）边坡不稳定及防排水造成的意外伤害。露天矿边坡的滚石、塌方、滑坡等事故对矿山生产及机械设备、人身安全危害极大，凹陷露天矿由于暴雨等灾害性气候可使采场被淹没。

（3）金属非金属矿山事故特点

全国矿山（煤矿与非煤矿山）每年因工死亡人数都在9 000人左右，其中非煤矿山每年的死亡人数为3 000人左右，大部分属于金属非金属矿山。事故的主要特点是：集体企业和个体、私营企业的事故数和死亡人数所占比重大；有色金属、非金属矿采企业的事故数和死亡人数所占比重大且有明显上升趋势。

金属非金属矿山发生事故的类型主要是坍塌、透水、冒顶片帮和物体打击等。发生这些事故的主要原因为：大量的中小型非煤矿山企业无证开采、非法经营，片面追求经济利益，根本不具备基本的安全生产条件；有些企业，尤其是私营、个体企业，片面追求经济效益，忽视安全投入，加之大量矿山从业人员未经过上岗前的安全培训，冒险蛮干；安全生产法规建设跟不上新形势的发展需要，现有安全法规对大量涌现的非公有制企业显得软弱无力。

4. 冶金企业生产特点与事故风险

(1) 冶金企业的生产特点

冶金行业属于资源能源密集型产业和基础产业，在我国国民经济中占有重要的地位，是我国国民经济重要的基础产业之一。截至2006年年底，全国年销售额在500万元以上的冶金企业约有4 300家，从业人员约260万人。自1996年起，我国钢铁产量连续多年居世界第一位，2012年我国粗钢产量7.16亿吨，占全球钢产量的46.3%。

冶金企业生产的主要特点是企业规模庞大，生产工艺流程长，从金属矿石的开采到产品的最终加工，需要经过很多工序，其中一些主体工序的资源、能源消耗量很大。我国冶金行业在发展中，由于传统生产工艺技术发展的局限性，以及多年来基本上延续以粗放生产为特征的经济增长方式，整体工艺技术和装备水平比较落后，人均生产效率较低，并且生产环境的污染影响也较为严重。同时，由于冶金企业生产工序繁多，工艺流程复杂，人员众多，安全生产管理工作任务繁重，保障职工安全健康的难度较大。

我国钢铁企业按其生产产品和生产工艺流程可分为两大类，即钢铁联合企业和特殊钢企业。钢铁联合企业的生产流程主要包括烧结（球团）、焦化、炼铁、炼钢、轧钢等生产工序，即长流程生产；特殊钢企业的生产流程主要包括炼钢、轧钢等生产工序，即短流程生产。钢铁联合企业中炼钢生产采用转炉炼钢或电炉炼钢，转炉炼钢以铁水为主要原料，电炉炼钢以废钢为主要原料。特殊钢企业中炼钢生产采用电炉炼钢，以废钢为原料。

(2) 冶金企业生产事故设备设施方面因素

冶金生产过程中的主要事故类型为煤气中毒、火灾和爆炸，高温液体喷溅、溢出和泄漏，电缆隧道火灾，煤粉爆炸等。

冶金行业与其他行业相比较，由于企业规模大、人员众多，因而管理幅度和管理难度都较大，易发生人员伤亡重大安全事故，从而与其他行业有一些明显不同的特点。在设备设施因素方面，主要有以下危险：

1) 生产工艺的复杂性决定了危险因素的复杂性。冶金生产过程中既有生产工艺所决定的高热能、高势能危害，又有化工生产所具有的有毒、易燃、易爆问题和深度制冷及高温、高压问题，还有一般矿山作业、机械加工、建筑、运输生产中容易发生的机械伤害、起重伤害、中毒窒息、火灾爆炸等危险。

2) 生产设备设施的复杂性决定了生产的危险性。冶金生产过程中既有矿山作业必需的各类爆炸、掘进、运输、提升、破碎、通风、选矿等设备，也有机械加工必需的各类机床和通用起重设施，基建作业必需的搅拌、碾压、浇灌设备和塔吊、升降机，焦化生产和制氧、制氢所必需的各类反应（分馏）塔、反应器、加热炉和贮罐、贮槽，还有钢铁生产特有的高炉、转炉、电炉、各类轧制设备、专用起重设备等。各种设备在生产、检修过程中，都存在着不同程度的危险。

3）生产设备的自动化、机械化、半机械化、手工作业并存与差异造成了生产的危险性。冶金生产工程项目的建设，因不同历史时期的设计、施工在技术水平上存在的差异，同时也受到业主当时的经济状况及客观环境的影响，因而生产设备设施在本质安全方面存在很大的差别。一般来说，20世纪八九十年代建成投产的企业所使用的基本上是高度自动化、本质安全化水平也较高的设备；而早期建成投产的大型冶金企业的生产设备，则是以机械化和半机械化为主；特别是一些较早建成的地方中型骨干企业，设备基本上是机械化、半机械化、手工操作并存。

4）生产过程对辅助系统的依赖程度高所造成的生产危险性。钢铁生产是一个连续性生产过程，不论从生产角度还是从安全角度考虑，其主体生产设备对辅助系统的依赖程度都很高。如突然停电，特别是较长时间停电，铁水、钢水可能在炉内凝固；又如供蒸汽、供氮气系统压力过低，都可能使煤气设备在生产及检修过程中发生事故；而消防系统如果存在严重缺陷，可能因火灾预防不力或扑救失败而造成重大的人员伤亡和财产损失。

(3) 冶金企业生产事故安全管理方面的因素

冶金企业在安全管理工作中还存在着许多问题，主要表现为：

1）设备、设施安全装备水平下降，隐患较多。据统计，冶金生产企业共有约1亿平方米的工业建筑，大部分于20世纪70年代投入使用，到2000年已有相当大一部分面临退役；近万台起重设备中，50%的设备也是20世纪70年代投入使用的仿苏产品，目前也面临淘汰更换；其他设备、管道情况基本类似。更有甚者，许多地方中型骨干企业的辅助系统仍远未达到与主体生产系统相适应的程度，还存在严重的设备、设施超负荷或带病运行的状况。

2）对生产过程中存在的危险因素尚未进行认真、系统的发掘。冶金生产过程中存在各种危险因素，而这些危险因素至今尚未真正被人们所了解和认识，这对系统改造和系统控制都是极为不利的。应借助于一定的理论、技术指导，对这些危险因素进行全面发掘，才可能使从事安全管理、生产管理、设备管理、技术管理的人员都能较为深入、系统地掌握有关的危险状况，使其从事的工作针对性更强，管理效果更好。

3）安全管理工作总体上还未跳出传统管理的框架。传统安全管理最大的特点是以事故管理为中心。这是一种以安全规章制度建立、安全教育、安全检查、安全评比为主要工作内容的被动管理模式。过去几十年里，该模式虽然对保障企业生产顺利进行和保护职工安全健康发挥了重要的作用，然而随着时间的推移，其作用逐渐发挥到了极限，效果越来越难以令人满意。因此，需要与时俱进，结合新形势、新情况，探索安全生产管理新的思路、新的方法。

4）安全管理机构的设置和人员配置上还存在问题。近几年来，在企业转变经营管理机制的改革中，部分企业安全管理部门被并入生产部门，有的安全管理职能被分解到几个不同的管理部门，使具体安全管理工作出现了无人抓或难以抓好的局面。安全人员的配备过分强调安全管理经验，忽视了年龄结构和知识结构上的要求，从而使安全管理人员较难适应安全管理知识、技术更新和发展的要求。

（4）冶金企业生产事故人员操作方面的因素

轨迹交叉事故模式认为，事故是由于人的不安全行为和物的不安全状态，在一定的空间和时间里相互交叉的结果。该模式揭示，事故的发生由三方面因素造成：人的不安全行为，物的不安全状态，管理因素，即空间和时间的调度。环境条件和物的状况不良以及管理上的缺陷可能形成生产中的事故隐患，由于人为原因的触发，就可能形成事故。简而言之，事故的发生主要是物的不安全状态（或称故障）和人的不安全行为（失误）两大因素共同作用的结果。

实际上，人的不安全行为和物的不安全状态互为因果。有时是设备的不安全状态导致了人的不安全行为，人的不安全行为又会促进设备不安全状态的发展，事故的发生往往不是简单的人与物两个系列轨迹交叉，而是呈现非常复杂的情况。例如技术上和设计上有缺陷；光线不足或工作地点及通道情况不良；设施、设备、工具、附件存在缺陷；防护、保险、信号装置缺乏或有缺陷；违反操作规程或劳动纪律；教育培训不够，不懂操作技术和知识；劳动组织不合理；对现场工作缺乏检查或指导有错误等，都会引发事故的发生。

（5）冶金企业生产中存在的主要职业危害

冶金工业生产中主要的危害因素有高温、强辐射热、粉尘、一氧化碳和噪声等。

1）高温和强辐射灼热。在冶金生产中矿粉的加工烧结、炼焦、炼铁、炼钢、轧钢等每个环节都属高温作业，有的车间夏季气温比室外高15～20℃，因此较易发生人员中暑。灼热的物体辐射出的大量红外线，易引起职业性白内障。

2）粉尘危害。在矿石生产中，从井下开采、运输、破碎到选矿、混料、烧结等环节都有很高浓度的粉尘，在耐火材料加工、炼焦、炼钢的过程中也有大量粉尘产生，长期接触会引起尘肺，多为矽肺。

3）一氧化碳中毒。在煤气中一氧化碳含30%左右，故在接触煤气的岗位，如不注意防护，就可能引发一氧化碳中毒。

4）其他伤害。化学工业中的空压机、风机、轧钢机等发出的强噪声，易引起耳聋；由于接触火焰、钢水、钢渣、钢锭的机会较多，最容易发生烧灼伤；接触高温辐射的作业人员中，易发生火激红斑、色素沉着、毛囊炎及皮肤化脓等疾患；由于高温作用，肠道活动出现抑制反应，使消化不良和胃肠道疾患增多，高血压的发生率也比一般工人多。

5. 化工企业生产特点与事故风险

（1）化工企业生产存在的危险性

化工企业的生产具有易燃、易爆、易中毒、高温、高压、易腐蚀等特点，与其他行业相比，生产过程中潜在的不安全因素更多，危险性和危害性更大，因此对安全生产的要求也更加严格。目前，随着化工生产技术的发展和生产规模的扩大，企业安全已经不再局限于企业自身，一旦发生有毒有害物质泄漏，不但会造成生产人员中毒伤害事故，导致生产停顿、设备损坏，并且还有可能波及社会，造成其他人中毒伤亡，产生无法估量的损失和难以挽回的影响。

在化工企业的生产、储存、运输、使用过程中，涉及许多危险化学品。危险化学品是指那些一旦处置不当就容易导致爆炸、火灾、中毒、污染、氧化腐蚀等安全事故，对人体、物品及环境造成危害或破坏的化学品。目前我国有危险化学品从业单位数十万家，正在从事着上千种吨级以上危险化学品的生产经营，从业人员上千万。由于危险化学品品种繁多、性质各异、危险程度各不相同，再加上危险化学品从业单位布点分散，生产规模平均较小，工艺设备相对落后，技术力量相对薄弱，安全技术装备与管理措施不到位，特别是大量招用未经严格安全培训的农民工直接上岗，因此，在危险化学品生产经营过程中普遍存在着严重的安全隐患，这是导致我国化学安全事故频繁发生的主要原因。

（2）化工企业生产特点

化工企业运用化学方法从事产品的生产，在生产过程中，原材料、中间产品和产品大多数都具有易燃易爆的特性，有些化学物质对人体存在着不同程度的危害。化工企业生产与其他行业企业生产有所不同，具有高温、高压、毒害性、腐蚀性、生产连续性等特点，比较容易发生泄漏、火灾、爆炸等事故，而且事故一旦发生，比其他行业企业事故具有更大的危险性，常常造成群死群伤的严重事故。

化工企业在生产经营以及储存、运输、使用等环节，由于自身的特性所决定，具有以下几个特点。

1）生产原料具有特殊性。化工企业生产使用的原材料，以及半成品和成品，种类繁多，并且绝大部分是易燃易爆、有毒有害、有腐蚀的危险化学品，这不仅在生产过程中对这些原材料、燃料的使用、储存和运输提出了较高的要求，而且对中间产品和成品的使用、储存和运输都提出了较高的要求。

2）生产过程具有危险性。在化工企业的生产过程中，所要求的工艺条件十分严格甚至苛刻，有些化学反应在高温、高压下进行，有的要在低温、高真空度下进行。在生产过程中稍有不慎，就容易发生有毒有害气体泄漏、爆炸、火灾等事故，酿成巨大的灾难。

3）生产设备、设施具有复杂性。化工企业的一个显著特点就是各种各样的管道纵横交错，大大小小的压力容器遍布全厂，生产过程中需要经过各种装置、设备的化合、聚合、高温、高压等程序，生产过程复杂，生产设备、设施也复杂。大量设备设施的应用，减轻了操作人员劳动强度，提高了生产效率，但是设备设施一旦失控，就会产生各种事故。

4）生产方式具有严密性。目前的化工生产方式，已经从过去落后的坛坛罐罐的手工操作、间断生产，转变为高度自动化、连续化生产；生产设备由敞开式变为密闭式；生产装置从室内走向露天；生产操作由分散控制变为集中控制，同时也由人工手动操作变为仪表自动操作，进而发展为计算机控制，因此，进一步要求生产方式严格周密，不能有丝毫的马虎大意，否则就极易导致事故的发生。

随着化学工业的发展，石化企业生产的特点不仅不会改变，反而会由于科学技术的进步，使这些特点得到进一步强化。因此，石化企业在生产过程和其他相关过程中，必须有针对性地采取积极有效的措施，加强安全生产管理，防范各类事故的发生，保证安全生产。

(3) 化工生产事故的特点

化工生产事故有以下突出特点：一是化学物质大量意外排放或泄漏造成的事故，造成人的伤亡极其惨重，损失巨大。二是化工生产事故不仅有化学性损害且具有损害多样性，即事故不仅能够造成人员的死亡，还能够对受伤害者造成人体各器官系统暂时性或永久性的功能性或器质性损害；可以是急性中毒，也可以是慢性中毒；不但影响本人，也有可能影响后代；可以致畸，也可以致癌。三是化工生产事故由于各种毒物分布广、事故多，因而污染严重，环境被污染后，彻底消除十分困难。四是化工生产事故不受地形、气象和季节影响。无论企业大小、气象条件如何，也无论春夏秋冬，事故随时随地都有可能发生。五是化学物质种类多，目前统计有 5 000～10 000 种，因而当事故发生后，迅速确定是哪种物质引起的伤害十分困难，这对事故发生后的应急救援十分不利。

在化工企业生产中，由于各种原因，在危险化学品生产、运输、仓储、销售、使用和废弃物处置等各个环节都出现过许多重特大事故，给人民的生命财产造成严重的损失。

(4) 化工企业常见事故原因

化工企业常见事故原因，与化工企业的生产特点、生产过程所存在的危险性直接相关。

1）直接事故原因。一是机械、物质或环境的不安全状态。如防护、保险、信号等装置缺乏或有缺陷，设备、设施、工具、附件有缺陷，个体防护用品用具缺少或有缺陷，生产（施工）场地环境不良等。二是人的不安全行为。如操作错误造成安全装置失效，使用不安全设备，手工代替工具操作，物体存放不当，冒险进入危险场所，违反操作规定，分散注意力，忽视个体防护用品用具的使用，不安全装束等。

2）间接事故原因。包括：技术和设计上有缺陷；工业构件、建筑物、机械设备、仪器仪表、工艺过程、操作方法、维修检验等的设计、施工和材料使用存在问题；教育培训不够、未经培训、缺乏或不懂安全操作技术知识；劳动组织不合理；对现场工作缺乏检查或指导错误；没有安全操作规程或不健全；没有或不认真实施事故防范措施，对事故隐患整改不力等。

除此之外，化工企业引发事故的原因，还有设计缺陷、制造缺陷、化学腐蚀、管理缺陷、纪律松弛等因素，尤其是那些常见多发事故，造成事故的原因主要是违章作业、维护不周、操作失误。

6. 烟花爆竹企业生产特点与事故风险

（1）烟花爆竹企业的生产特点

我国是烟花爆竹的生产、消费和出口大国，目前有烟花爆竹生产企业约7 000家，销售企业约14万家，从业人员150万人；烟花爆竹的产值约120亿元，出口总值约3.4亿美元，产量约占世界的75％。烟花爆竹对促进就业，推动经济的发展发挥了重要的作用，并已经成为一些地方区域经济发展的支柱产业。

烟花爆竹行业属于劳动密集型的高危行业，具有生产企业规模小，工艺设备简单，技术含量低，投资成本小，风险高的特点。近年来，由于烟花爆竹行业安全管理不规范，非法生产情况比较普遍，烟花爆竹安全事故时有发生。据统计，自1985年到2005年11月全国各地总计发生烟花爆竹安全事故8 532起，死亡9 349人，平均每年发生事故406起，死亡445人。

生产烟花爆竹的企业除了要进行全员培训外，还必须对高危岗位的作业人员进行专业技术培训。烟花爆竹生产过程中，药物混合、造粒、筛选、装药、筑药、压药、切药、搬运等工序高度危险，这些工序的作业人员时时都接触、使用火药，而这些药品又都是比较敏感的，静电、摩擦、碰撞、干燥、潮湿等因素都有可能引发事故。这些岗位的作业人员如果不熟练掌握岗位操作规程、相关专业技术知识、安全防护知识，盲目作业或违规操作，哪怕是稍有不慎或疏忽，就可能引发事故。而一旦发生事故，不仅对作业人员本人，对他人和周围设施也会造成很大的伤害。

（2）烟花爆竹企业事故的类别

烟花爆竹企业在生产过程中存在着许多危险性，药物混合、造粒、筛选、装药、筑药、压药、切药、搬运等许多工序都属于危险工序，稍有不慎，就会引发各种事故。烟花爆竹行业发生的事故大致可以分为以下几类。

1）自燃自爆事故。这类事故是由不需外因作用的化学反应造成的，其原因：一是原材料问题。原材料纯度不够、含杂质高，或材料超过保质期变质等。二是原材料或药物受潮等。三是配料不当或辅助材料（如米汤、糨糊等）变质等。四是烟火药散热不彻底、干燥不彻底等。

2）机械能作用事故。机械能作用事故是由外力（机械能）作用造成的，其原因：一是违反操作方法。如操作时摩擦、撞击、拖拉、用力过猛以及未使用专用的工具等。二是干燥方法不当。如干燥（日晒、烘房）时超过规定温度、倒架、使用明火烘烤、药架离热源太近等。三是销毁废品方法不当。四是机械设计、制造缺陷或机械发生故障引发事故。

3）自然灾害事故。自然灾害事故是指由山火、山洪、地震、雷击等难以抗拒的自然因素所导致的事故。

4）其他事故。这类事故是由静电积累、火源、电源、小动物啃咬等引发的，既与自燃自爆事故和机械能作用类事故有相似之处，又有别于它们。

（3）烟花爆竹事故发生的原因

发生烟花爆竹事故的原因主要有以下几点。

1）安全意识淡薄，规章制度不落实，违反操作规程。企业管理不善，规章制度不落实，从业人员素质低下、思想麻痹、安全生产意识淡薄，违反操作规程等，这是烟花爆竹行业发生事故的主要原因。

2）忽视工作条件和环境。工作条件和环境是保证安全生产的重要方面，有许多事故是由于忽视工作条件和环境造成的。例如，机械设备、工具不符合要求，电器开关防爆不良，工作场地通风不良，光线不足，操作场所堆积物过多造成疏散通道不畅，出入通道太窄，工作空间拥挤，地面不清洁，厂房布局不合理，甚至野生、家养动物的活动引起的碰击都可能引起事故发生。

3）药物配方存在问题。在烟火药剂中有的化学原材料稳定性极差，很容易因极轻微的摩擦撞击而发生爆炸，有时还会产生自燃自爆。一些生产厂家的技术人员缺乏物理、化学和烟火学等方面的基础理论知识，靠自己在试验中配制的药方进行原始的爆发试验，其中许多涉及药物安全的理化性能和爆炸性能参数未能经科学检测，便自作主张投入生产，从而导致生产环节爆炸事故的发生。如有扫地扫燃的，走路踩燃的，筛药筛燃的，搅拌拌燃的，倒药自燃的等自燃自爆事故，还有因操作中轻微的振动、抖动发生爆炸的。如果对这些药品进行感度实验，便可知哪些药品生产过程中极易发生事故。

4）存药量过大。存药量小，爆炸威力就小，对人员的伤害轻，对建（构）筑物毁坏程度也轻，相反，存药量过大，药物引起连锁反应爆炸的概率增大，对人的杀伤力大，对建（构）筑物和机器设备损毁严重，这是很浅显的道理。在这方面，一些生产烟花爆竹历史较悠久的工厂从血的教训中总结出的“小型、分散、少量、多次、勤运走”的科学原则值得借鉴和推广。但是这方面问题常常被忽视，特别是在生产旺季或突击任务时，为了赶生产任务，减少操作工人往返领取药料的麻烦，便对生产操作人员的领药以及带药半成品、成品操作工序的建筑物内的计算药量不加限制，从而导致重特大爆炸事故的发生。

5）人员拥挤、疏散通道不畅。在一个有限的空间内，人多拥挤，个人的行为难免受到别人的影响和干扰，导致失态，此时地面如有散落药尘，重特大爆炸事故就在所难免。分析国内发生的特大事故，绝大多数都存在人多拥挤和疏散不畅的问题。导致人多拥挤和疏散不畅的间接原因有三个：一是生产旺季赶任务，临时增加操作人员，加班加点；二是安全管理出现漏洞，不认真执行规章制度；三是一些企业的工人，甚至管理人员不懂得安全疏散的重要性，发生事故时人员不能及时疏散，导致事故发生时有大量人员伤亡。

6）静电引发爆炸。如果带电体与大地绝缘，或其本身是绝缘体时，就有积聚静电的条件，当其电压达到一定强度时，周围的空气被击穿，就会产生放电电弧，放电产生的高热如遇到烟火药剂，就可能引起爆炸或燃烧事故。

（4）烟花爆竹生产中的职业危害

烟花爆竹生产中的职业危害主要是药物中毒和有害粉尘。在烟花爆竹生产中，工业毒物的来源主要是生产过程中工人直接接触和生产过程中产生的一些有毒物质。

1）在起爆药生产过程中的有害物质。这些物质有：氨、丙酮、乙酸乙酯、苯、苯的二及三硝化合物及共同系物、苯的硝基化合物及共同系物、各种氮氧化物、一氧化碳、汞、铅及其无机化合物、二氧化硫、硫化氢、盐酸、乙醛、氢氰酸、雷汞、硝酸等。

2）烟火药剂生产过程中的有害物质。在烟火药剂的药物粉碎、过筛、配制、筑药、装药的过程中，必须接触烟火药剂，这些物质大多数是有毒的物质。

7. 机械制造企业生产特点与事故风险

（1）机械设备存在的危险因素

机械制造行业是各种工业的基础，涉及范围广泛，从业人员数量庞大。据不完全统计，我国有 150 万～200 万名劳动者从事机械制造产业，其中包括铸造、锻造、热处理、机械加工和装配等工艺，这些工艺操作中存在着各种职业病危害因素，同时也存在着各种机械设备的危害。

机械设备在规定的使用条件下执行其功能的过程中，以及在运输、安装、调整、维修、拆卸和处理时，无论处于哪个阶段、处于哪种状态，都存在着危险与有害因素，有可能对操作人员造成伤害。

1）正常工作状态存在的危险。机械设备在完成预定功能的正常工作状态下，存在着不可避免的但却是执行预定功能所必须具备的运动要素，并可能产生危害后果。如零部件的相对运动、刀具的旋转、机械运转的噪声和振动等，使机械设备在正常工作状态下存在碰撞、切割、作业环境恶化等对操作人员安全不利的危险因素。

2）非正常工作状态存在的危险。在机械设备运转过程中，由于各种原因引起的意外状态，包括故障状态和维修保养状态。设备的故障不仅可能造成局部或整机的停转，还可能对操作人员构成危险，如运转中的砂轮片破损会导致砂轮飞出，造成物体打击事故；电气开关故障会产生机械设备不能停机的危险。机械设备的维修保养一般都是在停机状态下进行，由于检修的需要往往迫使检修人员采用一些特殊的做法，如攀高、进入狭小或几乎密闭的空间、将安全装置拆除等，这些做法使维护和修理过程容易出现正常操作不存在的危险。

（2）机械制造企业生产的主要危害

在机械制造企业生产中，由危害因素导致的危害主要包括两大类，一类是机械性危害，一类是非机械性危害。

1）机械性危害主要包括挤压、碾压、剪切、切割、碰撞或跌落、缠绕或卷入、戳扎或刺伤、摩擦或磨损、物体打击、高压流体喷射等。

2）非机械性危害主要包括电流、高温、高压、噪声、振动、电磁辐射等产生的危害；因加工、使用各种危险材料和物质（如燃烧爆炸、毒物、腐蚀品、粉尘及微生物、细菌、病毒等）产生的危害；因忽略安全人机学原理而产生的危害等。

（3）机械制造企业事故特点与原因

机械加工设备是各行业机械加工的基础设备，主要有金属切削机床、锻压机械、冲剪压机械、起重机械、铸造机械、木工机械等。

机械伤害是企业职工在工作中最常见的事故类别，伤害类型多以夹挤、碾压、卷入、剪切等为主。各类机械设备的旋转部件和成切线运动的部件间、对向旋转部件的咬合处、旋转部件和固定部件的咬合处等，都可能成为致人受伤的危险部位。据我国安全生产部门统计，近年来，夹挤、碾压类事故占机械伤害事故的一半左右，注重此类工伤事故的特点和预防，是一项不容忽视的重要工作。

造成机械伤害事故的原因，主要有以下几点。

1）违章操作。在我国，大量的机械设备属于传统的机械化、半机械化控制的人机系统，没有在本质安全上做到尽善尽美，因此，需要在定位、固定、隔离等控制环节上进行弥补，通过设置醒目的警示标志和严格的安全操作规程加以完善。但不少机械类企业工人有章不循、违章作业现象仍非常突出，违章造成的夹挤、碾压类伤害时有发生，成为企业必须集中着重解决的安全问题。

2）体力与脑力疲劳造成辨识错误。长期持久的体力与脑力劳动、单调乏味的工作、嘈杂的工作环境、凌乱的工作布局、不良的精神因素等，都容易使操作者产生疲劳、厌烦的感觉，此时，辨识错误就会出现，带来误操作、误动作，造成伤害事故。

3）机械化代替手工作业。机械化代替手工作业是生产力进步的标志。但是，这一时期，操作者由于要熟悉新的工作环境和新的机械操作方法，思想往往比较紧张，心理上承受的工作压力明显大于以前手工熟悉状态下的工作压力，不免操之过急。由于注意力过分集中，产生焦虑和烦躁情绪，极易使手、脑配合出现不协调，导致伤害事故发生。

4）安装、调试设备。机械设备往往要经历安装调试期、正常生产期和老化磨损期。相对来说，正常生产期的设备故障率较低，而安装调试期与老化磨损期的设备故障率相对较高。因为这时机械设备的安全装置处于暂时的“失效”状态，甚至“失效安全装置”也不会起作用，由于调试的需要，还不能断电、断气、断水，用于防止接触机器危险部件的固定安全装置已被打开，起不到保护作用，稍有不慎，维修人员就会被“咬”。另外，维修调试时往往是两人以上互相配合，极易出现配合失误，如误合闸、误开机、误动作等，造成伤害事故。

三、职业危害与职业病风险

1. 职业危害与职业危害因素

职业危害是指可能导致从事职业活动的劳动者患职业病的各种危害。职业危害因素包括：职业活动中存在的各种有害的化学、物理、生物因素，以及在作业过程中产生的其他职业性有害因素。

目前世界上对某些职业病还没有有效的根治手段，例如硅肺病、尘肺病等，劳动者一旦罹患这些职业病，通常是不可逆转的。所以，防治职业病关键在预防，控制职业病必须从源头抓起，这个源头就是职业危害因素。不良劳动条件存在各种职业危害因素，按其来源可分为三类。

（1）生产过程中产生的有害因素

化学因素：有毒物质，如铅、汞、苯、砷、锰、镉、铊、氯、一氧化碳、有机磷农药等；生产性粉尘，无机性粉尘如矽尘、石棉尘、煤尘等，有机性粉尘如棉花、亚麻、烟草、茶叶等，以及混合性粉尘、放射性粉尘。

物理因素：不良气象条件，如高温、高湿、低温、高气压、低气压等；噪声、振动；高频电磁场、微波、红外线、紫外线、激光、X射线、γ射线等。

生物因素：附着在皮毛上的炭疽杆菌、蔗渣上的霉菌，以及布氏杆菌、森林脑炎病毒等。

（2）劳动过程中的有害因素

劳动组织和劳动制度不合理：如劳动时间过长，休息制度不合理、不健全等。

劳动中的精神（心理）过度紧张，劳动强度过大或劳动安排不当：如安排的作业与劳动者生理状况不相适应，生产定额过高，超负荷加班加点等。

个别器官或系统过度紧张：如长时间疲劳用眼引起的视力疲劳等，长时间处于某种不良体位或使用不合理的工具等。

（3）生产环境中的有害因素

生产场所设计不符合卫生标准或要求：如厂房低矮、狭窄，布局不合理，有毒和无毒的工段安排在一起等；缺乏必要的卫生技术设施，如没有通风换气、照明、防尘防毒、防噪声振动设备，或设备效果不好；职业危害防护设施和个人防护用品方面不全。在实际的生产场所中，职业病危害因素往往不是单一存在，而是多种因素同时对劳动者的健康产生作用，此时危害更大。

通常来讲，许多职业病病因明确，病因即职业危害因素，在控制病因或作用条件后，可以消除或减少发病。因此，根据职业病危害因素和职业病的特点，控制职业病必须从源头抓起，坚持预防为主。

2. 职业病的界定

根据《职业病防治法》第二条的规定，职业病是指企业、事业单位和个体经济组织（以下统称用人单位）的劳动者在职业活动中，因接触粉尘、放射性物质和其他有毒、有害物质等职业病危害因素而引起的疾病。其中，职业病危害因素是指职业活动中存在的各种有害的化学、物理、生物因素以及在作业过程中产生的其他职业有害因素。

构成《职业病防治法》所称的职业病，必须具备四个条件。

（1）患病主体必须是企业、事业单位或者个体经济组织的劳动者；

（2）必须是在从事职业活动的过程中产生的；

（3）必须是因接触粉尘、放射性物质和其他有毒、有害物质等职业病危害因素而引起的，其中放射性物质是指放射性同位素或射线装置发出的α射线、β射线、γ射线、X射线、中子射线等电离辐射；

（4）必须是国家公布的《职业病分类和目录》所列的职业病。

在上述四个条件中，缺少任何一个条件，都不属于《职业病防治法》所称的职业病。

3. 职业病的特点

当职业病危害因素作用于人体的强度与时间超过一定的限度时，人体不能代偿其所造成的功能性或器质性病理的改变，从而出现相应的临床症状，影响劳动能力，这类疾病在医学上通称为职业病，即泛指职业危害因素所引起的特定疾病（与国家法定职业病有所区别）。

职业病的发生，一般与三个因素有关：该疾病应与工作场所的职业病危害因素密切相关；所接触的危害因素的剂量（浓度或强度）无论过去或现在，都足够可以导致疾病的发生；必须区别职业性与非职业性病因所起的作用，而前者的可能性必须大于后者。

一些职业病防治医学专家们认为，职业病还具有以下七个特点。

（1）病因明确，病因即职业危害因素，在控制病因或作用条件后，可以消除或减少发病。

（2）所接触的病因大多是可以检测的，而且其浓度或强度需要达到一定的程度，才能使劳动者致病，一般接触职业病危害因素的浓度或强度与病因有直接关系。

（3）在接触同样有害因素的人群中，常有一定数量的发病率，很少只出现个别病人。

（4）如能早期诊断，及早妥善治疗与处理，预后相对较好，康复相对较易。

（5）不少职业病，目前世界上尚无特效治疗，只能对症治疗，所以发现并确诊越晚疗效越差。

（6）职业病是可以预防的。

（7）在同一生产环境从事同一种工作的人中，个体发生职业病的机会和程度也有很大差别。这主要取决于以下因素：遗传因素、年龄和性别的差异、缺乏营养、其他疾病和精神因素、不良生活方式或个人习惯，如长期摄取不合理膳食、吸烟、过量饮酒、缺乏锻炼和精神过度紧张等，都能增加职业性损害程度。掌握职业病防治科学知识的劳动者，若具有健康的生活方式、良好的生活习惯，就能较为自觉地采取预防危害因素的措施。

4. 职业病的分类和目录

《职业病防治法》将职业病范围限定于对劳动者身体健康危害大的几类职业病，并且授权国务院卫生行政部门会同国务院人力资源和社会保障行政部门制定、调整并公布职业病的分类和目录。2003 年 12 月 23 日，国家卫生和计划生育委员会、人力资源和社会保障部、安全监管总局、全国总工会四部门联合印发《职业病分类和目录》。

《职业病分类和目录》（10 类 132 种）具体内容如下。

（1）职业性尘肺病及其他呼吸系统疾病

1）尘肺病

①矽肺；②煤工尘肺；③石墨尘肺；④炭黑尘肺；⑤石棉肺；⑥滑石尘肺；⑦水泥尘肺；⑧云母尘肺；⑨陶工尘肺；⑩铝尘肺；⑪电焊工尘肺；⑫铸工尘肺；⑬根据《尘肺病诊断标准》和《尘肺病理诊断标准》可以诊断的其他尘肺病。

2）其他呼吸系统疾病

①过敏性肺炎；②棉尘病；③哮喘；④金属及其化合物粉尘肺沉着病（锡、铁、锑、钡及其化合物等）；⑤刺激性化学物所致慢性阻塞性肺疾病；⑥硬金属肺病。

（2）职业性皮肤病

①接触性皮炎；②光接触性皮炎；③电光性皮炎；④黑变病；⑤痤疮；⑥溃疡；⑦化学性皮肤灼伤；⑧白斑；⑨根据《职业性皮肤病的诊断总则》可以诊断的其他职业性皮肤病。

（3）职业性眼病

①化学性眼部灼伤；②电光性眼炎；③白内障（含放射性白内障、三硝基甲苯白内障）。

（4）职业性耳鼻喉口腔疾病

①噪声聋；②铬鼻病；③牙酸蚀病；④爆震聋。

（5）职业性化学中毒

①铅及其化合物中毒（不包括四乙基铅）；②汞及其化合物中毒；③锰及其化合物中毒；④镉及其化合物中毒；⑤铍病；⑥铊及其化合物中毒；⑦钡及其化合物中毒；⑧钒及其化合物中毒；⑨磷及其化合物中毒；⑩砷及其化合物中毒；⑪铀及其化合物中毒；⑫砷化氢中毒；⑬氯气中毒；⑭二氧化硫中毒；⑮光气中毒；⑯氨中毒；⑰偏二甲基肼中毒；⑱氮氧化合物中毒；⑲一氧化碳中毒；⑳二硫化碳中毒；㉑硫化氢中毒；㉒磷化氢、磷化锌、磷化铝中毒；㉓氟及其无机化合物中毒；㉔氰及腈类化合物中毒；㉕四乙基铅中毒；㉖有机锡中毒；㉗羰基镍中毒；㉘苯中毒；㉙甲苯中毒；㉚二甲苯中毒；㉛正己烷中毒；㉜汽油中毒；㉝一甲胺中毒；㉞有机氟聚合物单体及其热裂解物中毒；㉟二氯乙烷中毒；㊱四氯化碳中毒；㊲氯乙烯中毒；㊳三氯乙烯中毒；㊴氯丙烯中毒；㊵氯丁二烯中毒；㊶苯的氨基及硝基化合物（不包括三硝基甲苯）中毒；㊷三硝基甲苯中毒；㊸甲醇中毒；㊹酚中毒；㊺五氯酚（钠）中毒；㊻甲醛中毒；㊼硫酸二甲酯中毒；㊽丙烯酰胺中毒；㊾二甲基甲酰胺中毒；㊿有机磷中毒；51氨基甲酸酯类中毒；52杀虫脒中毒；53溴甲烷中毒；54拟除虫菊酯类中毒；55铟及其化合物中毒；56溴丙烷中毒；57碘甲烷中毒；58氯乙酸中毒；59环氧乙烷中毒；60上述条目未提及的与职业有害因素接触之间存在直接因果联系的其他化学中毒。

（6）物理因素所致职业病

①中暑；②减压病；③高原病；④航空病；⑤手臂振动病；⑥激光所致眼（角膜、晶状体、视网膜）损伤；⑦冻伤。

（7）职业性放射性疾病

①外照射急性放射病；②外照射亚急性放射病；③外照射慢性放射病；④内照射放射病；⑤放射性皮肤疾病；⑥放射性肿瘤（含矿工高氡暴露所致肺癌）；⑦放射性骨损伤；⑧放射性甲状腺疾病；⑨放射性性腺疾病；⑩放射复合伤；⑪根据《职业性放射性疾病诊断标准（总则）》可以诊断的其他放射性损伤。

（8）职业性传染病

①炭疽；②森林脑炎；③布鲁氏菌病；④艾滋病（限于医疗卫生人员及人民警察）；⑤莱姆病。

（9）职业性肿瘤

①石棉所致肺癌、间皮瘤；②联苯胺所致膀胱癌；③苯所致白血病；④氯甲醚、双氯

甲醚所致肺癌；⑤砷及其化合物所致肺癌、皮肤癌；⑥氯乙烯所致肝血管肉瘤；⑦焦炉逸散物所致肺癌；⑧六价铬化合物所致肺癌；⑨毛沸石所致肺癌、胸膜间皮瘤；⑩煤焦油、煤焦油沥青、石油沥青所致皮肤癌；⑪β-萘胺所致膀胱癌。

（10）其他职业病

①金属烟热；②滑囊炎（限于井下工人）；③股静脉血栓综合征、股动脉闭塞症或淋巴管闭塞症（限于刮研作业人员）。

第二节　意外伤害保险

意外伤害保险是指以被保险人因遭受意外伤害造成的死亡或伤残为保险责任的一种人身保险。在保险期间内，保险人对被保险人由意外伤害事故所致的死亡或残疾，按照合同约定给付全部或部分保险金。意外死亡给付和意外伤残给付是意外伤害保险的基本责任。在实践中，也有一些保险公司会在意外伤害保险单中增加医疗给付、误工给付、丧葬费给付等派生责任。

一、意外伤害保险概念

1. 意外伤害的构成

意外伤害包括意外和伤害两层含义。伤害是指人的身体受到侵害的客观事实。意外是指被害人的主观状态而言，指侵害的发生是被害人事先没有预见到的，或违背被保险人主观意愿的。

意外伤害保险中所称意外伤害是指在被保险人没有预见到或违背被保险人意愿的情况下，突然发生的外来致害物对被保险人的身体明显、剧烈地侵害的客观事实。

2. 造成伤害的三个要素

伤害是指任何一种外因所致的人体解剖的完整性的破坏或生理机能的障碍。伤害由致害物、侵害对象、侵害事实三个要素构成，三者缺一不可。

（1）致害物。致害物即直接造成伤害的物体或物质。没有致害物，就不可能构成伤害。在意外伤害保险中，只有致害物是外来的，才被认为是伤害。所谓外来的，是相对于内生的而言，指致害物在伤害发生以前存在于被保险人身体之外。所谓内生的，是指致害物是在被保险人身体内部形成的，如结石、血栓、病灶、坏死的组织器官等。因此，凡在体内形成的疾病对被保险人身体的侵害，均不被认为是伤害。

按照致害物的不同种类，伤害主要有：一是机械伤害。各种器械，如机械设备、机动车辆、劳动工具、建筑物凶器等对人体的伤害。二是自然伤害。自然环境或自然灾害对人体的伤害，如过低的气温、气压，强烈的日光照射，暴风、暴雨、洪水、雷电等对人体的伤害。三是化学伤害。酸、碱、有毒气体、有毒液体等化工产品对人体的伤害。四是生物伤害。野兽、家畜、花粉等生物对人体的伤害。

（2）侵害对象。侵害对象是致害物侵害的客体。在意外伤害保险中，只有致害物侵害的对象是被保险人的身体，才能构成伤害。从外部看，人的身体一般分为：头颈（含面部）、躯干、四肢。任何伤害都必然是对被保险人身体的一个或若干个具体部位的伤害，否则就不构成伤害。如果侵害的对象不是被保险人的身体，而是被保险人的姓名权、肖像权、名誉权、荣誉权、著作权、发明权等与人身相联系的权利，则不构成伤害。例如，谩骂、诬陷被保险人，未经被保险人同意就将其肖像用于商业广告等，虽然是对被保险人的侵害，但在意外伤害保险中，不认为是伤害。也就是说，意外伤害保险中所称的伤害，是指生理上的伤害，对身体的伤害，而不是指精神上、权利上的侵害。

（3）侵害事实。侵害事实即致害物以一定的方式破坏性地接触、作用于被保险人身体的客观事实。如果致害物没有接触或作用于被保险人的身体，就不能构成伤害。

侵害方式一般分为以下 15 种。

1）碰撞（包括人撞固定物体、运动物体撞人、互撞）；

2）撞击（包括落下物撞击、飞来物撞击）；

3）坠落（包括在高处坠落到平地上、由平地坠落到井、坑洞里）；

4）跌倒；

5）坍塌；

6）淹溺；

7）灼烫；

8）火灾；

9）辐射；

10）爆炸；

11）中毒（包括吸入有毒气体、皮肤吸收有毒物质、有毒物质经口进入体内）；

12）触电；

13）接触（包括接触高低温环境、接触高低温物体）；

14）掩埋；

15）倾覆。

3. 造成意外伤害的意外情况

意外的意思是料想不到，以及意料之外或指意料之外的不幸事件，例如意外消息、意外情况、意外死亡。从词义上讲，意外是指突然发生的、事先没有预见到的、外来的、违背当事人主观意愿的事件。

意外伤害是指因意外导致身体受到伤害、财产遭受损失的事件，是由外来的、突发的、非本意的、非疾病的使身体造成损伤、财产遭受损失的客观事实。从保险上讲，意外伤害的发生，违背了被保险人的主观意愿。

意外是针对被保险人的主观状态而言，意外的发生有几种不同的情况。

(1) 被保险人事先没有预见到伤害发生的两种情况

第一，伤害的发生是被保险人事先所不能预见或无法预见的。例如，被保险人乘坐的汽车在行驶过程中因发生故障而毁坏，使被保险人遭受伤害。因被保险人在汽车行驶过程之前、之中无法预知事故的发生，所以伤害属于意外。再如，被保险人从住宅区经过时，被高楼上掉下的花盆砸伤。因被保险人事先不能预见到行至此处时将有花盆落下，所以，人身意外伤害和健康保险伤害属于意外。

第二，伤害的发生是被保险人事先能够预见到的，但由于被保险人的疏忽而没有预见到。例如，被保险人是一名汽车司机，在给汽车加油时，违反规定点燃香烟，由此而引发了火灾。如果被保险人具有足够的警惕性，应该能够知道在加油区吸烟的危险性。但是，被保险人由于疏忽，使用火种，引燃了汽油又烧伤了自己，这是由于被保险人的疏忽而没有预见到。再如，在停电时，被保险人未切断电源就动手修理线路。被保险人应该预见到，随时可能恢复供电使自己触电，但被保险人根据以前的经验，以为需要很长时间才能恢复供电，结果不久恢复供电时被保险人触电死亡。被保险人不能预见的伤害，或被保险人能够预见但由于疏忽而没有预见到的伤害，应该是偶然发生的事件或突然发生的事件。

偶然发生的事件是相对于必然发生的事件而言，指在通常情况下不会发生的事件。正是由于其在通常情况下不会发生所以被保险人才没有预见到。如果是必然发生或几乎必然发生的事件，被保险人就应该已经预见到，它的发生就不属于意外。例如，一人被狂犬咬伤，另一人被蚊虫叮咬，两人虽然都是受到生物的侵害，但前者属于意外伤害，后者不属于意外伤害。因为，一般来说，被狂犬咬伤是偶然发生的事件，被保险人事先是预见不到的。而在一定的地区、一定的季节，被蚊虫叮咬几乎是必然要发生的事件，被保险人事先应该已经预见到。另外，通常蚊虫叮咬未能达到剧烈的程度。

分析中暑和冻伤的不同状况，它们是由于气温过高或过低造成的。如果当时的气温与该地区历年同期的气温相差不多，那么被保险人中暑或是被冻伤就不属于意外，因为这是出现这样高或这样低的气温必然发生的事件，被保险人应该已经预见到。如果当时的气温与该地区历年同期的气温有明显的差异，那么被保险人中暑或被冻伤属于意外，因为出现这样高或这样低的气温是偶然发生的事件，被保险人事先不能预见。

突然发生的事件是相对于缓慢发生的事件而言，指伤害的事实是在很短时间内发生的，正是由于伤害事件发生得突然，所以被保险人没有预见到。如果伤害是在较长时期内缓慢发生的，那么被保险人就应该已经预见到。例如在企业生产中，有的员工需要长期接触汞，长期接触汞的人发生汞中毒，长期接触粉尘的人发生尘肺，虽然都是外来致害物对人体的侵害，但由于伤害是在较长时期内缓慢发生的，被保险人应该预见到，所以不属于意外伤害。

（2）伤害的发生违背被保险人的主观意愿的两种情况

第一，被保险人预见到伤害即将发生时，在技术上已不能采取措施避免。例如，一艘客轮在行驶过程中，发生触礁进水，旅客虽然已知客轮即将沉没，客轮的沉没意味着旅客被淹溺；一艘在海上从事捕捞作业的渔船，忽遇暴风雨袭击，船员虽然明知渔船不能抵御这样大的暴风雨，渔船的倾覆将使自己淹溺，但因附近没有避风港，也就不能采取有效措施使自己免遭淹溺。

第二，被保险人已预见到伤害即将发生，在技术上也可以采取措施避免，但由于法律或职责上的规定，不能躲避。例如，一名民警看见一名歹徒行凶抢劫，如果躲避会避免自身的伤害，但是民警负有保卫人民生命财产的义务，民警挺身与歹徒搏斗，民警在与歹徒搏斗中受伤，应该属于意外伤害。应该说明的是，如果一名歹徒持凶器抢劫银行，银行职工拒不交出现金被歹徒刺伤，应属于意外伤害。同样的道理，一个工厂失火，职工如躲避则可免遭烧伤，但职工负有保护国家或集体财产的义务，职工在救火中被烧伤，则属于意外伤害。

4. 对意外伤害情况的分析

应该指出的是，凡是被保险人的故意行为使自己身体所受的伤害，均不属于意外伤害。故意分为积极故意和消极故意。积极故意是指被保险人明知自己的行为会使自己的身体受到伤害，并且希望遭受伤害而积极采取措施促成伤害的发生。如被保险人自杀、自伤身体等。消极故意是指被保险人已经预见到自己将会遭受伤害，而且也能够采取措施避免，但由于被保险人主观上希望自己遭受伤害而不采取措施避免，任其发生。如被保险人看到迎面有汽车驶来而不躲避。

被保险人故意使自己遭受伤害，与被保险人已经预见到伤害即将发生，但由于法律或责任上的规定不能躲避，性质是完全不同的。前者，被保险人主观上希望伤害发生，亦即伤害的发生并不违背其主观意愿，因而不属意外；后者，被保险人主观上并不希望自己遭受伤害，只是由于法律或职责上的规定不能躲避，伤害的发生违背其主观意愿，因而属于意外。

意外和故意是互相排斥的。如果伤害的发生属于意外，就必然不属于故意；反之，如果伤害的发生是被保险人的故意行为造成的，就必然不属于意外。但是，意外和故意并不构成一个完备事件组，即某些伤害既不属于意外，也不属于故意。如蚊虫叮咬、尘肺、汞中毒等。这些伤害虽然不是被保险人的故意行为造成的（因为被保险人主观上并不希望其发生），但这些伤害又是在一定条件下必然或几乎必然发生的，被保险人应该已经预见到，也不属于意外。另外，精神病患者或当人神志不清不能自控时的行为，是因为疾病所致，同样不属于意外。所以，当伤害不属于意外时，并不必然属于故意；反之，当伤害不属于故意时，也并不必然属于意外。

5. 意外伤害构成的两个必要条件

意外伤害的构成包括意外和伤害两个必要条件。仅有主观上的意外而无伤害的客观事实，不能构成意外伤害；反之，仅有伤害的客观事实而无主观上的意外，也不能构成意外伤害。只有在意外的条件下发生伤害，才构成意外伤害。因此，意外伤害的定义可以表述为：在被保险人没有预见到或违背被保险人主观意愿的情况下，突然发生的外来致害物明显、剧烈地侵害被保险人身体的客观事实。

如果由于法律或职责上的规定，被保险人不能躲避，那么就构成意外伤害。如果法律或职责上没有关于被保险人不能躲避的规定，被保险人能够采取措施避免而不采取措施，就不构成意外伤害。如果被保险人虽然在法律和职责上没有义务，但被保险人为了保卫国家利益、保护国家或集体财产、抢救他人生命而甘冒风险，遭受伤害，仍应视为意外伤害。

目前常见保险条款对意外伤害释义可表述为：意外伤害是指以外来的、突发的、非本意的、非疾病的客观事件为直接且单独的原因致使身体受到的伤害。

应当指出的是，现时条款释义虽未有“剧烈的”限定词，而意外伤害理赔中未达保险公司规定的伤残标准中的伤残程度是免责的，因而事实上仍包含有“剧烈的”意义。

二、意外伤害保险的特征

1. 意外伤害保险的定义和基本内容

意外伤害保险的定义可以表述为：意外伤害保险是以被保险人因遭受意外伤害造成死亡、残疾、支出医疗费、暂时丧失劳动能力为给付保险金条件的保险业务。

这一定义揭示了意外伤害保险与人寿保险、健康保险的区别在于：其保险责任是意外伤害造成的死亡、残疾、支出医疗费或暂时丧失劳动能力。其他原因（如疾病、生育等）造成的死亡、残疾、支出医疗费或暂时丧失劳动能力，不属于意外伤害保险的保险责任。

意外伤害造成的其他损失（如失业、被保险人对他人的民事赔偿责任等），也不属于意外伤害保险的保险责任。

意外伤害保险的基本内容是：投保人向保险人缴纳一定量的保险费，如果被保险人在保险期限内遭受意外伤害并以此为直接原因或近因，在自遭受意外伤害之日起的一定时期内造成的死亡、残疾、支出医疗费或暂时丧失劳动能力，则保险人给付被保险人或其受益人一定量的保险金。

2. 意外伤害保险的特点

意外伤害保险有自身的特点，它与健康保险、人寿保险相比较，有着明显的区别。

（1）意外伤害保险与健康保险区别

意外伤害保险与健康保险通常属于一大险类，《中华人民共和国保险法》以保险标的为分类依据，将整个保险分为财产保险和人身保险，而意外伤害保险与健康保险同属于人身保险，它们的保险标的同为人的生命和身体。意外伤害与医疗、疾病保险既在保险标的、保险利益的认定等方面与人寿保险相似，又在保险期限、费率厘定等方面与财产保险基本相同，兼备价值补偿性保险和保险金给付性保险的某些特征，所以保险业界称之为“第三领域”。同时，意外伤害保险与健康保险在保险责任期限、定残期限等方面，也有许多相同之处。

（2）意外伤害保险与人寿保险的区别

意外伤害保险与人寿保险的区别：一是保险期限的不同。意外伤害保险属于纯短期险种，而人寿保险为长期性保险。这是由于其承担风险的特性不同。因此在实务分类时意外伤害保险归于短期险类，人寿保险归于长期险类。它们在保险公司业务管理、责任准备金计提等方面有较大区别。二是保险费率计算依据不同。人寿保险纯费率的计算以生命表为基础，而意外伤害保险与财产保险相似，以风险事故的发生率、损失率为基础。以医疗保险为例，它在依据患病率、发病率、平均费用率基础上，还需考虑年龄、平均人次、物价上涨等因素，一般还需参照历史的资料和经验来拟定，因而费率测算难度大，存在一定的差异性。

3. 意外伤害保险的特征

意外伤害保险的特征主要体现在以下几个方面。

（1）大多为标准的可保风险，技术构造与财产保险相似。保险承保的风险必须是纯粹的风险（只有损失可能，而无获利机会）；必须具有不确定性；必须使大量同质标的有遭受损失的可能；必须发生的是一定程度上的损失（不能太大，超出保险人的承保能力，也不能太小，失去承保意义）；不能使大多数的保险对象同时遭受损失；必须具有现实的可测性。另外，意外伤害保险的保险期、费率计算、责任保险金计提等均有别于人身保险，而与财产保险相似。这种保险承保的风险，是发生重大损失的可能性较大、遭受重大损失的机会较小的事件。意外伤害保险通常如此，多有可以预期的死差益。

（2）承保条件较为宽松，适合多种渠道和便捷方式销售。由于承保的宽松性，也使得直复式或自助式销售保单成为必要，并且可行。意外伤害保险的费率往往较低，个单交费有限，若采用代理式或营销员登门营销式销单，势必加大销售成本，增加客户负担或影响保险企业的竞争力。直复式或自助式销售是指被保险方可通过信函、网上点击、电话购买、自动保单销售机、IC卡等方式向保险员直接购买意外伤害保险，特别是那些短期的只对从事单一活动的意外伤害保险更适合采用这种销售与消费方式，既方便购买，又降低成本，是双赢的好方法。

（3）核赔复杂，技术难度大。意外伤害保险核赔涉及法律、医学、伤残鉴定等多学科知识，责任事件原因认定往往与疾病因素、人身伤害责任因素、本意因素等纠缠不清，不能完全以近因解释。保险理赔讲事实，重证据，出现纠纷，保险方负有举证责任，而某些时候保险人即便推断合理也难以获取确凿的证据，技术难度相当大。因此核赔人员需有广泛的学科知识、丰富的实践经验、严谨的工作态度和综合的办事能力。

4. 意外伤害保险与人身伤害责任保险的差别

意外伤害保险和人身伤害责任保险都是在发生人身伤亡事故时给付或赔偿保险金，实务中，保险责任事故易于混淆。人身伤害责任保险是责任保险的一种，属于广义的财产保险，它是指承保投保人造成他人人身伤害引起民事赔偿责任的责任保险。即当由于投保人的疏忽、过失造成他人人身伤害，依照法律或合同的规定应由投保人对他人承担民事赔偿责任时，保险人补偿投保人由此造成的损失。

意外伤害保险和人身伤害责任保险在性质、合同主体、保险标的、保险责任、保障对象、赔偿方式、保险金额的确定等方面均有区别。这种区别主要体现在以下几个方面。

（1）在合同主体方面

意外伤害保险合同的投保人和被保险人可以是同一主体，也可以分离为两个不同的主体。投保人可以是自然人，也可以是法人，被保险人则只能是自然人。意外伤害保险合同的被保险人是有可能成为受害人的人，即有可能遭受意外伤害的人。意外伤害保险合同还需要指定受益人。

人身伤害责任保险合同的投保人和被保险人是同一主体，既可以是自然人，也可以是法人，不需要指定受益人。人身伤害责任保险合同的被保险人是有可能成为致害人的人，即有可能造成他人人身伤害的人。

（2）在保险标的方面

意外伤害保险的保险标的是被保险人的生命或身体，人身伤害责任保险的保险标的是被保险人对他人的民事赔偿责任。

(3) 在保险责任方面

在意外伤害保险中，只要被保险人遭受意外伤害造成死亡、残疾、支出医疗费、暂时不能工作，就构成保险责任。保险人就要给付保险金。

在人身伤害责任保险中，只有依据法律或合同的规定，被保险人应对受害人承担民事赔偿责任的，才构成保险责任，保险人才支付赔款。

例如，在公路旅客意外伤害保险中，只要旅客所受伤害不是由本人的故意行为、犯罪行为等除外责任中所列原因造成的，保险人都要给付保险金，亦即不可抗力和本人过失造成的伤害，保险人也要负责。而在客运承运人责任保险（属人身伤害责任险）中，如果旅客受伤害是由于不可抗力、本人过失造成的，则承运人（即被保险人）不承担民事赔偿责任，保险人当然也就不支付赔偿款。

(4) 在保障对象方面

意外伤害保险的保障对象只是作为受害人的被保险人，并不保障致害人。因此如果被保险人所受伤害是由于第三方（致害人）造成的，那么保险人给付保险金以后，致害人仍需对被保险人承担民事赔偿责任。

人身伤害责任保险的保障对象既包括作为致害人的被保险人，也包括受害人（第三方），因为：第一，被保险人投保人身伤害责任保险后，被保险人对受害人的民事赔偿责任可由保险人承担，被保险人可以不因此而受损失；第二，被保险人如果不投保人身伤害责任保险，而没有能力赔偿受害人，受害人就得不到赔偿。被保险人投保人身伤害责任保险以后，其对受害人的赔偿责任由保险人承担，可以保障受害人得到赔偿。

(5) 在赔偿方式方面

在意外伤害保险中，除医疗费给付可以采用补偿式给付（即按被保险人实际支出的医疗费给付医疗保险金，但以不超过保险金额为限）以外，其余均采用定额给付方式，即按保险合同中约定的金额给付保险金，而不问被保险人的实际损失是多少。

人身伤害责任保险均采用补偿式给付，保险人只是在保险金额的限度以内补偿被保险人（致害人）的实际损失，即被保险人对受害人应负的赔偿责任是多少，保险人就支付多少赔款。由于受害人不是人身伤害责任保险的当事人，不受合同约束，所以被保险人对受害人的赔偿责任不能由保险合同规定，而应由法律或被保险人与受害人之间的合同规定。我国《民法通则》中规定：“侵害公民身体造成伤害的，应当赔偿医疗费、因误工减少的收入、残废者生活补助费等费用；造成死亡的，并应当支付丧葬费、死者生前扶养的人必要的生活费等费用。”受害人要求被保险人赔偿上述费用的金额，并不以保险合同中的保险金额为限，除非法律或被保险人与受害人之间的合同中有关于赔偿限额的规定，上述赔偿并无最高限额，而且会由于受害人的年龄、收入水平、家庭扶养人口数的不同而有所不同。

（6）在保险金额的确定方面

在意外伤害保险合同中，必须规定保险金额，被保险人或其受益人从保险公司领取的保险金不可能超过保险金额。

人身伤害责任保险合同既可以规定保险金额，也可以不规定保险金额，即保额无限。在不规定保险金额时，被保险人对受害人的民事赔偿责任，可以全部由保险人承担。在规定有保险金额时，保险人只承担被保险人对受害人的民事赔偿责任中不超过保险金额的部分，超过保险金额的部分由被保险人自行承担。

（7）在保险的性质方面

按照我国的分类，意外伤害保险与人寿保险、健康保险同属于人身保险类，人身伤害责任保险属于责任保险的一种，与财产保险、农业保险、信用保险、保证保险同属于财产保险类。

按照西方国家对保险的分类方法，意外伤害保险与人身伤害责任保险同属于意外保险，意外保险与火灾保险、海上保险同属于非寿险。

三、意外伤害保险的分类

意外伤害保险按保险责任、投保动因、承保方式、保险期限、保险危险、险种结构、是否具有储蓄性、是否出立保险单等方面的不同，可有不同的分类。

1. 按保险责任分类

按照保险责任的不同，意外伤害保险可以分为以下三种。

（1）意外伤害死亡残疾保险。其保险责任是，当被保险人由于遭受意外伤害造成的死亡或残疾时，给付死亡保险金或残疾保险金。

（2）意外伤害医疗保险。其保险责任是，当被保险人由于遭受意外伤害需要治疗时，给付医疗保险金。

（3）意外伤害停工保险。其保险责任是，当被保险人由于遭受意外伤害暂时丧失劳动能力不能工作时，给付停工保险金。

2. 按投保动因分类

按照投保动因的不同，意外伤害保险可以分为以下两种。

（1）自愿意外伤害保险。该保险是投保人和保险人在自愿基础上通过平等协商订立保险合同的意外伤害保险。投保人可以选择是否投保以及向哪家保险公司投保，保险人也可以选择是否承保，只有双方意愿表示一致时才订立保险合同，确立双方的权利和义务。

(2) 强制意外伤害保险。该保险又称法定意外伤害保险，即国家机关通过颁布法律、行政法规、地方性法规强制施行的意外伤害保险，凡属法律、行政法规、地方性法规所规定的强制施行范围内的人，必须投保，没有选择的余地。有的强制意外伤害保险还规定必须向哪家保险公司投保，在这种情况下，该保险公司也必须承保，没有选择的余地。

在一般情况下，意外伤害保险应以自愿为原则，只有在某些确有必要的特殊情况下，才以强制方式施行。从实践上看，在意外伤害保险中，绝大部分是自愿意外伤害保险，强制意外伤害保险所占的比重很小。

3. 按承保方式分类

按照承保方式的不同，意外伤害保险可以分为以下两种。

(1) 个人意外伤害保险。该保险即单个被保险人向保险公司办理投保手续，一张保险单只承保一名被保险人的意外伤害保险。

(2) 团体意外伤害保险。该保险即一个团体内的全部或大部分成员集体向保险公司办理投保手续，以一张保单承保的意外伤害保险。团体指投保前已存在的机关、学校、社会团体、企业、事业单位等，而不是为了投保而结成的团体。

与个人意外伤害保险相比，团体意外伤害保险具有简化手续、节省费用，能有效地防止逆选择等优越性，所以，在保险责任相同的条件下，团体意外伤害保险的费率要比个人意外伤害保险的费率低。

4. 按保险危险分类

按照保险危险的不同，意外伤害保险可以分为以下两种。

(1) 普通意外伤害保险。该保险所承保的保险危险是在保险期限内发生的各种意外伤害（不可保意外伤害除外，特约保意外伤害视有无特别约定）。目前开办的多数一年期意外伤害保险，均属普通意外伤害保险。

(2) 特定意外伤害保险。该保险是以特定时间、特定地点或特定原因发生的意外伤害为保险危险的意外伤害保险。如保险危险只限定于在建筑工地上发生的意外伤害、在驾驶机动车辆中发生的意外伤害、煤气罐爆炸发生的意外伤害等。

5. 按保险期限分类

按照保险期长短的不同，意外伤害保险可以分为以下三种。

(1) 一年期意外伤害保险。该保险即保险期限为一年的意外伤害保险业务。在意外伤害保险中，一年期意外伤害保险一般较普遍。

（2）极短期意外伤害保险。该保险是保险期限不足一年，往往只有几天、几小时甚至更短的意外伤害保险。我国目前开办的公路旅游意外伤害保险、旅游保险、索道游客意外伤害保险等，均属极短期意外伤害保险。

（3）多年期意外伤害保险。该保险是保险期限超过一年的意外伤害保险。保险期限可以是三年、五年。

把意外伤害保险分为一年期、极短期、多年期的意义在于，不同的保险期限，计算未到期责任准备金的方法不同。

6. 按险种结构分类

按照险种结构的不同，意外伤害保险可以分为以下两种。

（1）单纯意外伤害保险。该保险一张保险单所承保的保险责任只限于意外伤害。如驾驶员意外伤害保险属于单纯意外伤害保险。

（2）附加意外伤害保险。此种保险包括两种情况：一是其他保险附加意外伤害保险，另一种意外伤害保险附加其他保险责任。

由于意外伤害保险保障大、收费少，并且保险标的与人寿保险相同，所以，人寿保险附加意外伤害保险的做法比较通行。

7. 按保险条款拟定方式分类

按照保险条款拟定方式的不同，意外伤害保险可以分为以下两种。

（1）标准条款意外伤害保险。该保险是保险公司考虑不特定的多数投保人的需求，事先单方面拟定保险条款并印有保险单供投保人选择投保的意外伤害保险。个人意外伤害保险绝大多数属此种保险。

（2）非标准条款意外伤害保险。该保险亦称特约意外伤害保险，即保险人与个别投保人进行协商取得一致意见后再拟定保险条款的意外伤害保险。

在办理意外伤害保险业务时，应首先考虑采用标准条款，必要时可出具批单或加批特别约定修改标准条款的部分内容。一般说来，只有当标准条款不能满足投保人的特殊需求时，才需要拟定非标准条款。

在意外伤害保险业务中，标准条款意外伤害保险占绝大部分。

8. 按是否具有储蓄性分类

按照是否具有储蓄性，意外伤害保险可以分为以下两种。

（1）非储蓄型意外伤害保险。其特点是，投保人缴纳保险费以后，无论是否发生保险金给付，保险费均不再返还给投保人。我国目前开办的意外伤害保险，绝大多数是非储蓄型意外伤害保险。

（2）储蓄型意外伤害保险。其特点是投保人不缴纳保险费，只缴纳保险储金，以储金所生利息为保险费，保险期限结束时，无论是否发生过保险金给付，保险人均把保险储金返还给投保人。目前银行保险有储蓄型意外伤害保险，满期还本。

9. 按是否出立保险单分类

按照是否出立保险单，意外伤害保险可以分为以下两种。

（1）出单意外伤害保险。该保险是承保时必须出立保险单的意外伤害保险。多年期和一年期意外伤害保险均须出立保险单，如团体人身意外伤害保险。

（2）不出单意外伤害保险。该保险是承保时不出立保险单，以其他有关凭证为保险凭证的意外伤害保险。不出单意外伤害保险多为极短期意外伤害保险。例如，公路旅客意外伤害保险以车票为保险凭证，游泳场意外伤害保险以游泳场入场券为保险凭证等。

四、意外伤害保险的保险费计算

1. 保险费的概念

保险费是被保险方为获得保险保障向保险人支付的代价。如果把保险理解为一种商品，那么，保险费就是保险商品的价格。与一般商品一样，保险商品的价格以其价值为基础，由于受市场供求关系的影响和竞争因素的影响，价格围绕价值波动。一般在不够成熟的市场环境下，保险商品的价格波动幅度相对大一些，这也是由于保险商品的特殊性使然。

与一般商品一样，保险商品的价值由成本和利润构成。保险商品的成本主要包括两项：第一，保险公司支出的赔款和保险金；第二，保险公司的营业费用开支，包括保险职工的劳动报酬、固定资产折旧、代理手续费、宣传广告费、办公费、理赔勘察费、单证印刷费等。

与一般商品不同的是，一般商品成本发生于交换之前，随着商品的交换，商品的价值得到实现，商品价值中包含的利润也得到实现，而保险商品的成本发生于交换之后。计算保险费，相当于制定保险的价格。这一价格的制定不是根据已经发生的成本加上平均利润，而是根据预期的成本加上平均利润。而预期的成本的估计又必须依据以前的有关统计资料进行。

保险费是由被保险方缴纳的，保险费的绝大部分又将用于对发生保险事故的被保险方的给付。因此，科学、准确、合理地计算保险费，关系到保险人和被保险人双方的利益。如果保险费过高，虽然可以增加保险公司的利润，但有损于众多被保险人的利益；如果保险费过低，就会使保险公司亏损，虽然这对广大的被保险人有利，但保险公司亏损严重时将无法履行偿付义务，也有损于被保险人的利益。合理地计算保险费的原则应该是：使保险公司从收入中扣除成本后，仍能获得平均利润。

2. 保险费的构成

保险费由净保费和附加保费两部分构成。保险费又称营业保费、毛保费。净保费又称纯保费、危险保费。保险公司收取的净保费用于发生保险事故时的保险金给付，保险公司收取的附加保费用于保险公司的营业费用开支和形成保险公司的利润。

3. 制定保险费率的原则

制定保险费率的原则主要有：

(1) 公平合理的原则。保险费率的制定均是建立在公平原则之上的，只是在以医疗保险为代表的健康保险费率测算时有其特殊难度，影响计价的因素较多，基础风险在一定程度上具有不可测量性，尤其在制定健康保险费中要十分注重公平合理原则。

(2) 保证偿付能力原则。保险费率制定首先考虑的是收支平衡，通常在此基础上考虑合理的利润。健康保险风险的特性，尤其表现在医疗费用性保险上，其赔付率往往较高，因此更强调保证偿付能力原则。

4. 意外伤害保险费的计收和缴纳方式

(1) 意外伤害保险费的计收方式

意外伤害保险费的计收方式主要有以下三种。

第一，按保险金额的一定比率计收。保险费与保险金额的比率称保险费率。如保险费率为4‰，表示每千元保险金额收保险费4元。按照这种计收方式，保险费随保险金额的增长成正比率计收。

第二，按有关收费金额的一定比率计收。保险费与有关收费金额的比率亦称保险费率。例如，某旅客意外伤害保险，保险费按票价的1%计收。

第三，按约定的金额计收。如某旅游意外伤害保险，规定每人每天收保险费5角等。

一年期意外伤害保险，一般均采用按保险金额的一定比率计收保险费。极短期意外伤害保险，大多采用按有关收费金额的一定比率或按约定的金额计收保险费。

(2) 意外伤害保险费的缴纳方式

意外伤害保险费的缴纳方式包括以下两种。

第一，投保时一次缴清。极短期意外伤害保险和个人投保的一年期意外伤害保险，均采用投保时一次缴清保险费的方式。团体投保的一年期意外伤害保险，一般也采用投保时一次缴清保险费的方式。

第二，分期交付。分期交付即在保险期限内分几次交付。例如可以每半年缴纳一次，每季度缴纳一次等。分期交付保险费的方式，只有在团体投保的一年期业务中才采用。这是因为，在意外伤害保险中，虽然每个被保险人缴纳的保险费数额很少，但是当被保险人的人数较多时，缴纳的保险费总额就较多，当投保单位一次支付较多的保险费有困难时，就可以与保险公司约定分期缴纳。

五、意外伤害的团体保险

1. 团体保险的特点

团体保险是以一张保单为某一团体的所有成员或其中的大部分成员提供保障的保险。如为其成员因疾病、伤残、死亡以及离职退休等原因提供补助医疗费用、给付抚恤金和养老保障计划等。

团体保险最显著的特点就是用对团体的风险选择来取代对个人的风险选择。对保险人而言，个人保险的风险选择对象基于个人。出于公平对待保户、保证自身偿付能力的考虑，保险人总是要对被保险人的个人及其风险状况做出小心谨慎的判断。通常需要考虑的因素有：年龄、性别、职业、健康状况、病史、居住地和财务情况等。

自从20世纪初第一个现代的团体保险计划面世以来，团体保险的发展势头十分迅猛。目前，美国大约有40%的人寿保险业务、加拿大有50%以上的人寿保险业务都属于团体保险业务。美国和加拿大的大部分补充医疗保险也属于团体保险。团体保险业务在我国寿险公司中的占比也是比较高的。

2. 团体保险的优越性

团体保险之所以能得到迅速的发展，是由于其与个人保险相比具有明显优越性。

（1）低成本、高保障。对于保险人来说，团体保险的经营成本通常会低于个人保险。主要原因在于：一是单证印制和管理成本低。团体保险采取用一张总保单承保一个群体的做法，节省了大量的单证印制成本和管理成本。二是佣金比例较低。许多大型的团体投保人常常直接与保险人洽谈，免除了佣金支出，降低了保险公司的经营成本。三是核保成本低。团体中参保人员占该团体全体员工的比例较高，意味着逆选择的风险较小，体检和其他一些核保要求可以免除，节约了保险公司的体检费用。由于许多国家对团体保险的保费支出以及保险金都有一定的税收优惠，因此对于团体保险的购买者，如雇主、雇员来说，除了享受低费率外，还有效地降低了自身的税务负担。

（2）保险计划具有灵活性。在个人保险合同中，保险人事先拟定合同的主要内容，投保人只能表示同意或不同意，即个人保险合同具有附和性特征。而对于团体保险，特别是当投保团体的规模较大时，投保人可以就保单条款的设计和合同内容的制定与保险人进行灵活协商。当然，团体保险单也应遵循一定的格式，包括一些特定的标准条款，但与个人保险合同相比，其灵活性是明显的。

3. 团体保险的条件

团体保险不要求团体成员提交可保证明。为了保证团体保险承保质量和保险公司的财务稳定性，团体保险的承保必须满足以下要求。

（1）投保团体必须是正式的法人组织，有其特定的业务活动，并能独立核算。如果投保团体是为了投保团体保险这一特定目的而建立的，则团体成员中健康状况不好的人所占的比例会非常大，即逆选择风险大，保险公司的赔付风险就会大幅度增加。

（2）团体保险中的被保险人是能够参加正常工作的在职员工。退休职工、病休职工、临时工一般不能成为团体保险的被保险人。这种资格规定保障了承保对象总体是平均的健康水平，从而在很大程度上消除了逆选择的影响。

（3）保险金额不能由企业和员工任意选择。团体保险对每个被保险人的保险金额按照统一的标准确定。

（4）对团体保险参保人数的限制。例如，对参加团体保险的员工人数规定一个最低比例，如果保费是由雇主缴纳的，那么全部员工必须都参加；如果保费是雇主和员工共同缴纳的，那么全部合格员工参加团体保险的比例应达到75%。

4. 团体意外伤害保险

团体意外伤害保险是团体保险最早的形式之一。它是指以团体或其雇主作为投保人，当被保险人遭遇意外伤害导致死亡或残疾时，由保险人负责给付死亡保险金或残疾保险金的一种团体保险。其保险责任、给付方式与个人意外伤害保险基本相同。

与人寿保险和健康保险相比，意外伤害保险是最有条件、最适合采用团体方式投保的一类保险。其原因在于，人寿保险和健康保险的保险费率都和被保险人的年龄有关，而意外伤害保险的保险费率则不然，它主要取决于被保险人的职业。在一个团体内部，通常团体成员从事的工作风险性质大致相同，可以采用相同的费率，而且意外伤害保险的保险期间多是一年期或更短。

5. 团体保险的特殊条款

团体保险的特征决定了团体保险合同必须专门设计一些特殊条款，以确保降低团体或其成员的逆选择程度，提高团体经验数据的可靠性，有效控制经营风险和保证团体保险的经营稳定性。

（1）团体最低投保人数及比例条款。在团体保险的实务中，往往对投保团体保险的最低投保员工人数及投保比例有一定的规定。其原因有两个方面：一是团体保险是以团体作为投保人，通过减少管理费用来降低附加费用，从而达到降低保险费的目的，所以人数的多少自然有一定的影响。通常团体规模越大，每一被保险人所分摊的费用就越少。二是为了防止逆选择，避免投保团体因逆选择而变成次标准体。

对团体人数的规定一般为5人以上，如果人数较少，一般要求团体内100%的人都投保；如果人数较多，一般要求团体内成员投保者应达到一定比例（如75%～80%）。如我国寿险公司规定，投保团体保险的员工比例不得低于75%，且绝对人数不少于8人。

（2）个人适保资格认定条款。团体保险虽然不对单个成员进行保险选择，但是为了合理地控制理赔成本和管理费用，防止逆选择，通常对团体成员的参保资格也有一定的限制。一般而言，在雇主为雇员提供团体保险的情况下，通常规定正式的、现职的、全职的且工作时数不少于每周正常工作时数的员工才符合参加团体保险的资格。原因在于，这些员工往往健康状况较好，工作与生活较为稳定，流动率较低。

（3）保险金额确定方式条款。为了防止逆选择，团体保险的保险金额通常按照统一的标准确定。具体确定方式有：整个团体的所有被保险人的保险金额相同；按照被保险人的工资水平、职位和服务年限等标准，为每个被保险人确定不同的保险金额。

（4）最低及最高保额限定条款。不管使用的保险计划如何，合同条款通常会维持某一保额，以保证整个团体保险金额总额的一致性。因此，保险公司通常都有最高和最低的保额限制。

（5）合同转换权利条款。该条款规定，被保险人可以在某些条件下将团体保险转换为个人保险以继续享有保障，而无须提出可保证明。通常，被保险员工必须在劳动关系终止后的一段时间内将团体保险转化为有现金价值的个人保单，并按其年龄对应的标准费率计算保费。

团体保险合同的死亡给付，在员工离开团体后的转换期间（通常为一个月）内仍继续有效；如果员工在该期间内死亡，团体保险单仍应支付死亡给付，并退还所有支付转换保单的保费。

（6）保障维持期间条款。当保险对于参加团体保险的特定员工产生效力时，只要该员工继续为雇主服务，其保障就会继续有效。团体保险的主保单通常也为短暂停止工作的员工提供继续缴纳保费的权利，如果员工永久停止服务，则员工的保障将在停止工作后的一段时间后终止。

此项保障维持期间条款使员工有机会将到期的团体保险转化为个人保险，或是到其他企业工作时仍可获得保障。

第三节　意外伤害保险险种介绍

近年来，我国保险业迅速发展，其中意外伤害保险也得到了迅速发展，这对于保障社会稳定，促进经济发展起到了积极的作用。意外伤害保险的重要意义，就在于为人们的生活提供了一种保障，让人们可以更加安心地生活，当真正发生意外事件的时候，能够在经济上予以补偿和帮助，顺利渡过难关，不会使被保险人陷入窘迫的境地。意外伤害保险的险种很多，如交通意外伤害保险、航空旅客人身意外伤害年度保险、机动车驾驶人员意外伤害保险、出境人员意外伤害保险、乘客意外伤害保险、住宿旅客意外伤害保险、娱乐场所人身意外伤害保险，以及学生、幼儿意外伤害保险等。

对于企业来讲，主要有人身意外伤害综合保险、人身意外伤害保险、附加意外伤害医疗费用保险、团体人身意外伤害保险等，企业可以从中进行选择。在此，主要选取有代表性的三款意外伤害保险进行介绍，即个人意外伤害保险、附加意外伤害医疗保险、团体人身意外伤害保险。

还需要注意的是，从 2014 年 1 月 1 日起，由中国保险行业协会联合中国法医学会共同发布的新版《人身保险伤残评定标准》（以下简称《伤残标准》）正式实施。与旧标准相比，新标准大幅扩展了意外伤害保险的保障范围，新标准实施后，意外伤害险的赔偿范围由 34 项增至 281 项。由于保障范围扩大，部分保险公司新意外险产品的保费出现不同程度的上涨，有保险公司的意外险新产品费率在原来的基础上上涨了 50%。

一、个人意外伤害保险合同参考样式

在个人意外伤害保险的实际业务中，各保险公司所制定的个人意外伤害保险合同有不同的规定和要求，因此，此处所介绍的个人意外伤害保险合同条款只是作为参考。

保险合同的构成

第一条　本保险合同由保险条款、投保单、保险单、批单和特别约定组成。凡涉及本保险合同的约定，均应采用书面形式。

投保范围

第二条　年满 16 周岁至 65 周岁、身体健康、能正常工作或正常劳动的自然人，可作为本保险合同的被保险人。

被保险人本人、对被保险人有保险利益的其他人可作为投保人。

保险责任

第三条 在保险期间内，被保险人因遭受意外伤害而致身故、残疾或烧伤的，保险人依照下列约定给付保险金：

1. 被保险人自意外伤害事故发生之日起 180 日内，因同一原因身故的，保险人按保险单上所载的人身意外伤害保险金额给付意外身故保险金，对该被保险人的保险责任终止。

被保险人身故前已领有本条第一款、第二款的保险金的，身故保险金为保险金额扣除已给付保险金后的余额。

2. 被保险人因遭受意外伤害事故，并自事故发生之日起 180 日内因同一原因造成本保险合同所附“人身保险残疾程度与保险金给付比例表”（以下简称“给付表一”）（略）所列残疾程度之一者，保险人按该表所列给付比例乘以保险金额给付残疾保险金。如治疗仍未结束的，按第 180 日的身体情况进行残疾鉴定，并据此给付残疾保险金。

（1）被保险人因同一意外伤害事故导致“给付表一”一项以上残疾时，本保险人给付各项残疾保险金之和。但不同残疾项目属于同一肢时，仅给付其中一项残疾保险金；如残疾项目所对应的给付比例不同时，仅给付其中比例较高一项的残疾保险金。

（2）被保险人本次意外伤害事故所致的残疾，如合并以前因意外伤害事故所致的残疾，可领取“给付表一”所列较严重项目的残疾保险金者，本保险人按较严重的项目给付残疾保险金，但应扣除以前已给付的残疾保险金。

3. 被保险人因遭受意外伤害事故，造成本保险合同所附“意外伤害事故烧伤保险金给付比例表”（以下简称“给付表二”）（略）所列烧伤程度之一者，保险人按该表所对应的烧伤程度及下列约定给付意外伤害烧伤保险金。

（1）被保险人因同一意外伤害事故导致烧伤或残疾的，无论是否发生在身体同一部位，保险人仅按给付金额较高的一项给付保险金。

（2）被保险人因不同意外伤害事故烧伤且发生在身体的同一部位时，保险人给付其中较高一项的烧伤保险金，即后次烧伤保险金的金额较高的，应扣除前次已给付的保险金；前次烧伤保险金的金额较高的，保险人不再给付后次的烧伤保险金。

（3）被保险人因不同意外伤害事故烧伤且发生在身体的不同部位时，保险人给付各项保险金之和，但给付金额总数以保险金额为限。

责任免除

第四条 因下列原因造成被保险人身故、残疾或烧伤的，保险人不承担给付保险金责任：

1. 投保人、被保险人、受益人的故意行为；

2. 因被保险人挑衅或故意行为而导致的打斗、被袭击或被谋杀；

3. 被保险人妊娠、流产、分娩、药物过敏、食物中毒；

4. 被保险人接受整容手术及其他内科、外科手术导致的医疗事故；

5. 被保险人未遵医嘱，私自服用、涂用、注射药物；

6. 被保险人因遭受意外伤害以外的原因失踪而被法院宣告死亡者；

7. 原子能或核能装置所造成的爆炸、污染或辐射。

第五条　被保险人在下列期间遭受伤害以致身故、残疾或烧伤的，保险人也不承担给付保险金责任：

1. 战争、军事行动、暴动、恐怖活动或其他类似的武装叛乱期间；

2. 被保险人因从事非法、犯罪活动期间或被依法拘留、服刑期间；

3. 被保险人因酗酒或受酒精、毒品、管制药物的影响期间；

4. 被保险人酒后驾车、无有效驾驶执照驾驶或驾驶无有效行驶证的机动交通工具期间；

5. 被保险人患有艾滋病或感染艾滋病病毒期间；

6. 被保险人从事潜水、跳伞、攀岩运动、探险活动、武术比赛、摔跤比赛、特技表演、赛马、赛车等高风险的活动期间。

保险金额

第六条　保险金额由投保人、保险人双方约定，并在保险单中载明。保险金额一经确定，中途不得变更。

保险金额是保险人承担给付保险金责任的最高限额。

保险期间

第七条　除另有约定外，保险期间为一年，以保险单载明的起讫时间为准。

保险费

第八条　保险费按年度计算。投保人应在订立合同时一次交清保险费。

投保人、被保险人义务

第九条　投保人应如实填写投保单并回答保险人提出的询问，履行如实告知义务。

投保人故意隐瞒事实，不履行如实告知义务的，保险人有权解除本保险合同，且不退还保险费。对于本保险合同解除前发生的保险事故，保险人不负给付保险金的责任。

投保人因过失未履行如实告知义务并且足以影响保险人决定是否同意承保或者提高保险费率的，保险人有权解除本保险合同；因过失未履行如实告知义务对保险事故发生有严重影响的，并在本保险合同解除前发生的保险事故，保险人不负给付保险金责任，仅按约定退还未满期净保险费。

第十条　保险费交付前发生的保险事故，保险人不承担保险金给付责任。

第十一条　被保险人变更其职业或工种时，投保人或被保险人应在10日内以书面形式通知保险人。

被保险人所变更的职业或工种，依照保险人职业分类，其危险性降低时，保险人自接到通知之日起按其差额退还未满期净保险费；其危险性增加时，保险人在接到通知后，自职业变更之日起，就其差额增收未满期净保险费。但被保险人所变更的职业或工种依照保险人职业分类在拒保范围内的，保险人在接到通知后有权解除本保险合同，并按约定退还未满期净保险费。

被保险人所变更的职业或工种，依照保险人职业分类，其危险性增加并未依本条第一款约定通知而发生保险事故的，保险人按其原交保险费与应交保险费的比例计算给付保险金。但被保险人所变更的职业或工种依照保险人职业分类在拒保范围内的，保险人不负给付保险金责任。

第十二条　投保人住所或通信地址变更时，应及时以书面形式通知保险人。投保人未通知的，保险人按本保险合同所载的最后住所或通信地址发送的有关通知，均视为已发送给投保人。

保险金的申请与给付

第十三条　发生本保险合同保险责任范围内的事故后，投保人、被保险人或受益人应于知道保险事故发生之日起5日内通知保险人。

投保人、被保险人或受益人未通知或通知迟延致使保险人因此而增加的勘查、调查等费用，应由被保险人承担。

投保人、被保险人或受益人未通知或通知迟延致使必要的证据丧失或事故性质、原因无法认定时，应承担相应的责任。

上述约定，不包括因不可抗力而导致的迟延。

第十四条　索赔申请人向保险人申请赔偿时，应提交作为索赔依据的证明和材料。被保险人未及时提供有关单证，导致保险人无法核实单证的真实性及其记载的内容的，保险人对无法核实部分不负给付保险金责任。

1. 被保险人意外身故，索赔申请人应填写保险金给付通知书，并提供下列证明文件和资料给保险人：

（1）保险金给付通知书；

（2）保险单；

（3）受益人的身份证明；

（4）公安部门或本保险人认可的医疗机构出具的被保险人死亡证明或验尸报告。若被保险人为宣告死亡，受益人须提供人民法院出具的宣告死亡证明文件；

（5）被保险人的户籍注销证明；

（6）若申请人为代理人，应提供授权委托书、身份证明等相关证明文件；

（7）保险人所需的其他与本项索赔相关的证明和资料。

2. 被保险人意外残疾或烧伤的，索赔申请人应填写保险金给付通知书，并提供下列证明文件和资料给保险人：

（1）保险金给付通知书；

（2）保险单；

（3）受益人身份证明；

（4）保险人指定或认可的医疗机构或司法机关出具的残疾或烧伤鉴定诊断书；

（5）若申请人为代理人，应提供授权委托书、身份证明等相关证明文件；

（6）保险人所需的其他与本项索赔相关的证明和资料。

3. 索赔申请人因特殊原因不能提供上述证明的，应提供法律认可的其他有关的证明资料。

第十五条　保险人在收到索赔申请人的保险金给付通知书和第十四条所列的相关证明和资料后，应及时做出核定。

对属于保险责任的，保险人应在与索赔申请人达成有关给付保险金数额的协议后10日内，履行给付保险金义务；对不属于保险责任的，保险人应向索赔申请人发出拒绝给付保险金通知书；对确定属于保险责任的而给付保险金数额不能确定的，保险人应根据已有证明和资料，按可以确定的最低数额先予支付，并在最终确定给付数额后作相应扣除。

第十六条　在保险期间内，被保险人因遭受意外伤害事故且在事故发生日起失踪，后经人民法院宣告为死亡的，保险人应根据该判决所确定的死亡日期给付身故保险金。但若被保险人被宣告死亡后生还的，受益人应于知道被保险人生还后30日内退还保险人支付的身故保险金。

第十七条　索赔申请人对保险人请求保险金的权利，自其知道保险事故发生之日起两年不行使而消灭。

受益人的指定及变更处理

第十八条　订立本保险合同时，投保人或被保险人可指定一人或数人为身故保险金受益人。身故保险金受益人为数人时，应确定其受益顺序和受益份额；未确定受益顺序和受益份额的，各身故保险金受益人享有相等的受益权。

投保人或被保险人可以变更身故保险金受益人，但需书面申请通知保险人，由保险人在本保险合同上批注。身故保险金受益人变更若发生法律上的纠纷，保险人不负任何责任。

投保人指定或变更受益人的，应经被保险人书面同意。

本保险合同残疾或烧伤保险金的受益人为被保险人本人，保险人不受理其他的指定或变更。

争议处理

第十九条　因履行本保险合同发生争议的，由当事人协商解决。

协商不成的，提交保险单载明的仲裁机构仲裁。保险单未载明仲裁机构或者争议发生后未达成仲裁协议的，可向中华人民共和国人民法院起诉。

其他事项

第二十条　在本保险合同成立后，投保人可以书面形式通知保险人解除合同。投保人解除本保险合同时，应提供下列证明文件和资料：

1. 解除合同通知书；

2. 保险单；

3. 保险费交付凭证；

4. 投保人身份证明。

投保人要求解除本保险合同的，自保险人接到解除合同通知书之时起，本保险合同的效力终止。保险人收到上述证明文件和资料之日起 30 日内退还被保险人未满期的净保险费。

根据本保险合同，索赔申请人已领取过任何保险金的，投保人不得解除合同。

第二十一条　在保险期间内，经投保人与保险人双方约定，可以采用附加条款或批单的方式变更本保险合同的有关内容。这种附加条款或批单是本保险合同的有效组成部分，本保险合同条款与附加条款或批单不一致之处，以附加条款或批单为准，附加条款或批单未尽之处，以本保险合同条款为准。

第二十二条　本保险合同适用中华人民共和国法律。

第二十三条　释义

本保险合同具有特定含义的名词，其定义如下：

保险人：与投保人签订本保险合同的某保险公司各分支机构。

索赔申请人：就本保险合同的身故保险金而言，是指受益人或被保险人的继承人或依法享有保险金请求权的其他自然人；就本保险合同残疾或烧伤保险金而言，是指被保险人。

周岁：以法定身份证明文件中记载的出生日期为计算基础。

不可抗力：不能预见、不能避免并不能克服的客观情况。

意外伤害：以外来的、突发的、非本意的、非疾病的客观事件为直接且单独的原因致使身体受到的伤害。

烧伤：被保险人在保险期间内因意外事故导致的机体软组织的烧伤，烧伤程度达到Ⅲ度，Ⅲ度烧伤的标准为皮肤（表皮、皮下组织）全层的损伤，涉及肌肉、骨骼，软组织坏死、结痂、最后脱落。烧伤的程度及烧伤面积的计算均以保险人、被保险人双方约定的鉴定机构的鉴定结果为准。

肢：人体的四肢，即左上肢、右上肢、左下肢和右下肢。

部位：本保险合同所附“意外伤害事故烧伤保险金给付比例表”约定的人体部位，即人体分为两个部位：头部、躯干及四肢部。

艾滋病或艾滋病病毒：按世界卫生组织所订的定义为准。若在被保险人的血液样本中发现上述病毒的抗体，则认定被保险人已被艾滋病病毒感染。

医疗事故：医疗机构及其医务人员在医疗活动中，违反医疗卫生管理法律、行政法规、部门规章和诊疗护理规范、常规，过失造成患者人身伤害的事故。

无有效驾驶执照：驾驶人员有下列情形之一者：无驾驶证或驾驶车辆与驾驶证准驾车型不相符，公安交通管理部门规定的其他属于无有效驾驶证的情况下驾车。

潜水：以辅助呼吸器材在江、河、湖、海、水库、运河等水域进行的水下活动。

攀岩运动：以攀登悬崖、楼宇外墙、人造悬崖、冰崖、冰山等运动。

武术比赛：两人或两人以上对抗性柔道、空手道、跆拳道、散打、拳击等各种拳术及各种使用器械的对抗性比赛。

探险活动：明知在某种特定的自然条件下有失去生命或使身体受到伤害的危险，而故意使自己置身其中的行为，如江河漂流、徒步穿越沙漠或人迹罕至的原始森林等活动。

特技：从事马术、杂技、驯兽等特殊技能。

未满期净保费计算公式为：

未满期净保费＝保险费×［1－（保单已经过天数÷保险期间天数）］×（1－20%）

经过天数不足一天的按一天计算。

二、附加意外伤害医疗保险合同参考样式

在附加意外伤害医疗保险的实际业务中，各保险公司所制定的附加意外伤害医疗保险合同有不同的规定和要求，因此，本文所介绍的附加意外伤害医疗保险合同条款只是作为参考。

保险合同

第一条　本保险合同是一年期人身意外险保险合同（以下简称“主合同”）的附加合同。本保险合同未约定事项，以主合同为准。主合同效力终止，本保险合同效力亦同时终止；主合同无效，本保险合同亦无效。主合同与本保险合同相抵触之处，以本保险合同为准。

保险责任

第二条　在保险期间内，被保险人因遭受主合同所述意外伤害事故，且自意外伤害事故发生之日起 90 日内，在中华人民共和国境内（不包括香港、澳门、台湾地区）县级以上（含县级）医院或者保险人指定或认可的医疗机构进行治疗，保险人按下列约定给付保险金：

1. 对被保险人所支出的必要合理的、符合当地社会医疗保险主管部门规定可报销的医

疗费用，保险人扣除人民币100元免赔额后，在保险金额范围内，按80%比例给付医疗保险金。

2. 保险期间届满被保险人治疗仍未结束的，保险人所负给付保险金的期限，自保险期间届满次日起计算，门诊治疗者以15日为限；住院治疗者至出院之日止，最长以90日为限。

3. 保险人所负给付保险金的责任以保险金额为限，对被保险人一次或者累计给付保险金达到保险金额时，本合同责任终止。

责任免除

第三条　因下列情形之一，造成被保险人支出医疗费用的，保险人不负给付保险金责任：

1. 主合同责任免除条款所列情形；

2. 被保险人健康护理等非治疗性行为；

3. 被保险人在家自设病床治疗等；

4. 被保险人洗牙、洁齿、验光、装配假眼、义齿、假肢或者助听器等；

5. 被保险人投保前已有残疾的治疗和康复；

6. 未经保险人同意的转院治疗。

保险金额

第四条　保险金额由投保人、保险人双方约定，并在保险单中载明，以主合同保险金额的20%为上限，且最高不能超过50 000元，保险金额一经确定，中途不得变更。

保险金的申请与给付

第五条　被保险人向保险人申请赔偿时，应提交作为索赔依据的证明和材料。被保险人未及时提供有关单证，导致保险人无法核实单证的真实性及其记载的内容的，保险人对无法核实部分不负给付保险金责任。

1. 被保险人支出医疗费用的，由索赔申请人填写保险金给付通知书，并凭下列证明和资料向保险人申请给付保险金：

(1) 保险金给付通知书；

(2) 保险单；

(3) 被保险人户籍证明或者身份证明；

(4) 县级以上（含县级）医院或者保险人指定或认可的医疗机构出具的诊断书、病历及医疗费用原始收据；

(5) 保险人所需的其他与本项索赔相关的证明和资料。

2. 索赔申请人因特殊原因不能提供上述证明的，则应提供法律认可的其他有关的证明资料。

受益人的指定或变更

第六条 保险金的受益人为被保险人本人，保险人不受理其他指定或变更。

三、团体人身意外伤害保险合同参考样式

在团体人身意外伤害保险的实际业务中，各保险公司所制定的团体人身意外伤害保险合同有不同的规定和要求，因此，本文所介绍的团体人身意外伤害保险合同条款只是作为参考。

保险合同

第一条 本保险合同由保险条款、投保单、保险单、批单和特别约定组成。凡涉及本保险合同的约定，均应采用书面形式。

投保范围

第二条 年满 16 周岁至 65 周岁、身体健康、能正常工作或正常劳动的自然人，可作为本保险合同的被保险人。

对被保险人有保险利益的机关、企业、事业单位和社会团体均可作为投保人。单位投保时，其投保人数必须占在职人员的 75%以上，且投保人数不低于 8 人。

保险责任

第三条 在保险期间内，被保险人因遭受意外伤害而致身故、残疾或烧伤的，保险人依照下列约定给付保险金：

1. 被保险人自意外伤害事故发生之日起 180 日内因同一原因身故的，保险人按保险单上所载的保险金额给付意外身故保险金，对该被保险人的保险责任终止。

被保险人身故前已领有本条第一款、第二款的保险金的，身故保险金为扣除已给付保险金后的余额。

2. 被保险人因遭受意外伤害事故，并自事故发生之日起 180 日内，因同一原因造成本保险合同所附“人身保险残疾程度与保险金给付表”（以下简称“给付表一”）（略）所列残疾程度之一者，保险人按该表所列给付比例乘保险金额给付残疾保险金。如治疗仍未结束的，按第 180 日的身体情况进行残疾鉴定，并据此给付残疾保险金。

（1）被保险人因同一意外伤害事故导致“给付表一”一项以上残疾时，保险人给付各项残疾保险金之和。但不同残疾项目属于同一肢时，仅给付其中一项残疾保险金；如残疾项目所对应的给付比例不同时，仅给付其中比例较高一项的残疾保险金。

（2）被保险人本次意外伤害事故所致的残疾，如合并以前因意外伤害事故所致的残疾，可领取“给付表一”所列较严重项目的残疾保险金者，保险人按较严重的项目给付残疾保险金，但应扣除以前已给付的残疾保险金。

3. 被保险人因遭受意外伤害事故，造成本保险合同所附“意外伤害事故烧伤保险金给付比例表”（以下简称“给付表二”）（略）所列烧伤程度之一者，保险人按该表所对应的烧伤程度及下列约定给付意外伤害烧伤保险金。

（1）被保险人因同一意外伤害事故导致烧伤或残疾的，无论是否发生在身体同一部位，保险人仅按给付金额较高的一项给付保险金。

（2）被保险人因不同意外伤害事故烧伤且发生在身体的同一部位时，保险人给付其中较高一项的烧伤保险金，即后次烧伤保险金的金额较高的，应扣除前次已经给付的保险金；前次烧伤保险金的金额较高的，保险人不再给付后次的烧伤保险金。

（3）被保险人因不同意外伤害事故烧伤，且发生在身体的不同部位时，保险人给付各项保险金之和，但给付金额总数以保险金额为限。

责任免除

第四条　因下列原因造成被保险人烧伤、残疾、身故的，保险人不承担给付保险金责任：

1. 投保人、被保险人、受益人的故意行为；

2. 因被保险人挑衅或故意行为而导致的打斗、被袭击或被谋杀；

3. 被保险人妊娠、流产、分娩、药物过敏、食物中毒；

4. 被保险人接受整容手术及其他内科、外科手术导致的医疗事故；

5. 被保险人未遵医嘱，私自服用、涂用、注射药物；

6. 被保险人因遭受意外伤害以外的原因失踪而被法院宣告死亡者；

7. 原子能或核能装置所造成的爆炸、污染或辐射。

第五条　被保险人在下列期间遭受伤害以致身故、残疾或烧伤的，保险人也不承担给付保险金责任：

1. 战争、军事行动、暴动、恐怖活动或其他类似的武装叛乱期间；

2. 被保险人从事非法、犯罪活动期间或被依法拘留、服刑期间；

3. 被保险人酗酒或受酒精、毒品、管制药物的影响期间；

4. 被保险人酒后驾车、无有效驾驶执照驾驶或驾驶无有效行驶证的机动交通工具期间；

5. 被保险人患有艾滋病或感染艾滋病病毒期间；

6. 被保险人从事潜水、跳伞、攀岩运动、探险活动、武术比赛、摔跤比赛、特技表演、赛马、赛车等高风险的活动期间。

保险金额

第六条　保险金额由投保人、保险人双方约定，并在保险单中载明。每一被保险人的保险金额一经确定，中途不得变更。

保险金额是保险人承担给付保险金责任的最高限额。

保险期间

第七条 除另有约定外，保险期间为一年，以保险单载明的起讫时间为准。

保险费

第八条 保险费按年度计算。除另有约定外，投保人应在订立合同时一次交清保险费。

经保险人同意分期交费的，投保人须在合同订立时交付第一期保险费。

投保人、被保险人义务

第九条 投保人应如实填写投保单并回答保险人提出的询问，履行如实告知义务。

投保人故意隐瞒事实，不履行如实告知义务的，保险人有权解除本保险合同，且不退还保险费。对于本保险合同解除前发生的保险事故，保险人不负给付保险金的责任。

投保人因过失未履行如实告知义务，并且足以影响保险人决定是否同意承保或者提高保险费率的，保险人有权解除本保险合同；因过失未履行如实告知义务对保险事故发生有严重影响的，并在本保险合同解除前发生的保险事故，保险人不负给付保险金责任，仅按约定退还未满期净保险费。

第十条 投保人应在订立合同时或按双方约定交付保险费。保险费交付前发生的保险事故，保险人不承担保险金给付责任。

第十一条 被保险人变更其职业或工种时，投保人或被保险人应在 10 日内以书面形式通知保险人。

被保险人所变更的职业或工种，依照保险人职业分类，其危险性降低时，保险人自接到通知之日起按其差额退还未满期净保险费；其危险性增加时，保险人在接到通知后，自职业变更之日起，就其差额增收未满期净保险费。但被保险人所变更的职业或工种依照保险人职业分类在拒保范围内的，保险人在接到通知后有权解除本保险合同，并按约定退还未满期净保险费。

被保险人所变更的职业或工种，依照保险人职业分类，其危险性增加并未依本条第一款约定通知而发生保险事故的，保险人按其原交保险费与应交保险费的比例计算给付保险金。但被保险人所变更的职业或工种依照保险人职业分类在拒保范围内的，保险人不负给付保险金责任。

第十二条 投保人住所或通信地址变更时，应及时以书面形式通知保险人。投保人未通知的，保险人按本保险合同所载的最后住所或通信地址发送的有关通知，均视为已发送给投保人。

第十三条 在保险期间内，投保人因其人员变动，需增加、减少被保险人时，应以书面形式通知保险人，经保险人同意出具批单，在本保险合同中批注后，方可生效。

被保险人人数增加时，保险人在审核同意后，于收到投保人的保险合同变更申请之日的次日零时予以起保，并按约定增收未满期保险费。

被保险人人数减少时，保险人于收到投保人的被保险人变动通知书之日的次日零时起对其终止保险责任（如减少的被保险人属于已离职的，保险人对其所负的保险责任自其离职之日起终止），并按约定退还未满期净保险费。减少后的被保险人人数不足其在职人员75％或人数低于8人时，保险人有权解除本保险合同，并按约定退还未满期净保险费。

保险金的申请与给付

第十四条　发生本保险合同保险责任范围内的事故后，投保人、被保险人或受益人应于知道或应当知道保险事故发生之日起5日内通知保险人。

投保人、被保险人或受益人未通知或通知迟延致使保险人因此而增加的勘查、调查等费用，应由被保险人承担。

投保人、被保险人或受益人未通知或通知迟延致使必要的证据丧失或事故性质、原因无法认定时，应承担相应的责任。

上述约定，不包括因不可抗力而导致的迟延。

第十五条　索赔申请人向保险人申请赔偿时，应提交作为索赔依据的证明和材料。被保险人未及时提供有关单证，导致保险人无法核实单证的真实性及其记载的内容的，保险人对无法核实部分不负给付保险金责任。

1. 被保险人意外身故，索赔申请人应填写保险金给付通知书，并提供下列证明文件和资料给保险人：

（1）保险金给付通知书；

（2）保险单；

（3）受益人的身份证明；

（4）公安部门或保险人认可的医疗机构出具的被保险人死亡证明或验尸报告。若被保险人为宣告死亡，受益人须提供人民法院出具的宣告死亡证明文件；

（5）被保险人的户籍注销证明；

（6）若申请人为代理人，应提供授权委托书、身份证明等相关证明文件；

（7）保险人所需的其他与本项索赔相关的证明和资料。

2. 被保险人意外残疾或烧伤的，索赔申请人应填写保险金给付通知书，并提供下列证明文件和资料给保险人：

（1）保险金给付通知书；

（2）保险单；

（3）受益人身份证明；

（4）保险人指定或认可的医疗机构或司法机关出具的残疾或烧伤鉴定诊断书；

（5）若申请人为代理人，应提供授权委托书、身份证明等相关证明文件；

（6）保险人所需的其他与本项索赔相关的证明和资料。

3. 索赔申请人因特殊原因不能提供上述证明的，应提供法律认可的其他有关的证明资料。

第十六条　保险人在收到索赔申请人的保险金给付通知书和第十五条所列的相关证明和资料后，应及时做出核定。

对属于保险责任的，保险人应在与索赔申请人达成有关给付保险金数额的协议后10日内，履行给付保险金义务；对不属于保险责任的，保险人应向索赔申请人发出拒绝给付保险金通知书；对确定属于保险责任的而给付保险金数额不能确定的，保险人应根据已有证明和资料，按可以确定的最低数额先予支付，并在最终确定给付数额后作相应扣除。

第十七条　在保险期间内，被保险人因遭受意外伤害事故且在事故发生日起失踪，后经人民法院宣告为死亡的，保险人应根据该判决所确定的死亡日期给付身故保险金。但若被保险人被宣告死亡后生还的，受益人应于知道被保险人生还后30日内退还保险人支付的身故保险金。

第十八条　索赔申请人对保险人请求保险金的权利，自其知道保险事故发生之日起两年不行使而消灭。

受益人的指定及变更处理

第十九条　订立本保险合同时，投保人或被保险人可指定一人或数人为身故保险金受益人。身故保险金受益人为数人时，应确定其受益顺序和受益份额；未确定受益顺序和受益份额的，各身故保险金受益人享有相等的受益权。

投保人或被保险人可以变更身故保险金受益人，但需书面申请通知保险人，由保险人在本保险合同上批注。身故保险金受益人变更若发生法律上的纠纷，保险人不负任何责任。

投保人指定或变更受益人的，应经被保险人书面同意。

本保险合同残疾或烧伤保险金的受益人为被保险人本人，保险人不受理其他的指定或变更。

争议处理

第二十条　因履行本保险合同发生争议的，由当事人协商解决。

协商不成的，提交保险单载明的仲裁机构仲裁。保险单未载明仲裁机构或者争议发生后未达成仲裁协议的，可向中华人民共和国人民法院起诉。

其他事项

第二十一条　在本保险合同成立后，投保人可以书面形式通知保险人解除合同。投保人解除本保险合同时，应提供下列证明文件和资料：

1. 解除合同通知书；

2. 保险单；

3. 保险费交付凭证；

4. 投保人身份证明。

投保人要求解除本保险合同的，自保险人接到解除合同通知书之时起，本保险合同的效力终止。保险人收到上述证明文件和资料之日起 30 日内退还被保险人未满期净保险费。

在本保险合同中，已领取过任何保险金的，投保人不得解除合同。

第二十二条　在保险期间内，经投保人与保险人双方约定，可以采用附加条款或批单的方式变更本保险合同的有关内容。这种附加条款或批单是本保险合同的有效组成部分，本保险合同条款与附加条款或批单不一致之处，以附加条款或批单为准，附加条款或批单未尽之处，以本保险合同条款为准。

第二十三条　本保险合同适用中华人民共和国法律。

第二十四条　释义

本保险合同具有特定含义的名词，其定义如下：

保险人：与投保人签订本保险合同的某保险公司各分支机构。

索赔申请人：就本保险合同的身故保险金而言，是指受益人或被保险人的继承人或依法享有保险金请求权的其他自然人；就本保险合同残疾或烧伤保险金而言，是指被保险人。

周岁：以法定身份证明文件中记载的出生日期为计算基础。

不可抗力：不能预见、不能避免并不能克服的客观情况。

意外伤害：以外来的、突发的、非本意的、非疾病的客观事件为直接且单独的原因致使身体受到的伤害。

烧伤：被保险人在保险期间内因意外事故导致的机体软组织的烧伤，烧伤程度达到Ⅲ度，Ⅲ度烧伤的标准为皮肤（表皮、皮下组织）全层的损伤，涉及肌肉、骨骼，软组织坏死、结痂、最后脱落。烧伤的程度及烧伤面积的计算均以保险人、被保险人双方约定的鉴定机构的鉴定结果为准。

肢：人体的四肢，即左上肢、右上肢、左下肢和右下肢。

部位：本保险合同所附“意外伤害事故烧伤保险金给付比例表”约定的人体部位，即人体分为两个部位：头部、躯干及四肢部。

艾滋病或艾滋病病毒：按世界卫生组织所定的定义为准。若在被保险人的血液样本中发现上述病毒的抗体，则认定被保险人已被艾滋病病毒感染。

医疗事故：医疗机构及其医务人员在医疗活动中，违反医疗卫生管理法律、行政法规、部门规章和诊疗护理规范、常规，过失造成患者人身伤害的事故。

无有效驾驶执照：驾驶人员有下列情形之一者：无驾驶证或驾驶车辆与驾驶证准驾车型不相符，公安交通管理部门规定的其他属于无有效驾驶证的情况下驾车。

潜水：以辅助呼吸器材在江、河、湖、海、水库、运河等水域进行的水下活动。

攀岩运动：以攀登悬崖、楼宇外墙、人造悬崖、冰崖、冰山等运动。

武术比赛：两人或两人以上对抗性柔道、空手道、跆拳道、散打、拳击等各种拳术及各种使用器械的对抗性比赛。

探险活动：明知在某种特定的自然条件下有失去生命或使身体受到伤害的危险，而故意使自己置身其中的行为。如江河漂流、徒步穿越沙漠或人迹罕至的原始森林等活动。

特技：从事马术、杂技、驯兽等特殊技能。

未满期净保费计算公式为：

未满期净保费＝保险费×［1－（保单已经过天数÷保险期间天数）］×（1－20%）

经过天数不足一天的按一天计算。

第四节　意外伤害保险问题讨论与实际做法

2011年4月22日修订的《中华人民共和国煤炭法》，将原《中华人民共和国煤炭法》中的第四十四条修改为："煤矿企业应当依法为职工参加工伤保险缴纳工伤保险费。鼓励企业为井下作业职工办理意外伤害保险，支付保险费。"2011年4月22日，新修订的《中华人民共和国建筑法》，将原《中华人民共和国建筑法》中的第四十八条修改为："建筑施工企业应当依法为职工参加工伤保险缴纳工伤保险费。鼓励企业为从事危险作业的职工办理意外伤害保险，支付保险费。"

保险具有经济补偿、资金融通和社会管理功能，是市场经济条件下风险管理的基本手段，是金融体系和社会保障体系的重要组成部分，在社会主义和谐社会建设中具有重要作用。对于企业来讲，需要认真研究如何为从事危险作业的职工办理意外伤害保险，也需要探讨如何具体实施意外伤害保险问题。

一、建筑业职工意外伤害保险制度推行的难点与对策

为了保护建筑施工企业和建筑职工的合法权益，解除建筑施工企业和建筑职工的后顾之忧，新修订的《建筑法》对四十八条做了修改。《建筑法》颁布后，全国各地先后推广实施了此规定。截至目前，各地的实施情况也不平衡，经济相对较发达的地区发展较快，落后偏远地区发展较慢，有的甚至还没有实施。对其中所存在的一些问题，需要进行探讨。

1. 建筑业职工意外伤害保险的主要含义

根据《建筑法》的释义，建筑业职工意外伤害保险的含义主要有以下四个方面。

（1）被保险人是施工现场从事施工作业的职工和与施工作业有关的人员；

（2）投保人是在当地行政区域内从事房屋建筑及附属设施的建造和与之配套的线路、管道、设备安装、装饰、装修活动，以及各专业建筑工程建造活动的施工企业；

（3）投保费用开支计入建筑安装工程成本，不得向企业职工摊派；

（4）县级以上人民政府建设行政主管部门负责建筑企业职工意外伤害保险工作的监督指导，各级建筑安全管理机构受同级建设行政主管部门的委托，负责建筑企业职工意外保险的监督管理工作。

2. 全面推行建筑职工意外伤害保险制度的难点

全面推行建筑职工意外伤害保险制度的难点，深究其底主要有以下五个方面。

（1）企业抱有侥幸心理。根据海因里希的统计分析，重伤或死亡事故：轻微或微伤事故：无伤害事故＝1：29：300。在事故中无伤害的一般事故占90%以上，它比伤亡事故的概率大十到几十倍。由此可见，重大伤亡事故是一个小概率事件，可能百次违章也未发生一次大事故，而每次违章产生的经济效益却对企业是一个诱惑，使之产生侥幸心理，继续违章生产，直至重大事故发生。在一些低资质等级施工企业，特别是私营施工企业身上，这种“赌徒”心理表现得更为明显。

（2）安全工作总投入可能会大于各类事故的总损失。也就是说，尽管安全工作具有重要的经济效益，但仍可能导致企业利润的下降。因此，仅靠企业，特别是私营企业，自觉树立以人为本、关爱生命的观念，凭良心办企业几乎是不可能的。

（3）社会对人的生命价值肯定不足，给受害者的经济补偿太低。目前，建筑安全事故90%的受伤害者为民工，农民工属于被伤害的主要群体。按照统计测算，每死亡1名30岁男性建筑业农民工的损失成本应在60万～80万元。而当前给受害者的经济补偿离测算数据相差甚远，平均水平仅达到6万～15万元。由此使得一些建筑施工企业忽视人的生命价值，而一味地追求经济效益。

（4）安全经费严重不足。建筑市场不规范，建筑施工企业的资金被计划经济体制下的预算体系、业主野蛮压级压价、恶意拖欠和自身违心垫资等问题拖进了无底深渊，使建筑行业成了微利行业，效益不高，造成了安全经费严重不足。

（5）建设行政主管部门监督不严。建设部《关于加强与规范建筑业意外伤害保险工作的若干意见》规定，在办理工程项目安全监督手续时，建设行政主管部门应将中标单位是否签订保险合同作为审查项目之一。对未投保的工程项目，不得发放施工许可证。但是，有的建设行政主管部门在办理工程项目安全监督手续、发放施工许可证时，没有把是否投保作为审查项目之一。

3. 全面推行建筑业职工意外伤害保险制度的对策

根据以上分析，应当从以下四个方面加强建筑业职工意外伤害保险制度的推行工作，不断完善建筑业职工意外伤害保险制度。

（1）加大事故成本，迫使企业投保。伤亡事故经济损失包括直接经济损失和间接经济损失。事故处理政策和直接经济损失中的抚恤费用、补助及救济费用、事故罚款和赔偿费用直接相关，对这些费用的影响也最大。《建设工程安全生产管理条例》对事故罚款做了较大调整，基本能够满足当前实际需要。但是，有关部门对于抚恤费用、补助及救济费用、赔偿费用的调整力度还不是很大，不能很好地体现人的生命价值，安全事故的成本还处在企业能够承受的范围内，使得企业抱有侥幸心理和无畏心态。因此，安全事故政策研究制定部门要从充分肯定人的价值出发，在抚恤费用、补助及救济费用、赔偿费用等涉及人的价值方面加强调查研究，制定一个较高的经济补偿标准，加大事故成本，让企业知道安全事故的重要性。一旦发生了安全事故，有可能会使企业瘫痪，陷入资金、声誉、信用困境，甚至会破产、倒闭，迫使企业不得不树立以人为本的理念，维护劳动者的生命和尊严；不得不让出部分经济利益来增加安全投入；不得不加强安全生产工作。事故发生后，强大的事故成本迫使企业不得不投保，以较小的投入转嫁较大的风险。

（2）建立激励机制，鼓励企业投保。建设部《关于加强与规范建筑业意外伤害保险工作的若干意见》规定，建筑业企业投保费率可采用按合同总造价比例或按建筑面积为单位来确定，并与安全业绩挂钩实行浮动费率。对连续两年经当地安全监督机构或当地建设行政主管部门考核为合格的企业，保险费率可适当下调，对考核不合格的，则上调费率。在实际操作过程中，主要问题集中表现在不能正确理解浮动费率的概念。大多数的投保方、承保方、监督管理部门认为，浮动费率就是由保险公司根据每年度收支情况确定一个费率区间，根据监督管理部门的原则性规定，由投保方和承保方协商，按照一定的比率投保，反映的是多投多保的原则。这种理解不是浮动费率内涵的全部，只是一部分，不能从根本上激励投保方主动投保。浮动费率含义的另一部分是费率要和安全业绩挂钩，由投保方、承保方、监督管理部门三方协商制定切实可行的奖罚制度，从两个角度进行奖罚。一方面是降低保险费率而保险金额不变；另一方面是返还一部分保险费给安全业绩不断上升的企业，上升越快，返还越多。总之，承保方要出让一定的经济利益给投保方，才能从根本上激励投保方主动投保。

（3）保证安全经费，确保企业投保。安全生产经费严重不足，安全生产条件薄弱，安全生产科技进步缓慢，始终困扰着建筑施工企业安全生产的健康发展。即使有关部门调整了政策，加大了事故成本，企业在制约机制的约束下，被迫投保；或者是建立了完善的激励机制，企业也愿意投保。但是，企业的安全经费无保障，无法支付保费，就会无可奈何而不为。这也就很好地回答了为什么相对经济较发达的地区发展较快，落后偏远地区发展较慢的问题。如果断然采取行政手段强迫企业投保，就会阻碍企业的发展，以至于影响国家经济的整体发展。由此可见，安全经费无保障，是制约建筑业职工意外伤害保险制度健康发展的最大障碍和根本原因。因此，建设行政主管部门要加大建筑市场的整顿规范力度，建立健全有形建筑市场，解决业主野蛮压级压价、恶意拖欠、施工企业违心垫资等问题；废除计划经济体制下的预算体系，充分考虑建筑工程成本受市场因素的影响，尊重市场经济规律，按规律办事，使施工企业在“公开、公正、公平”的经济环境中良性运行，健康发展，保证企业的安全经费来源，确保企业投保。

(4) 加强监督管理，促进企业投保。侥幸、冒险和“赌徒”心理是我国部分企业，特别是尚处于原始积累阶段的私营企业的典型特点。这些企业抵制不住经济利益的诱惑，即使有条件投保，也不愿投保，愿意冒险，愿意赌一把。因此，建设行政主管部门应加大监管力度，对于没有依法办理建筑业职工意外伤害保险的工程项目不予发放施工许可证；对不为建筑业职工办理意外伤害保险的企业不予颁发安全生产许可证，从源头上督促企业投保。另外，也要教育企业正确处理企业发展与安全投入的关系，促进企业积极投保。

建筑施工企业为建筑业职工办理意外伤害保险是社会主义市场经济发展的必然要求。投保方、承保方、监督管理部门要按照市场运作、政府监控、社会中介参与的原则，加强调查研究，合理分工合作，进一步完善建筑意外伤害保险制度，切实保护建筑业从业人员的合法权益，分散企业的事故风险，增强企业预防和控制事故的能力，促进企业安全生产工作的健康发展。(李学娟)

二、健全建设工程意外伤害事故的保险体系

近年来，建设系统认真贯彻落实党中央、国务院关于安全生产工作的一系列重要指示和工作部署，严格执行有关安全生产法律、法规和工程建设强制性标准，严格遵循《建设工程安全生产管理条例》，采取有效和创造性的措施加强安全生产工作，明确建设活动中各方主体的安全生产责任，逐步建立和完善建设系统安全生产监管体系，实现了建设工程的安全生产目标管理。同时，建设市场秩序和安全生产条件及状况也进一步趋于好转，事故率和事故伤亡率得到有效控制。

1. 建设工程意外伤害事故保险的不足之处

建设行业安全生产的基础仍较为薄弱，其安全生产社会保障体系尚未完全建立，建设工程意外伤害事故的保险、赔偿制度尚不完备，具体表现为：

(1) 意外伤害事故的保险未覆盖行业一线全体作业人员；

（2）意外伤害保险商业化，部分保险金成了保险机构的利润；

（3）固定的保险费率、保险机构未介入企业安全生产监督活动，保险服务缺失；

（4）意外伤害保险与工伤赔偿未有机整合，建设行政主管部门和企业的权力被剥夺；

（5）缺乏相应配套政策。

这需要政府、建设行政主管部门牵头，建设工程安全生产相关方和保险业研讨会商，探索适合我国国情的建设工程安全生产的保险制度。要本着以人为本，构建和谐社会，关爱事故受害者和亲属，降低事故受害者和亲属的伤害程度这一原则，对行业一线从业人员提供最基本的社会保障。

2. 建设工程安全生产的保险体系

我国建设工程意外伤害保险制度是根据《中华人民共和国建筑法》《中华人民共和国安全生产法》《中华人民共和国保险法》《建设工程安全生产管理条例》《关于加强建筑意外伤害保险工作的指导意见》等法律、法规设立的。目前，建设工程意外伤害保险制度已基本覆盖该行业。意外伤害保险制度有三层含义：其一，保险范围限定在建设行业；其二，意外伤害是广义的，不是单指建设工程中的某一工种；第三，保险制度由政府强制推行。

在工程建设中，风险客观存在，难以回避，但风险却可以通过科学、合理的方式分散、转移、化解。工程保险就是直接的风险转移手段，通过购买保险，参与建设工程的企业或个人可将面临的风险合法地转移给保险方，从而达到降低风险程度的目的。从经济角度来说，保险是分摊意外事故损失的一种财务安排，把风险转移给保险机构，由保险机构集中大量同质风险，借助大数法则来正确预见损失发生的概率，并据此制定保险费率。通过向所有参保成员收取保险费来补偿少数成员遭受的意外事故损失。通过对发达国家建设工程安全生产管理的研究，工程保险至少能发挥以下重要作用。

（1）保险制约机制提高了行业整体安全水平。工程保险能够全面提高建设主体各方的风险意识，化解安全的风险，对提高行业的安全管理水平具有重要的促进作用，是从业人员权益的有效保障措施。

（2）可调整的保险费率，刺激承包商加强安全管理。根据安全业绩调整投保方的保险费率，即事故多的企业保费上调，事故少的则保费下降，调动了企业安全生产管理的积极性，增强企业预防和控制事故的能力。

（3）保险公司介入企业安全管理，发挥咨询、服务作用。保险公司从自身利益出发，通过向投保人提供安全教育、指导、咨询、检查、服务等措施来降低自身风险，这本身对安全生产管理是一种促进。

3. 建设工程安全生产保险体系建立的基本原则

建设工程安全生产保险体系的设立及实行应遵循以下基本原则。

（1）促进行业安全管理水平的提高。对国外职业伤害保险制度的研究中发现，尽管保险的模式不同，工程保险与事故预防、损失控制存在密切联系。我国建设工程安全生产意外伤害保险制度的完善，不仅仅限于对保险条款、保险费率的调整，更重要的是设计与保险有关的安全生产激励与奖惩机制，使之有利于为从业人员创造更加安全的作业环境，促进行业安全管理水平的提高。

（2）保险制度不可完全商业化。在保险业务中，保险方借助行政力量指定一家或几家保险公司承保的现象在团体意外险、机动车辆险等强制性险种中较为普遍，这有违保险的自愿原则。而我国建设工程意外保险制度在实施过程中，则存在保险方对被保险方的安全生产风险管理、事故防范等安全服务不到位，出险后索赔困难等问题。意外伤害保险制度需要商业保险的力量，但不可完全商业化。

（3）保险制度应使投保人和被保险人成为最大的受益者。建设工程安全生产的保险制度针对的对象是企业和企业员工，意外伤害保险制度在实施中，企业对保险制度的抵触情绪较大，其主要原因是保险机构不能向企业提供安全防范、咨询、管理等方面的服务，企业没能真正感受到意外伤害保险的保险作用，部分保险金成了保险机构的利润，违背了意外伤害保险制度的目的和初衷。没有发生事故的企业，则认为白交了保险费。在制度设计上应保证企业的主体地位，利用保险制度解决企业面临的实际问题，使投保人和被保险人成为最大的受益者。

4. 建设工程安全生产的保险制度的组成

根据我国法律法规的相关规定，建设工程安全生产的保险分为工伤保险和意外伤害保险。

（1）工伤保险。工伤保险是社会保险制度的重要组成部分，它是指劳动者在生产活动中或在规定的某些特殊情况下所遭受的意外伤害、职业病，以及因这两种情况造成死亡、暂时或永久丧失劳动能力时，劳动者及其遗属能够从国家、社会得到的必要的物质补偿。这种补偿包括医疗、康复、生活所需费用。工伤保险目前由人力资源和社会保障部门统一经办和管理。

（2）意外伤害保险。考虑到建设行业的特殊性，我国实施强制性的意外伤害保险。意外伤害保险是保险人在被保险人因遭受意外伤害导致死亡、残疾时，给被保险人赔付的人身保险业务。

（3）工伤保险与意外伤害保险的关系。工伤保险和意外伤害保险都是对人身意外伤亡事故的受害者及其家庭提供经济保障的强制性保险，但是其保险性质不同。工伤保险是国家法定的基本保险形式，覆盖全社会相关的劳动人群，企业的工伤保险不能用其他形式来取代的。意外伤害保险则是在工伤保险之外，针对工作现场作业人员的工作危险性而建立的补充保险形式，主要保障工程项目现场工作人员因工伤亡或因工伤残时获得的经济补偿。意外伤害保险涉及企业承担的工程项目，主要是针对现场作业人员，施工合同的工程名称、承包单位、项目所在地、工程造价、工期等都成为投保的依据。企业停工或暂时未承接工程时，可不参加意外伤害保险，但工伤保险费却要按月缴纳。同时，工伤保险是非营利性的，而由商业保险机构承保的意外伤害保险则是营利的。

（4）安全生产保险制度的保险组织。建设工程安全生产的保险制度中工伤保险的经办部门是固定的，而意外伤害保险由谁承保却不是唯一，可由投保方选择。

5. 完善保险制度的建议

目前，我国将建设工程工伤保险和意外伤害保险分列，把意外伤害保险做成商业保险，保险费率固定，企业的安全生产业绩好坏一个样，企业大小一个样，没有发挥保险费率的调节作用。这不利于保险制度的推广完善，不利于保障投保人和被保险人的权益，不利于行业安全管理水平的提高，必须探索适合我国国情的建设工程安全生产的保险制度。

（1）建设行政主管部门应对行业的安全生产实施监管，查处违法、违章和安全事故，而现行的意外伤害保险制度，却要由商业保险机构去调查、理赔，使安全生产管理、事故处理与保险理赔脱节，严重不利于安全生产管理，不利于保障投保人和被保险人的最基本的权益，造成社会资源的浪费。保险理赔管理应与事故的调查处理相一致，统一归到建设行政主管部门或履行政府职责的建设工程安全生产监管机构。

（2）将工伤保险和意外伤害保险合并成建设行业的安全保险，由建设行政主管部门负责这项社会保险。充分保障投保人和被保险人的权益，利用剩余的资金，投入夯实安全生产管理的基础性工作和建设，而不是作为商业保险机构的利润。

（3）由企业结成互助性的保险联合体或设立专门机构，实施行业自保，使保险与安全紧密结合，替代商业保险机构，承担意外伤害事故的赔偿责任。这在组织形式、成本核算、费率确定、事故理赔等方面比商业保险机构更合理，更能贴近企业，更能发挥保险对安全生产的保障和促进作用，形成刺激企业加强安全生产管理的保险机制。（夏蔑芳）

三、吴江市建筑施工人员人身意外伤害保险的实践和做法

《建筑法》第四十八条规定："建筑施工企业应当依法为职工参加工伤保险缴纳工伤保险费。鼓励企业为从事危险作业的职工办理意外伤害保险，支付保险费。"这是我国安全生产、劳动和社会保障体制的一项重要改革，为建筑施工企业建立新的工伤保险制度提供了法律依据。并且这里的意外伤害保险不同于一般的商业保险，是人身保险的一种，也是社会保险体系的重要组成部分，它不以营利为目的，具有强制性，极大地促进了该项法定制

度的落实。但是在目前全国尚无统一的运作模式的情况下，如何建立一套行之有效的将事故预防和伤害保险有机结合的运行机制，从根本上保护职工的权益，减轻企业负担，提高企业的投保热情和做好施工安全工作的积极性，增强建筑行业的整体抗风险能力，变被动的工伤赔偿为积极的事故预防，从而把行业安全监督和国家监察的外部压力和企业的内在动力有机地结合起来，使事故预防与人身意外伤害保险工作得以相互促进、相辅相成，协调发展，达到保险和安全及行业监管多赢的目的，这确实是一个重要的问题。现就吴江市建筑施工人员人身意外伤害保险多年来的实践和做法做一分析，以探讨提高保险和安全水平的方法。

1. 吴江市实践与做法

吴江市在1997年11月《中华人民共和国建筑法》颁布后，就积极与吴江太平洋保险公司和吴江人寿保险公司商议有关的保险合同条款，着手制定和建立相关的运行机制，并于1998年4月正式开始运作。通过一段时间的实践和不断改进，目前已日趋完善。

吴江市的具体的做法是：

(1) 保险对象：施工现场的施工作业人员（包括管理人员）及因施工现场发生意外造成伤害的非施工现场人员。

(2) 保费来源：按照建设部、中国建设银行颁发的《关于调整建筑安装工程费用项目组成的若干规定》(建标［1993］894号文）的规定，意外伤害保险费是直接工程费中现场管理费的组成部分。该费用列入建筑安装工程成本，由建筑施工企业支付，企业不得向职工个人摊派。

(3) 保险范围：全市行政区域内的房屋建筑工程、钢结构、地基基础、市政桥梁、线路管道、设备安装、装饰装修等工程项目，均属投保范围。

(4) 保险办理：由设置在市安监站的保险公司代理处在施工企业办理工程项目安监注册前先办理保险，缴纳保费，并签订保险合同。不办保险的工程项目不予办理安监注册，不得核发施工许可证。

(5) 保险期限：在工程项目办妥保险手续次日零时起至该工程项目竣工日二十四时止。

(6) 保险责任：在保险期限内，投保项目发生如下意外伤害事故，保险公司都承担保险责任，按约定给付保险金。第一，现场作业人员，包括管理人员，在工作时间内含因公外出或乘坐本单位交通车在上下班途中，困意外事故受伤、致残、身故的。第二，在作业时或施工作业规定的生活区内，因突发疾病造成身故的。第三，因施工现场发生意外造成第三者（非施工现场作业人员）伤害，包括受伤、致残、身故的。第四，国家法律、法规规定的工伤事故。

(7) 保险赔偿：第一，发生意外事故而致身故的，保险金赔偿限额每人10万元人民

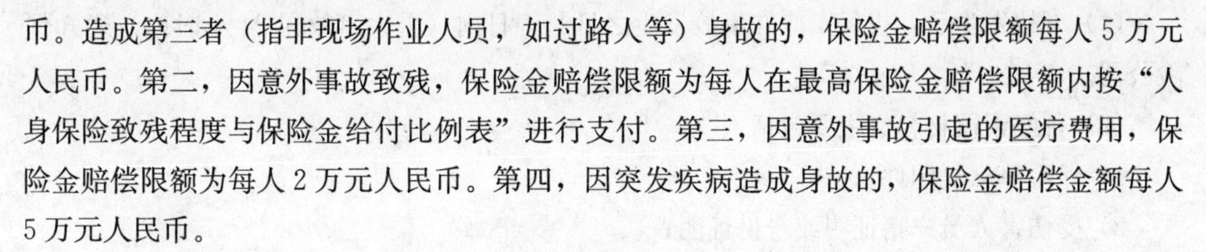
币。造成第三者（指非现场作业人员，如过路人等）身故的，保险金赔偿限额每人5万元人民币。第二，因意外事故致残，保险金赔偿限额为每人在最高保险金赔偿限额内按“人身保险致残程度与保险金给付比例表”进行支付。第三，因意外事故引起的医疗费用，保险金赔偿限额为每人2万元人民币。第四，因突发疾病造成身故的，保险金赔偿金额每人5万元人民币。

（8）原始费率：房屋建筑工程保险费按工程建筑面积大小计取，原始费率为1元人民币/m^2；构筑物、地基基础、装饰工程和道路桥梁等市政工程保险费按工程造价的1‰计取。

2. 保险费率的确定与调整

保险费率主要实行差别费率与浮动费率相结合，具体情况如下。

（1）根据安全生产业绩确定费率。对市内建筑施工企业与工程项目，依据各建筑施工企业及每个工程项目经理年度安全生产业绩（吴江市对每一个工程项目都实行单项工程项目经理业绩考评制度，其中安全业绩考评工作由吴江市建筑安监站在日常的工程项目安监业务工作中同时开展，每年在公布竣工项目时，同时公布竣工项目的项目经理安全业绩，经汇总计算出每个项目经理的年度安全业绩，并由年度项目经理安全业绩计算出各企业的安全业绩），保险费在原始费率的基础上，各企业及项目经理实行差别费率和浮动费率。

——上一年度未发生四级以上（含四级）重大安全事故的施工企业，按原始费率的95%计取；连续两年未发生四级以上（含四级）重大安全事故的施工企业，按原始费率的90%计取；连续三年未发生四级以上（含四级）重大安全事故的施工企业，按原始费率的85%计取。

——各施工企业上年度安全业绩与全市施工企业上年度平均安全业绩相比较，企业业绩每上浮于全市平均业绩5%的，则保费费率在上一项的基础上再追加下浮1%。

——对达到或超过年度安全考核指标（吴江市建设局与市内所有建筑施工企业每年都签订年度安全目标考核责任书，规定企业年度须达到的考核目标，在年底时开展综合考核）的企业，在上两项的基础上再追加下浮5%，反之达不到考核指标的企业则在上两项的基础上再上浮5%。

——发生四级以上（含四级）安全事故的工程项目经理，下一年在其担任项目经理的工程项目办理保险时，不得享有任何优惠条件，并在原始费率的基础上上浮50%。

（2）市外进市施工企业保险费率的确定。市外进市施工企业由于其不固定性，一律按原始费率计交保费。

（3）浮动费率的调整。差别费率和浮动费率在每年度的4月1日调整一次。

3. 事故之后的理赔程序

事故之后的理赔程序，包括如下要求。

(1) 事故发生后，投保人应在事故发生之日起5日内（重大事故在24小时内）通知保险公司。

(2) 备好索赔材料。主要包括：

1) 保险单（复印件）；

2) 受伤害人员户籍证明或身份证明；

3) 各中心镇卫生院或上级医院出具的附有检查报告的医疗诊断证明、病历卡、医药费发票，或县（市）级医疗机构出具的残疾程度鉴定书，或公安部门（或医疗机构）出具的死亡证明；

4) 建筑安全监督部门出具的证明材料。

(3) 保险公司在收到投保人索赔申请及必要材料后，经审核确认，在10个工作日内一次性支付赔款结案。

4. 保险考核与奖励

保险考核与奖励，采取的方法如下。

(1) 利用保险公司的年度反馈保费作为安全奖励基金，对施工企业和项目经理的年度安全情况进行考核。

——以各企业年度上交保费总额的5%作为奖金基数，对施工企业安全事故发生情况进行考核。

——未发生重伤（含重伤）以上事故，得全部奖金。

——发生2人（含2人）以上工伤死亡事故，扣除全部奖金。

——发生1人工伤死亡事故，扣除奖金基数的50%。

——每发生1人重伤事故，扣除奖金基数的25%。

(2) 对企业年度安全业绩名次、项目季度安全专项检查及项目经理争创文明工地情况（就高不就低）进行考核。

——年度安全业绩考核前5名的企业分别奖励人民币5 000元、4 000元、3 000元、2 000元、1 000元。

——获季度安全专项检查通报表扬的工程项目，每个项目奖励人民币2 000元。

——项目经理年度每创一个吴江市级、苏州市级、江苏省级文明工地的，分别奖励人民币500元、2 000元、5 000元。

5. 实施效果与改进

按照上述做法，建筑施工意外伤害保险与吴江市建筑施工安全的双向促进作用非常明显，极大地发挥了保险运行机制的经济杠杆作用。安全业绩好的施工企业和项目经理既有安全奖励，还有保费优惠，使他们可以投入更多的经费去搞好施工安全与文明施工，预防事故的发生。安全业绩差的企业和项目经理，在保险帮助他们渡过事故经济赔偿难关的同时，由于对下一年度项目实行强制惩罚性保费的办法，可以促使企业经营者重视职业安全工作，使他们痛下决心，强化企业安全生产调控，形成企业安全管理机制。

此外，上述保险机制的运作，不仅能为经费紧缺行业的安全监督提供部分经费，把职业安全监督与工伤保险有机结合起来。同时，由于保险考核、业绩考核的开展，必须要以大量的日常安全监督检查与考评为基础，这就迫使安监部门不得不加快改进和完善监督检查机制的步伐，开展细致的安全评价和事故隐患评估等工作，对提高建筑行业安全监督管理部门的工作水平和工作质量也起到了巨大的推动作用。

综上所述，建筑施工意外伤害保险工作的科学开展，的确能使保险、安全与监管三方进入良性循环的运行状态，取得多赢。(庄明耿、谢耀方)

四、扬州市建立和完善建筑意外保险运行机制的做法

近年来，江苏省扬州市建设局在实践中不断学习和吸取各地先进经验，在创新建筑意外伤害保险管理体制和完善其运行机制方面做了一些探索和实践，已初步形成了施工企业负责、保险机构介入、社会中介参与、政府部门监督的建筑意外伤害保险运行机制。

1. 推行建筑意外伤害保险工作的历史回顾

自2003年7月起，扬州市建设局正式启动建筑意外伤害保险工作。为保证这项工作的顺利开展，避免无序竞争和不规范行为，维护建筑业从业人员的合法权益，主要做了以下几方面工作。

(1) 坚持公开、公平、公正的原则。通过招标择优确定保险公司，制定了一套可操作性、透明公开的程序，经过招标，在2003年确定了两家保险公司，2004年、2005年分别确定了4家保险公司作为意外伤害保险的承保企业。

(2) 与保险公司协商，制定了《建筑工程团体人身意外伤害保险条款》，对保险责任、保险费率、保险金额、索赔等进行了统一规定。

(3) 在招投标交易中心设置窗口，集中办理意外伤害保险。

(4) 安全监督、招标投标、行政办事中心建设局窗口等部门相互配合，形成齐抓共管的局面，规范各方主体行为。

(5) 及时调查处理工伤事故，以便于工伤事故能得到赔付。

(6) 明确了各级建筑安全监督机构负责对意外伤害保险工作进行监督、检查和指导。通过初始阶段的行政推动，有力地推动了扬州市建筑意外伤害保险工作健康有序开展。

2. 推行建筑意外伤害保险工作存在的问题

通过三年多的广泛宣传和大力推行，这项工作得到了全社会的支持和广大施工企业的重视，在维护建筑业从业人员的合法权益、转移企业事故风险、增强企业预防和控制事故能力、促进建筑业安全生产等方面起到了积极作用，建筑意外伤害保险工作取得了初步成效。但随着市场经济的不断完善、政府职能的转变、行政审批制度改革的不断深入，原来的实施办法逐渐显露出一些弊端，这些弊端已经严重影响了意外伤害保险制度的实施效果。

(1) 不能自主选择保险公司。由于是通过招标确定的保险公司，建筑企业只能在这几家保险公司投保，这与市场经济公平竞争机制相违背。实际上，这种做法不但人为限制了保险公司之间在费率、服务等方面的竞争，而且严重阻碍了企业投保的积极性。另外，已介入的保险公司也缺少改进工作的动力，理赔服务有不到位的现象。

(2) 保险费率不能浮动。按照发达国家的做法，涉及整个行业利益的商业谈判，应该由最能代表行业利益的协会来担当。但扬州市建筑意外伤害保险的费率是由建设局与保险公司谈判商定，作为承担保险合同权益义务一方主体的施工企业并不直接参与，因此施工企业意见很大。另外，保险费率的固定，也不利于调动施工企业加强安全管理、积极开展争先创优工作的积极性。

(3) 安全服务不能到位。按照建设部《关于加强建筑意外伤害保险工作的指导意见》，保险公司应当为投保企业提供建筑安全生产风险管理、事故防范等安全服务。实际上绝大多数保险公司只做两件事：一是收取保费，二是伤害理赔。意外伤害保险应附带的安全服务不能实现。虽然安全监督机构实际上做了大量的工作，但是政府部门的安全监管职能与中介形式的安全服务不尽相同，不能互相代替，相关安全服务应该由保险公司或保险公司委托的安全服务中介组织来提供。

3. 目前意外伤害保险工作的运作机制

为进一步加强和规范建筑意外伤害保险工作，推动意外伤害保险工作的健康发展，扬州建设局出台了《扬州市建设工程意外保险工作实施意见》，进一步明确建筑意外伤害保险工作各方主体责任，确定了施工企业负责、保险机构介入、社会中介参与、政府部门监督的建筑意外伤害保险运作机制。

(1) 保险对象。在施工现场从事施工的所有作业人员（包括正式工、合同工、农民工、临时工）和管理人员。投保人办理投保手续后，应将投保有关信息以布告形式张贴于施工现场，告之被保险人。

(2) 保险范围。凡在本市行政区域内的房屋建筑、市政基础设施、设备与线路管道安装、装饰装修、房屋拆除等工程项目，均属投保范围。

（3）投保方式。建设工程意外伤害保险以工程项目为单位进行投保，施工企业应当在工程项目开工前办理完投保手续。投保实行不计名和不计人数的方式。工程项目中有分包单位的由总承包施工企业统一办理，分包单位合理承担投保费用。业主直接发包的工程项目由承包企业直接办理。

（4）保险期限。意外伤害保险的期限自建设工程开工之日起至竣工验收合格之日止。提前竣工的，保险责任自行终止；因故延期的，应当办理顺延手续。

（5）保险金额。根据扬州市安全管理状况和近几年建筑意外伤害保险工作实绩，确定最低赔付标准，即被保险人因意外事故死亡，每人赔付 15 万元；被保险人因意外事故致残的，按国家规定的伤残标准，一级伤残赔付 10 万元，二级至十级伤残每等级递减 1 万元赔付。被保险人一次受伤造成多处伤残，按所核定的最高伤残等级标准进行赔付，不累计。在保险期内，被保险人多次受伤，每次均按鉴定的伤残等级标准进行赔付，累计最高赔付 10 万元。建筑意外伤害保险附加险标准为：被保险人因意外事故致伤，医疗费按实际发生理赔，每人次最高赔付 1 万元。

（6）保险费率。意外伤害保险应贯彻“预防为主”和“奖优罚劣”的原则，采用差别费率和浮动费率。

1）差别费率。差别费率可与工程规模、类型、工程项目风险程度和施工现场环境等因素挂钩。

2）浮动费率。浮动费率可与施工企业安全生产业绩、安全生产管理状况等因素挂钩。对重视安全生产管理、安全业绩好的企业采用下浮费率；对安全生产业绩差、安全管理不善的企业采用上浮费率。通过浮动费率机制，促进投保企业安全生产的积极性。

①下浮费率标准：被各级人民政府（或其安全生产委员会）评为“安全生产先进单位”的企业，在发文之日起一年内：市级先进企业下浮 10%，省级先进企业下浮 20%，国家级先进企业下浮 30%；被建设行政主管部门评为“建筑安全生产先进单位”的企业，在发文之日起一年内：市级先进企业下浮 5%，省级先进企业下浮 10%，部级先进企业下浮 15%；凡取得“文明工地”称号的工程项目部，自发文之日起一年内，该项目经理承接的工程项目按不同级别下浮：市级文明工地下浮 10%，省级以上（含省级）文明工地下浮 20%。

以上下浮费率按最高计取，不得累加。施工企业项目部若发生伤残以上（含伤残）事故，该项目经理承接的工程项目保险费率各项优惠即终止。

②凡发生四级以上（含四级）重大安全事故的施工企业，自事故发生之日起一年内，施工企业保险费率按基本费率的基础上浮 5%计。

（7）公司选择。施工企业自主选择有保险能力并能提供建筑安全生产风险管理、事故防范等安全服务的保险公司，以保证事故后能及时补偿与事故前能主动防范。

（8）安全服务。保险公司应当为投保人提供建筑安全生产风险管理、事故防范等安全服务。安全服务内容应包括施工现场风险评估、安全技术咨询、人员培训、防灾防损设备配置、安全技术研究等。目前不能提供安全风险管理和事故预防的保险公司，应委托建筑安全服务中介组织向施工企业提供与建筑意外伤害保险相关的安全服务。

(9) 中介组织。从事建筑意外伤害保险安全服务的中介组织应规范管理，服务及时到位，认真做好保险公司委托的建筑意外伤害保险安全服务工作，对自己的行为和技术咨询服务等工作成果承担相应的法律责任。

(10) 监督管理。各级建设行政主管部门负责对辖区内建筑意外伤害保险工作进行监督、管理和指导。一是加强施工企业办理意外伤害保险的监督。把工程项目开工前是否办理建筑意外伤害保险作为审查企业安全生产条件的一项重要内容，未投保的工程项目，不办理安全报监、不颁发施工许可证。二是加强意外伤害保险协议的管理。对未达到最低赔偿标准、未明确提供安全服务的保险协议，建设行政主管部门不予认可，并责令施工企业按照要求重新投保。三是加强对保险公司开展建筑意外伤害保险业务情况的监督管理。对存在违规操作、服务质量差、不及时按合同赔付保险金、不按规定提供安全服务等不良行为的保险公司，一经发现应立即制止，要求整改，并在全市予以通报。

4. 积极支持建筑安全中介组织参与安全服务

鉴于扬州市目前的保险公司不具备提供建筑安全生产风险管理、事故防范等安全服务能力，经建设局批准，安监站投资成立了扬州市建宁建设工程安全咨询服务公司（简称“建宁安全服务公司”），其中一项主要业务就是接受保险公司的委托，为施工企业提供安全技术服务，向保险公司收取一定的服务费。由建宁安全服务公司负责施工现场的事故预防工作，变“事后赔付”为“超前预防”，初步形成了“政府部门监管、保险机构投入、中介现场服务”的安全预控监督新格局。

根据建设部《关于加强建筑意外伤害保险工作的指导意见》，结合当前施工企业安全管理存在的薄弱环节，规定了保险公司应为投保企业提供九项安全服务。为进一步提高安全服务水平，规范安全服务行为，力争使安全服务工作格式化、程序化、规范化，圆满地完成保险公司委托的安全服务工作，建宁安全服务公司结合九项服务内容，编制了安全服务大纲。九项服务内容具体如下。

(1) 对施工企业的人员在工程施工期间进行不低于6学时的安全教育。根据工程进度分三次对项目部人员进行安全教育，每次安全教育的时间不低于2学时。为提高教育质量，建宁安全服务公司还组织人员编写了《扬州市建筑施工人员安全生产知识简明教程》，免费发放给项目部施工人员。

(2) 配合项目部对建筑施工中存在的危险源，特别是重大危险源进行辨识、评价，提出针对性的防范措施。在工程项目开工之前，建宁安全服务公司积极指导、帮助施工企业、工程项目部，在认真分析工程项目施工组织设计及各专项施工方案的基础上，根据工程项目的类型、特征、规模及企业管理水平等情况，依据《危险源辨识、评价办法》辨识危险源，采用科学的风险评价方法评价重大危险源，针对重大危险源制定严格的安全技术控制措施和组织措施，并提醒施工企业及其项目部按规定将重大危险源及控制方案报市安监站备案，进一步加强重大危险源的安全管理。

(3) 对工程项目部进行不少于一次的图片、影像等方式的警示教育。建宁安全服务公司制作了安全教育图片、购置了警示教育碟片，采用安全教育图片展览、影像播放等方式，对项目部人员进行警示教育，增强施工人员的安全意识，提高职工的安全防范能力。

(4) 配合项目部举行不少于一次的安全生产事故应急救援预案演练。建宁安全服务公司与施工企业、工程项目部联合成立应急演练策划小组，策划小组根据项目部安全生产事故应急救援预案，编制演练计划及实施方案，协助项目部组织实施应急演练。现阶段演练可分为触电急救、火灾应急救援、职工受伤救护等类型，演练可一个项目部单独进行，亦可多个项目部联合进行。通过应急救援预案的演练，提高应急救援能力和水平。

(5) 对工程项目部进行不少于一次的安全生产条件评价。在工程项目主体施工阶段，建宁安全服务公司依据《江苏省建筑施工安全生产条件评价规范（试行）》对项目部安全生产条件进行评价，形成安全生产条件评价报告，将评价报告递交工程项目部，并抄送市安监站，市安监站将评价结果作为工程项目安全生产竣工评价的重要依据。通过施工现场安全生产条件评价，进一步促进工程项目部安全生产管理水平的提高。

(6) 为施工项目部提供科学、准确、及时的安全生产管理、技术方面的咨询服务。建宁安全服务公司公布咨询电话，采用电话咨询或现场咨询的方式，依据安全生产法律、法规、国家标准、行业标准及相关管理规定等，为工程项目部提供咨询服务，帮助施工企业解决有关安全生产管理、技术方面的问题。

(7) 配合工程项目部对该工程相关安全技术进行研究。根据工程项目的特点，建宁安全服务公司积极配合工程项目部对该工程的相关安全施工技术及主管部门有关管理制度进行研究，当前主要是建筑施工安全质量标准化的实施、施工现场电子监控系统的建立等，保证工程项目的安全生产和各项管理制度的落实。

(8) 对工程项目组织不少于一次的安全生产检查指导工作。建宁安全服务公司根据工程施工进度编制安全生产检查计划，并按计划实施对工程项目部的安全生产检查指导工作，依据《建筑施工安全检查标准》现场进行评分，评分结果经项目部签字确认后，递交工程项目部。建宁安全服务公司每月将工程项目的检查结果汇总，抄送市安监站，市安监站将该评分结果作为工程项目阶段性核验的重要依据。通过建宁安全服务公司的安全生产检查指导，预防和减少安全生产事故的发生，进一步提高项目部安全生产管理水平。

(9) 对工程项目部施工人员不定期地组织安全生产知识竞赛、演讲比赛等活动。建宁安全服务公司准备好安全生产知识竞赛试题库、演讲比赛题库及相关宣传资料，分区域、分季节组织工程项目部施工人员进行安全生产知识竞赛、演讲比赛活动，对优胜单位和个人，由建宁安全服务公司给予一定的物质、经济奖励。通过安全生产知识竞赛、演讲比赛活动，增强施工人员的安全意识，丰富其安全生产知识。

5. 实施建筑意外伤害保险的几点体会

（1）建立起有效的安全生产保障机制。建筑意外伤害保险是法定的强制性保险，是安全管理的一项基本制度。我国是一个发展中国家，现在正面临繁重的建设任务，建筑业的从业人员也非常多，实行建筑意外伤害保险制度，能够建立起一个有效的安全生产保障机制。

（2）切实维护建筑业从业人员的合法权益。建筑业从业人员中绝大部分是农民工，属于弱势群体，为切实维护其合法权益，政府通过加强意外伤害保险制度建设，使他们在发生意外伤害情况下，其合法权益能得到进一步保障。

（3）充分发挥浮动费率机制的激励作用。通过实行浮动费率机制，将施工企业的投保费率与安全绩效全面挂钩，促使企业安全管理由被动接受监督向主动自我防范转变，进一步提高企业安全管理争先创优工作的积极性。

（4）增加了施工现场安全管理的力度。建筑安全中介组织受保险公司委托，为工程项目部提供建筑意外伤害保险相关安全服务，收取一定的服务费，保险公司的预防成本得到合理的开发使用。建筑安全中介组织负责施工现场的事故预防工作，强化施工过程的安全管理，为建筑安全管理增添了一股力量，增加了一道“安全防护网”。

（5）提高施工企业安全生产管理水平。目前，扬州市安全服务中介组织受保险公司委托，为工程项目部提供的九项服务内容，是当前建筑施工安全管理存在的薄弱环节，是有关法律、法规、规章要求施工企业应该做，而施工企业没有做或做得不到位的方面。通过安全服务中介组织配合、协助、帮助施工企业做好相关安全管理工作，施工企业安全管理主体责任将得到有效落实，安全管理水平将得到进一步提高。

（6）增强了建筑施工安全监管的能力。建筑安全中介组织参与现场安全服务，在业务上接受安监站的指导，并定期报告工地安全生产状况，起到了安全监管的信息员、报告员、服务员的作用，成为政府安全监管的协同力量，能够有效地解决政府安全监管部门人员、经费不到位而造成的监管不到位、存在监管真空的矛盾。目前，扬州市安监站向建宁安全服务公司抽调了8名工作人员充实到监管岗位，并调用了部分设备，加上原有编制人员及设备，基本上能满足监管工作的需要。另外安监站可根据建筑安全中介服务组织定期的安全报告，有的放矢地对问题严重的工程项目进行集中的执法整治，提高了监管效能。

近几年来，扬州市在创新建筑意外伤害保险运行机制上做了一些探索和实践，取得了初步成效。但与其他省市同行先进做法相比，还有许多需要学习借鉴的地方。在今后的工作中，将积极听取建筑意外伤害保险的工作先进经验，大力培育建筑安全中介服务市场，规范安全服务行为，采用“业绩效益”两挂钩的激励机制，促进中介服务更加到位有效，积极探索建筑意外伤害保险行业自保，进一步完善建筑意外伤害保险运行机制，推动建筑意外伤害保险工作的健康发展，提高扬州市建筑施工安全管理的整体水平。（成国华 顾勇军）

第七章 企业安全生产责任保险

安全生产责任保险（简称安责险）属于国家保监会特批的专业险种，由于有政策扶持，具有保费低、保险范围广、应急特征明显等优势。目前，国家保监会和国家安监总局正在积极推进安全生产责任保险，目的是将保险的风险管理职能引入安全生产监管体系，实现风险专业化管理与安全监管监察工作的有机结合，通过强化事前风险防范，最终减少事故发生，促进安全生产，提高安全生产突发事件的应对处理能力。

第一节 推进安全生产领域责任保险的重要性

安全生产责任险是借鉴国际上一些国家通行的做法和经验，提出来的一种带有一定公益性质、采取政府推动、立法强制实施、由商业保险机构专业化运营的新的保险险种和制度。安全生产责任保险与工伤社会保险是并行关系，是对工伤社会保险的必要补充。安全生产责任保险与意外伤害保险、雇主责任保险等其他险种是替代关系。生产经营单位已购买意外伤害保险、雇主责任保险等其他险种的，可通过与保险公司协商，适时调整为安全生产责任保险，或到期自动终止转投安全生产责任保险。

一、安全生产责任保险的含义与特点

1. 安全生产责任保险的含义

安全生产责任保险是生产经营单位在发生安全生产事故以后，对死亡、伤残都履行赔偿责任的保险，对维护社会安定和谐具有重要作用。

对于高危行业分布广泛、伤亡事故时有发生的地区，发展安全生产责任保险，用责任保险等经济手段加强和改善安全生产管理，是强化安全事故风险管控的重要措施。有利于增强安全生产意识，防范事故发生，促进地区安全生产形势稳定好转；有利于预防和化解社会矛盾，减轻各级政府在事故发生后的救助负担；有利于维护人民群众根本利益，促进经济健康运行，保持社会稳定。

2. 安全生产责任保险的特点

安全生产责任保险与工伤保险有所不同，具有自身的特点，这种特点主要体现在以下

几个方面。

(1) 安全生产责任保险是针对高危行业开办的险种，不仅可承保因企业在生产经营过程中发生安全生产事故所造成的伤亡或者下落不明，还可对应附加医疗费用、第三者责任及事故应急救援和善后处理费用。

(2) 安全生产责任保险的保险额度可以进行选择，可以在每人死亡责任限额 60 万、50 万、40 万、30 万等保险额度中，根据本企业生产危险程度、设备设施的状况、人员素质状况等条件，进行符合本企业实际情况的自主选择。

(3) 在保险期间内，被保险人合法聘用的工作人员在被保险人的工作场所内，发生安全生产事故，造成第三者死亡，应由被保险人承担的经济赔偿责任，可由保险人按照本附加险合同和主险合同的约定负责赔偿。

(4) 在保险期间内，被保险人的员工因安全生产事故导致伤残或死亡，被保险人因采取必要、合理的施救及事故善后处理措施而支出的现场施救费用、参与事故处理人员的加班费、住宿费、交通费、餐费以及生活补助费等费用，可由保险人按照合同约定负责赔偿。

(5) 在保险期间内，被保险人的工作人员因安全生产事故导致的伤残或死亡，依照中华人民共和国法律应由被保险人承担的医疗费用，保险人按照合同的约定负责赔偿。

3. 做好安全生产责任保险工作的必要性

党中央、国务院高度重视安全生产工作，近年来采取了一系列重大措施加强安全生产工作，使全国安全生产状况呈现逐年好转的态势。但是，煤矿、非煤矿山、危险化学品、烟花爆竹、道路交通、建筑施工等高危行业安全生产事故仍然居高不下，重特大事故时有发生，给人民生命财产安全造成重大损失。有效预防安全生产事故，化解事故风险，仍是当前一项十分重要而紧迫的任务。充分发挥保险在促进安全生产中的经济补偿和社会管理功能，对于加强安全生产管理、促进安全生产形势稳定好转具有十分重要的意义。

为了更好地贯彻《国务院关于保险业改革发展的若干意见》(国发［2006］23 号) 文件精神，国家安监总局 2006 年出台了《关于大力推进安全生产领域责任保险，健全安全生产保障体系的意见》(安监总政法办［2006］207 号) 文件，并在近年来探索推进安全生产责任保险、加强安全生产管理工作的基础上，于 2009 年 7 月 27 日出台《关于在高危行业推进安全生产责任保险的指导意见》(安监总政法办［2009］137 号) 文件 (以下简称《指导意见》)，为今后在全国推动安全生产责任保险工作提出了明确要求。

4. 推进安全生产责任保险的重要意义

安全生产责任保险是在综合分析研究工伤社会保险、各种商业保险利弊的基础上，借鉴国际上一些国家通行的做法和经验，提出的一种带有一定公益性质、采取政府推动、立法强制实施、由商业保险机构专业化运营的新的保险险种和制度。它的特点是强调各方主动参与事故预防，积极发挥保险机构的社会责任和社会管理功能，运用行业的差别费率和企业的浮动费率以及预防费用机制，实现安全与保险的良性互动。推进安全生产责任保险的目的是将保险的风险管理职能引入安全生产监管体系，实现风险专业化管理与安全监管监察工作的有机结合，通过强化事前风险防范，最终减少事故发生，促进安全生产，提高安全生产突发事件的应对处置能力。

实现安全生产形势持续稳定好转必须坚持综合治理，充分调动和发挥一切有利于加强安全生产工作的因素，从不同层面加大工作力度，这是安全生产方针和建立安全生产长效机制、实现长治久安的基本要求。在安全生产领域引入保险制度，特别是高危行业推进安全生产责任保险，是安全生产工作综合治理的一项重要措施，在国际上被证明是一种行之有效的做法。

推进安全生产责任保险的重要意义主要体现在以下几个方面。

(1) 强化高危行业企业市场准入。近年来，全国安全生产状况呈现逐年好转的态势。但是煤矿、非煤矿山、危险化学品、烟花爆竹、道路交通、建筑施工等高危行业安全生产形势依然严峻，重特大事故时有发生，给人民生命财产安全造成重大损失。为进一步加强高危行业企业的安全管理，强化企业安全生产事故风险防控工作，提高高危行业企业市场准入门槛，在安全生产领域引入保险制度，充分发挥安责险在促进安全生产中的经济补偿和社会管理功能，对加强企业安全生产管理、促进安全生产形势稳定好转具有十分重要的意义。

(2) 有助于发挥保险的社会管理功能。保险机构与投保单位签订了保险合同以后，就与企业一起共同构成了风险共担的关系主体，他们出于对各自利益的考虑，必须要采取一些措施，加强对企业安全生产的监督，以期减少事故、减少赔偿。同时，企业引入保险机制后，就能给本单位引入一个从自身利益出发、关注企业安全生产的市场主体，有利于防范安全生产事故的发生。

(3) 有利于形成企业安全生产自我约束机制。保险公司为了降低事故赔偿，通常会设计一些激励约束相兼容的制度条款来调动企业加强安全管理的积极性，提高企业管理人员做好安全生产工作的责任心。同时，由于保险公司为了减少安全事故的发生，往往会主动宣传安全生产工作，有利于广大从业人员提高安全意识，采取正确的安全生产方式。

(4) 保证事故发生后补偿损失的资金来源。安全生产事故发生后，尤其是中小企业发生重大、特别重大安全生产事故后，政府要及时组织抢险和救援，并介入善后工作，保证受难者家属能够得到一定的经济补偿。引入保险机制后，可事先通过保险的形式，将各生产经营单位的资金集中起来，在事故发生后，保险机构在承保范围内提供补偿。通过引入保险机制，提供了一条新的弥补损失的资金来源，从而有效减轻政府的财政负担。

二、对安全生产责任保险的认识与理解

在2006年10月召开的十六届五中全会的文件中，安全生产被明确纳入社会管理的体系。保险是运用市场机制进行社会管理的重要方式，在西方工业化国家，从事故高发到基本稳定、最终实现根本好转的发展过程中，工伤保险发挥了重要作用。在先进工业化国家，工伤保险已与安全立法、安全监察成为安全生产工作的三大支柱。

对安全生产责任保险，需要加深认识和理解，从而积极推进安全生产责任保险工作。

1. 商业保险与工伤保险的互补性

商业保险，又称金融保险，是相对于社会保险而言的。与安全生产密切结合的商业保险包括以安全生产责任险为核心，涵盖了从业人员职业健康保险、从业人员人身意外伤害保险、企业财产保险、雇主责任保险、公众责任保险等业务体系，既可以是人身保险，又可以是财产保险。

当前，我国安全生产监管监察方式主要是以行政、法律手段为主，经济手段对安全生产的导向作用还未充分发挥出来，已有的经济政策也多限于安全费用提取、资源有偿使用等“显性导向”上。按照市场经济的运作规律，用经济手段来引导企业提高抗安全风险的“隐形导向”略显不足。现阶段以经济利益和成本效应引导企业加强安全管理，在煤矿等高危行业中鼓励推行商业保险，不失为一种好的政策选择。尤其是对大量的临时用工、农民工来说，参加商业保险意义重大。2006年5月，国务院制定并颁布了《关于保险业改革发展的意见》(国发［2006］23号)，提出要“大力发展责任保险，健全安全生产保障和突发事件应急保险机制”。可见，发挥商业保险在安全生产领域的积极作用，既是实现社会安全发展的需要，也是保险业改革发展的必然要求。

2. 在安全生产领域中引入商业保险的积极作用

在安全生产中引入商业保险，对促进企业安全生产管理具有积极的作用，这种积极作用主要体现在以下几个方面。

(1) 商业保险机构从自身利益出发，会将保险费率与投保企业的行业风险类别、职业伤害频率、安全生产基础条件等，以及企业一段时间内的事故和赔付情况挂钩，实行差别、浮动费率。为了降低保费支出，投保企业在费率机制的作用下，会重视做好安全生产工作，加强安全防范，提高自身的安全信用等级。

(2) 安全生产责任险属于雇主责任险种，商业保险机构会从关心资产的角度，主动采取防灾防损措施，对于安全生产事故预防将起到积极的推动作用。他们会有重点、有针对

性地对投保企业进行安全检查，对隐患严重的客户提出安全生产改进措施，积极推广安全性能可靠的新技术、新工艺，能促使企业提高本质安全水平；日常通过加强公益性、社会性的安全生产教育，增强从业人员和社会公众的安全意识；通过向客户提供控制与防止事故和损失的咨询服务，帮助客户降低风险，预防安全事故。

（3）商业保险机构在伤亡事故发生后开展的理赔勘查，是对企业安全生产工作的一种特殊形式的督促检查。通过调查，不仅可以划分责任，还可以发现企业安全生产工作的差距和问题，促使企业“亡羊补牢”，防止同类事故再次发生。从政府角度看，推行安全生产责任险可以帮助政府解决安全生产事故发生后行政赔偿的后顾之忧，使政府跳出过去“企业挣钱、政府发丧”的怪圈；从企业角度看，投保安全生产责任险，能够转嫁安全生产事故造成的经济赔偿压力，便于事故后迅速恢复生产再谋发展；从工人角度看，雇工不用交多少钱，权益保障却得到了体现。

3. 在安全生产领域中引入商业保险的尝试

目前，我国许多地方已进行了有益的尝试。2005 年年底，注册资金 5 亿元人民币的安诚财产保险股份有限公司成立。安诚财险成立的初衷就是专门做安全生产意外险，以改变目前政府埋单安全生产事故的局面。它是经中国保监会批准、设在西南地区的首家全国性、股份制、商业化中资保险公司。2006 年，注册资金同为 5 亿元人民币的中煤财产保险股份有限公司在山西现身，它是由山西省煤炭工业局、大同煤矿集团公司等山西省内国有重点煤矿企业、中国中煤能源集团公司联合发起，在国内设立的第一家煤矿专业保险公司。

2006 年 11 月，青海省安全监管局、青海煤矿安监局和青海保险监管局联合召开了全省推动安全生产领域商业保险工作会议，决定率先在煤矿、烟花爆竹等高危行业中推行安全生产责任险，随后逐步扩大到各个行业。2007 年，山东省烟台市在所有安全生产领域引入商业责任保险，用以弥补现有工伤保险的不足。据了解，该市商业责任险将率先在高危行业、一般行业高危作业人员以及中小企业中推广，高危行业及一般行业高危作业人员参保率力争达到 100%，中小企业争取达到 60%。参保人员年度投保的保障额度不低于 20 万元，以初步实现事故损失补偿以工伤社会保险和商业保险为主，化解事故造成的政府救助风险和企业赔偿风险。

4. 在安全生产领域中引入商业保险显露的问题

在安全生产领域中引入商业保险的尝试，虽然刚刚开始，但也显露出一些问题。

（1）煤矿企业的高风险和高赔付率影响了保险公司的积极性。山西省共有 11 家财产险公司，却只有 1 家在积极地做雇主责任险业务，因为雇主责任险的经营效果并不理想。首先是保险机构的高赔付率。例如，矿主只给自己煤矿 10% 的工人投保，因煤矿工人流动性大，雇主责任险一般采取无记名的投保方式，所以无论遇难者是谁，雇主都去保险公司索赔。在推行中有保险公司就提出，由于不实行实名制，担心企业会在投保人数上做“手脚”，保险公司感觉很吃亏。显而易见，500 人的事故发生率当然远高于 200 人。而企业交 200 人的保费，却可以给 500 人保险，这在一定程度上抬高了保险机构的赔付率。根据相关资料，2001—2003 年，山西省共收取井下煤矿工人雇主责任险保费 6 606.23 万元，支付赔款 7 467.29 万元，赔付率达到 113.03%，个别地方赔付率为 140%～150%。其次是投保企业的低保费率。我国目前把煤矿同建筑安装工程列为同一个风险层次，煤炭雇主责任险的费率仅为 0.5%～1%，比石油钻井、勘探行业的费率低。而实际上，煤矿事故的发生率通常高于金属矿业和石油钻井业，现行的保费率明显偏低。高赔付率和低保费率导致保险公司的经营风险加大，经营利润微薄甚至赔本。解决之道是适当提高保险公司的定价能力，对投保企业实行差异化经营，充分发挥保险的经济杠杆调节作用。保险机构自身也面临着积极拓展市场，做大规模，降低风险，实现收益的问题。

（2）由于我国在安全生产责任险等雇主责任险方面的相关法律法规不够健全，造成了有时社会保险和商业保险区别界定比较模糊，哪些领域属于哪个监管主体管理的对象，哪些领域属于社会保险，哪些领域商业保险可以介入等就缺乏明确的标准，在实践中有时容易发生交叉冲突。比如，某省安全监管部门强制推行 20 万元雇主责任险后，许多老板甚至国有煤矿企业都想退出工伤保险，理由是投保了雇主责任险，反正出了事故有保险公司赔付 20 万元，那么参加工伤保险还有什么意义呢？这种状况引发劳动监察部门的关注，因为不缴纳工伤保险费是违反《劳动法》及其下位法《工伤保险条例》的违法行为。这一做法反映出企业雇主缺乏正确的认识外，还与相关法律法规不健全、不匹配有很大关系。

（3）安全生产责任险是保险业中的一个大市场，在可以预见的将来，会有越来越多的市场主体参与进来。激烈的市场竞争容易导致政府安全监管部门的隐形腐败行为。在实际操作过程中，有的保险公司为了竞争这一保险市场，借机将此险种的业务代理归属于当地安监机构属下的某个虚设单位或公司，让其出面办理并与其达成按比例分成的约定。本质上说这是一种利用公权力进行变相操纵的商业贿赂行为，对相关行为人除了要进行党纪政纪行为处分外，最重要的还是要进行“制度反腐”，制定相关配套政策法规和细化措施。

5. 推行安全生产责任保险需要注意的问题

从目前实际情况看，可先从以下三个方面推行安全生产责任保险。

（1）在各类企业，特别是小企业，积极推行工伤事故雇主责任险。小企业事故多发，已经成为当前安全生产领域的突出矛盾和问题。2001 年以来，全国发生的一次死亡 3 人以上的重特大事故，70%发生在小企业。在小企业推行工伤事故雇主责任险，有助于强化业主的安全意识，保障小企业的健康发展。

（2）在煤矿等高风险行业推行商业人身意外伤害险。推行这一险种的法律依据非常充分，我国《安全生产法》《劳动法》《煤炭法》《建筑法》等对此都有明确规定。由于高风险行业事故频发，赔偿数额大，迫切需要引入商业保险运作机制，基本思路是通过政府引导，使企业自觉自愿上缴一定的保险费用，由特定的商业保险公司对企业工伤事故实行承保。

（3）探索和发展商业性工伤事故同业保险。借鉴国外成熟经验，本着风险共担的原则，选择伤亡事故多发、安全生产任务繁重的行业和领域，如煤矿、非煤矿山、危险化学品、烟花爆竹、建筑施工等，探索和实行工伤事故同业保险。设立行业性工伤保险基金，依托商业保险公司、行业协会和相关机构，依法建立具有社团法人资格的基金管理和经办机构。按照“以收定支、收支平衡”的原则合理筹措、分配和使用保险基金。

由于工伤保险具备无过错责任原则，即不管是雇主过错还是工人自己过错或他人过错造成的工伤，都可以得到及时救助和寻求后续保障。工伤保险还具有国家强制、待遇法定、一次性和长期性相结合和非营利等公益性质，它仍将发挥重要作用。而将商业保险引入安全生产领域尚属新生事物，正在探索之中。由于各方利益关系交错，实施起来并不会一帆风顺。有关专家也多次指出，安全生产责任应该由各级政府和企业负责，商业保险介入安全生产只是安全生产管理的一个补充和完善，它并不能代替工伤保险，更不能代替各种安全管理和安全措施的落实。因此，作为加强安全生产管理的一个有效辅助手段，商业保险的作用值得期待，但不能对其完全依赖。

第二节　安全生产责任保险相关规定

2006 年 9 月 27 日，国家安全生产监督管理总局、中国保险监督管理委员会联合下发《关于大力推进安全生产领域责任保险，健全安全生产保障体系的意见》。2009 年 7 月 22 日，国家安全监管总局下发《关于在高危行业推进安全生产责任保险的指导意见》。2010 年 3 月，国家安全监管总局要求继续推进高危行业安全生产责任保险和安全生产风险抵押金转换工作。从安全生产责任保险的实施目标来看，责任保险会成为化解社会矛盾纠纷、减轻政府管理压力的有效手段，这是确定无疑的。

一、《关于大力推进安全生产领域责任保险，健全安全生产保障体系的意见》相关要点

2006 年 9 月 27 日，国家安全生产监督管理总局、中国保险监督管理委员会联合下发

《关于大力推进安全生产领域责任保险，健全安全生产保障体系的意见》（安监总政法［2006］207号）（以下简称《意见》）。《意见》指出：“党中央、国务院高度重视安全生产工作，党的十六届五中全会提出了安全发展的理念，强调在经济发展的过程中要高度重视和切实抓好安全生产工作，实现安全发展。”2006年5月31日，国务院第138次常务会议专题研究保险业改革发展问题，制定和发布了《国务院关于保险业改革发展的若干意见》（国发［2006］23号），其中提出要“大力发展责任保险，健全安全生产保障和突发事件应急保险机制”。为落实十六届五中全会精神和国务院第138次常务会议要求，进一步发挥商业保险促进安全生产的积极作用，健全和完善我国安全生产保障体系，提出以下相关意见。

1. 充分认识发展责任保险对于社会安全发展的重要意义

实现安全发展是全面落实科学发展观的必然要求，也是构建社会主义和谐社会的迫切需要。在经济持续快速增长的同时，我国安全生产保持了总体稳定、趋于好转的发展态势，但目前安全生产形势依然严峻，事故总量还很大，煤矿等重点行业领域重特大事故多发的势头还未得到有效遏制。我国正处于工业化进程中的安全事故“易发期”。

保险是运用市场机制进行社会管理的重要方式。责任保险是指以被保险人对第三者依法应负的赔偿责任为保险标的的保险，它具有较强的经济补偿与社会管理功能。通过建立责任保险制度，有利于预防和化解社会矛盾，减轻政府在事故发生后的救助负担，促进政府职能转变。对于维护人民群众的利益、促进经济健康运行、保障社会安定，都具有十分重要意义。国内外的经验和国内现实情况均表明，运用商业责任保险与安全生产工作相结合的手段，是解决事故预防、灾害处置、利益保障等安全生产问题的有效机制。

发挥商业保险的积极作用，既是实现社会安全发展的需要，也是保险业改革发展的必然趋势。但是，在我国安全生产保障体系中，责任保险缺位的现象还比较突出。因此，大力推动责任保险与安全发展的有效结合，充分运用责任保险经济手段加强和改善安全生产状况，是当前安全生产监督管理部门和保险监管部门、保险企业面临的一项重要而紧迫的工作。

2. 准确把握发展安全生产领域责任保险的指导原则和工作目标

（1）指导原则。以邓小平理论和“三个代表”重要思想为指导，落实以人为本，全面、协调、可持续的科学发展观，坚持“安全第一，预防为主，综合治理”的方针，探索推进将商业责任保险机制引入安全生产领域的方式和途径，为安全生产领域责任保险的健康发展营造良好环境，逐步建立起商业责任保险与安全生产工作结合的良性互动机制，促进责任保险机制对于安全生产风险的有效管理，进一步健全完善社会安全发展保障制度。

（2）工作目标。逐步建立起符合各行业安全发展需要的责任保险制度，初步形成“政府推动、市场运作"的安全生产领域责任保险发展机制。按照《国务院关于保险业改革发展的若干意见》的要求，首先在采掘业、建筑业等高危行业推行雇主责任险、商业补充工伤责任保险试点，取得经验后逐步在其他高危行业、公众聚集场所等领域推广。探索保险与高危行业安全生产风险抵押金相结合的风险管理制度。到 2010 年，力争实现安全生产领域责任保险产品体系相对完备、保险服务覆盖全面、突出事故预防机制的风险管理水平显著提高的发展目标，促进多方合作共赢。

3. 认真履行各部门各机构职责，切实保障和促进安全生产领域责任保险持续快速健康发展

（1）安全生产监督管理部门

各级安全生产监督管理部门要认清商业责任保险的积极作用和重要意义，充分认识到引入商业责任保险机制是抓好安全生产工作、实现安全发展的有效途径。要为安全生产与责任保险的结合营造良好的社会氛围，高度重视加强与当地保险监管部门、保险企业的协调合作，积极研究解决工作中的问题，切实做好安全生产领域责任保险的组织协调工作。

一是要把发展责任保险纳入安全生产工作规划中，积极探索安全生产监督与责任保险结合的新途径、新方法，引导、鼓励有关生产经营单位，首先是采掘业、建筑业等高危行业和公众聚集场所等领域投保责任保险。条件具备的，可推动制定相关的地方法规和政策。

二是要与保险监管部门、保险企业加强沟通和协调，在总结经验的基础上，创新服务模式，帮助保险公司运用费率杠杆调节手段，促进生产经营主体加强和改善安全生产工作。要积极探索加强事故预防的有效途径，可借鉴国内外的做法和经验，积极与保险监管部门及保险企业一起，探索按照保费一定比例提取费用用于安全预防的做法，加大事故预防的手段和力度。

三是要切实做好相关试点的组织、宣传、指导和检查工作。指导重点行业的企业参加责任保险的试点，并做好相关的监督检查工作，确保试点工作的稳步开展，通过试点工作不断总结经验。

（2）保险监管部门

各级保险监管部门要牢固树立政治意识、大局意识、责任意识，充分认识到开展安全生产责任保险工作是保险业服务经济社会、发展全局的重要体现，也是加快保险业自身发展的必然趋势。要与当地安全生产监督管理部门加强信息沟通，加强工作联系，认真研究制定相关政策，鼓励和引导保险企业积极进行产品创新和服务创新，制定指导性的行业服务标准，引导和督促保险企业规范经营，确保各项工作有序开展。

（3）各财产保险公司

各财产保险公司要在政府相关部门的指导下，认真贯彻落实有关政策方针，与生产企

业积极探索合作内容，自觉投入到安全发展保障机制建设中，实现与其他社会主体的共同发展。

一是要进一步加大对市场的调查与分析力度，结合实际，开发出适销对路的责任保险产品，不断建立以市场需求为导向的责任保险产品体系。

二是要不断改善服务质量，提高服务效率，增强专业化经营水平。强化事前预防机制，通过开展培训、咨询、宣传等活动，促进企业改进生产管理水平，及时消除事故隐患；加强防灾防损检查，在检查中发现的重大安全隐患，在要求被保险人整改的同时，将有关情况抄送当地安全生产监督管理部门，达到预防、控制和管理风险的目的；在发生保险事故时积极参与抢险救灾，主动、迅速、准确地核定赔款；事后要及时、合理地履行保险赔偿责任。

三是要充分发挥保险费率的价格杠杆作用，督促企业自觉做好安全生产工作。实行与被保险企业的安全生产基础设施条件、技术管理水平及以往事故记录等相结合的费率浮动机制。有条件的要建立事故统计数据库，实现业务的精细化管理。

四是要诚信经营，做好理赔服务工作。事故发生后，要积极配合相关部门参与对事故的调查、救援和处置工作，及时核定损失和支付赔款，更好地发挥保险业保障经济、造福于民的作用。

二、《关于在高危行业推进安全生产责任保险的指导意见》相关要点

2009 年 7 月 20 日，国家安全生产监督管理总局下发《关于在高危行业推进安全生产责任保险的指导意见》（安监总政法［2009］137 号）（以下简称《指导意见》），《指导意见》指出：党中央、国务院高度重视安全生产，近年来采取了一系列重大措施加强安全生产工作，使全国安全生产状况呈现逐年好转的态势。但是，煤矿、非煤矿山、危险化学品、烟花爆竹、道路交通、建筑施工等高危行业安全生产事故仍然居高不下，重特大事故时有发生，给人民生命财产安全造成重大损失。有效预防安全生产事故，化解事故风险，仍是当前一项十分重要而紧迫的任务。充分发挥保险在促进安全生产中的经济补偿和社会管理功能，对于加强安全生产管理、促进安全生产形势稳定好转具有十分重要的意义。

安全生产责任保险是在综合分析研究工伤社会保险、各种商业保险利弊的基础上，借鉴国际上一些国家通行的做法和经验，提出来的一种带有一定公益性质、采取政府推动、立法强制实施、由商业保险机构专业化运营的新的保险险种和制度。它的特点是强调各方主动参与事故预防，积极发挥保险机构的社会责任和社会管理功能，运用行业的差别费率和企业的浮动费率以及预防费用机制，实现安全与保险的良性互动。推进安全生产责任保险的目的是将保险的风险管理职能引入安全生产监管体系，实现风险专业化管理与安全监

管监察工作的有机结合，通过强化事前风险防范，最终减少事故发生，促进安全生产，提高安全生产突发事件的应对处置能力。

为了更好地贯彻《国务院关于保险业改革发展的若干意见》（国发［2006］23号）精神，有效推进安全生产责任保险，充分发挥保险机制在加强安全生产工作中的重要作用，在各地探索实践的基础上，提出以下指导意见。

1. 充分认识推进安全生产责任保险的重要意义

实现安全生产形势持续稳定好转必须坚持综合治理，充分调动和发挥一切有利于加强安全生产工作的因素，从不同层面加大工作力度，这是安全生产方针和建立安全生产长效机制、实现长治久安的基本要求。在安全生产领域引入保险制度，特别是高危行业推进安全生产责任保险，是安全生产工作综合治理的一项重要措施，在国际上被证明是一种行之有效的做法。

一是有助于发挥保险的社会管理功能，促进安全防范措施的落实，降低安全生产事故的发生概率。保险机构与投保单位签订了保险合同以后，就与企业一起共同构成了风险共担的关系主体，他们出于对各自利益的考虑，必须要采取一些措施，加强对企业安全生产的监督，以期减少事故、减少赔偿。同时，企业引入保险机制后，就能给本单位引入一个从自身利益出发、关注企业安全生产的市场主体，有利于防范安全生产事故的发生。

二是有利于形成企业安全生产自我约束机制，提高企业员工的安全意识。保险公司为了降低事故赔偿，通常会设计一些激励约束相兼容的制度条款来调动企业加强安全管理的积极性，提高企业管理人员做好安全生产工作的责任心。同时，由于保险公司为了减少安全事故的发生，往往会主动宣传安全生产工作，有利于广大从业人员提高安全意识，采取正确的安全生产方式。

三是能够保证安全生产事故发生后补偿损失的资金来源，减轻政府的负担。安全生产事故发生后，尤其是中小企业发生重大、特别重大安全生产事故后，政府要及时组织抢险和救援，并介入善后工作，保证受难者家属能够得到一定的经济补偿。引入保险机制后，可事先通过保费的形式，将各生产经营单位的资金集中起来，在事故发生后，保险机构在承保范围内提供补偿。通过引入保险机制，提供了一条新的弥补损失的资金来源，能有效减轻政府的财政负担。

2. 推进安全生产责任险的指导思想和基本原则

指导思想：以科学发展观为指导，坚持安全发展理念和“安全第一、预防为主、综合治理”方针，从建立安全生产长效机制出发，采取政府推动和市场化运作相结合的方式，在高危行业积极推进安全生产责任保险，充分利用保险的风险控制和社会管理功能，加强

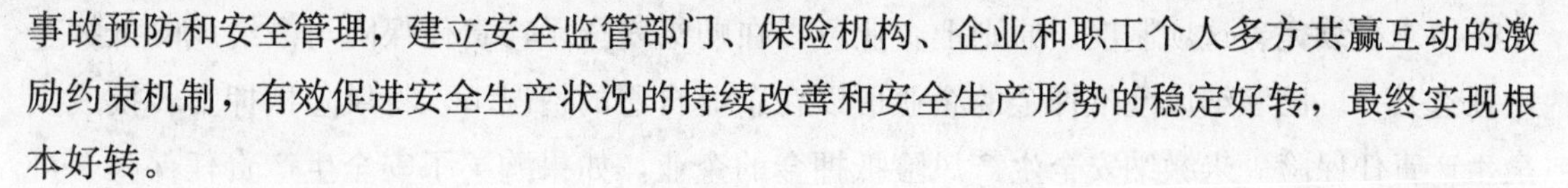

事故预防和安全管理，建立安全监管部门、保险机构、企业和职工个人多方共赢互动的激励约束机制，有效促进安全生产状况的持续改善和安全生产形势的稳定好转，最终实现根本好转。

基本原则：

（1）坚持立法强制和政策引导相结合。在煤矿、非煤矿山、危险化学品、烟花爆竹等行业推进安全生产责任保险的同时，积极争取通过立法的形式，强制推行。在税收、资金、目标责任考核、行业发展战略等方面，研究制定一些有利于企业积极投保安全生产责任保险的政策，引导企业积极投保。

（2）坚持政府推动和市场化运作相结合。政府有关部门通过行政手段积极组织、沟通、协调保险机构和高危行业生产经营单位，设计适合行业和地方需要的安全生产责任保险产品和条款，建立健全责任保险服务体系，共同推进安全生产责任保险的开展。在运行中充分尊重保险公司与投保单位的意愿，实行市场化双向选择，逐步达到保险公司与投保单位互利共赢的局面。

（3）坚持不过多增加企业负担。在充分测算企业安全生产投入、事故损失、风险抵押金等各项安全生产费用开支的基础上，合理确定安全生产责任保险费率和保险水平，让企业真正感到没有过多增加经济负担，并能享受投保安全生产责任保险所带来的实惠。

（4）坚持试点先行，以点带面，全面推动。要把推动安全生产责任保险作为一项重要工作来抓。通过确定试点地区、行业，加大工作力度，及时总结经验，在试点的基础上在高危行业逐步推开。

3. 处理好推进安全生产责任保险中一些重点问题

（1）参保企业及保险范围。原则上要求煤矿、非煤矿山、危险化学品、烟花爆竹、公共聚集场所等高危及重点行业推进安全生产责任保险。保险范围主要是事故死亡人员和伤残人员的经济赔偿、事故应急救援和善后处理费用。对伤残人员的赔偿，可参考有关部门鉴定的伤残等级确定不同的赔付标准，并在保险产品合同中载明。

（2）保额的确定与调整。由各省（区、市）根据本地区的经济发展水平和安全生产实际状况分别制定统一的保额标准。目前，原则上保额的底线不得低于20万元/人。

（3）费率的确定与浮动。首次安全生产责任保险的费率可以根据本地区确定的保额标准和本地区、行业前3年安全生产事故死亡、伤残的平均人数进行科学测算。各地区、行业安全生产责任保险的费率根据上年安全生产状况实行一年浮动一次。具体费率执行标准及费率浮动办法由省级安全监管部门和煤矿安全监察机构会同有关保险机构共同研究制定。

（4）处理好安全生产责任保险与风险抵押金的关系。安全生产风险抵押金是安全生产责任保险的一种初级形式，在推进安全生产责任保险时，要按照国务院国发［2006］23号文件要求继续完善这项制度。原则上企业可以在购买安全生产责任保险与缴纳风险抵押金中任选其一。已缴纳风险抵押金的企业可以在企业自愿的情况下，将风险抵押金转换成安全生产责任保险。未缴纳安全生产风险抵押金的企业，如果购买了安全生产责任保险，可不再缴纳安全生产风险抵押金。

(5) 有关保险险种的调整与转换。安全生产责任保险与工伤社会保险是并行关系，是对工伤社会保险的必要补充。安全生产责任保险与意外伤害保险、雇主责任保险等其他险种是替代关系。生产经营单位已购买意外伤害保险、雇主责任保险等其他险种的，可以通过与保险公司协商，适时调整为安全生产责任保险，或到期自动终止，转投安全生产责任保险。

(6) 发挥中介机构的作用。在推进安全生产责任保险工作中，可以根据需要选择保险经纪公司代理保险的投保、赔付、参与事故预防工作等相关事宜。鼓励选择有实力、有信誉、有良好服务水平的保险经纪公司代理保险业务，发挥保险经纪公司专业化服务的作用。

(7) 保险公司和保险经纪公司的准入。安全生产责任保险是一项新的制度和险种，涉及的领域多、范围广，社会敏感性大，有的事故赔付额度巨大，必须选择有条件的保险公司、保险经纪公司进行投保。国家安全监管总局将组织有关专家对申请办理安全生产责任保险的保险机构资质进行审核，并公布审核结果。已经选择保险机构开展投保业务的地区，省级安全监管部门、煤矿安全监察机构要将选择情况报国家安全监管总局备案。

(8) 加大在煤炭行业推进安全生产责任保险力度，并逐步推广到其他高危行业。煤炭行业作为一个危险性较大的特殊行业，推进安全生产责任保险有较好的基础和成功的经验。依据有关法律法规和国务院有关规定，在煤炭行业推进安全生产责任保险，各方面的条件比较成熟，应采取有效措施，加大力度，积极推进。非煤矿山、建筑施工、危险化学品、烟花爆竹等高危行业也要积极推进安全生产责任保险。

4. 推进安全生产责任保险工作的基本要求

(1) 加强对推进安全生产责任保险工作的组织领导。各省级安全监管部门、煤矿安全监察机构要把在高危行业推进安全生产责任保险作为一项重要工作来抓，有条件的地区可以确定3～5个市先行试点，积累经验。推进安全生产责任保险是一项复杂的工作，关系到各方利益的调整，不仅涉及面宽，而且政策性强，必须加强政府对推进安全生产责任保险工作的领导，及时研究解决工作进程中遇到的各种困难和问题。安全监管部门、煤矿安全监察机构要加强与保险监管部门的密切合作，建立沟通和协调机制，履行好自身的职责，共同做好推进安全生产责任保险工作，对于好的做法和经验及时组织推动和交流。

(2) 加强政策研究，完善工作机制。要深入开展在安全生产领域引入保险机制的理论和政策研究，并结合实际，研究解决投保安全生产责任保险实际运行过程中出现的矛盾和问题。通过深入的研究，为安全生产领域引入保险机制提供政策支持。

（3）把事故预防作为推进安全生产责任保险工作的重点。事前预防是安全生产工作的首要任务和价值所在。保险机构应加大安全生产的预防性投入，主动开展公益性、社会性的安全生产宣传教育培训和安全文化建设，以增强从业人员和社会公众的安全意识，实施超前预防，从而减少事故、降低赔付，实现保险机构的经济效益与社会效益的统一。

（4）建立安全生产与保险业良性互动机制。借鉴国内外在安全生产领域引入商业保险的做法和经验，不断开发、完善适合于我国不同高危行业的安全生产责任保险产品，逐步形成服务于安全生产的专业化产品体系。进一步强化保险的社会辅助管理功能，逐步实现保险业由单一产品营销服务模式，向服务安全生产的安全评价、风险预警和控制、应急救援、事故评估等多功能职能模式转变，为促进安全生产形势持续稳定好转做出贡献。

（5）加大宣传力度，营造有利的舆论环境。要采取多种形式，加大宣传力度，提高有关方面及全社会的认知、认同感，提高安全保险意识，使推进安全生产责任保险工作在全社会形成广泛共识，营造一个良好的氛围。

三、推进高危行业安全生产责任保险相关问题解答

2009年7月20日，国家安监总局发布《在高危行业推进安全生产责任保险的指导意见》（安监总政法［2009］137号），要在高危行业积极推进安全生产责任保险。国家安监总局副局长孙华山，为此对推进高危行业安全生产责任保险相关问题进行了解答。

1．在安全生产领域推进安全生产责任保险，对促进安全生产工作的意义

在安全生产领域特别是高危行业引入保险机制，积极推进安全生产责任保险，对于加强安全生产工作，促进安全生产形势持续稳定好转，具有十分重要的意义。

当前我国安全生产呈现总体稳定、趋向好转的发展态势，但形势依然严峻，表现出事故总量大，经济损失严重，重特大事故尚未得到有效控制，职业安全危害严重，自然灾害引发事故增多的特点，需要全方位采取措施进行综合治理。因此，大力发展保险制度，引入保险机制，在安全生产领域特别是高危行业推进安全生产责任保险，是加强安全生产工作综合治理的重要措施之一。

推进安全生产责任保险，对于加强安全生产工作具有重要的促进作用。安全生产领域引入保险机制，发挥保险对安全生产的事故赔偿、康复，特别是事故预防功能，不仅使安全生产工作多一种手段，多一分支持，多一分保障，而且二者相辅相成，良性互动，共同服务和促进安全生产工作。这样有助于发挥保险的社会管理功能，促进安全防范措施的落实，降低安全生产事故的发生概率；有利于形成企业安全生产自我约束机制，提高企业员

工的安全意识；能够保证安全生产事故发生后补偿损失的资金来源，减轻政府的负担。

保险与安全生产工作相结合，保险机构介入安全生产事故预防是国际上一条成功的经验。如德国的同业工伤事故保险协会，既负责事故调查、办理赔付，也负责企业安全生产日常性的监督检查，提供安全生产政策、技术等方面的咨询和指导。由于保险机构面向企业所做的工作，是以防范事故、服务企业为出发点和落脚点，非常容易被企业所接受。而其独特的经济手段和激励、约束机制，又是一般政府监管监察工作所无法替代的。据了解，目前，在全球近200个国家中，有170多个国家建立了不同形式的社会保障制度。其中，建立工伤保险的有164个国家，占95%以上。各国工伤保险的主要模式有商业保险、社会保险、商业保险同社会保险互补并存3种形式。无论是哪一种形式，都对加强安全生产工作产生了十分重要的作用。这一成功的做法值得我们借鉴。

2. 在高危行业积极推进安全生产责任保险，应该遵循的原则和思路

在高危行业推行安全生产责任保险的总体要求是：以科学发展观为指导，坚持“安全发展”理念和“安全第一、预防为主、综合治理”方针，从建立安全生产长效机制出发，采取政府推动和市场化运作相结合的方式，在全国高危行业积极推进安全生产责任保险，充分利用保险的风险控制和社会管理功能，突出加强事故预防和安全管理，建立安全监管部门、保险机构、企业和职工个人多方共赢互动的激励约束机制，有效促进安全生产状况的持续改善和安全生产形势的稳定好转，最终实现根本好转。同时，注意把握好以下基本原则。

（1）坚持立法强制和政策引导相结合。按照《国务院关于保险业改革发展的若干意见》（国发［2006］23号）文件的要求，在煤矿、非煤矿山、危险化学品、烟花爆竹等行业，积极争取通过立法的形式，强制推行安全生产责任保险。在税收、资金、目标责任考核、行业发展战略等方面，研究制定一些有利于企业积极投保安全生产责任保险的政策，引导企业积极投保。

（2）坚持政府推动和市场化运作相结合。政府有关部门通过行政手段，积极组织、沟通、协调保险机构和高危行业生产经营单位，研究设计适合行业和企业需要的安全生产责任保险产品和条款，建立健全责任保险服务体系，共同推进安全生产责任保险的开展。在运行中充分尊重保险公司与投保单位的意愿，实行市场化双向选择，逐步实现保险机构与投保单位互利共赢的目的。

（3）坚持不过多增加企业负担。在充分测算企业安全生产投入、事故损失、风险抵押金等各项安全生产费用开支的基础上，合理确定安全生产责任保险费率和保险水平，让企业真正感到没有过多增加经济负担，并能享受投保安全生产责任保险所带来的实惠。

（4）坚持试点先行，以点带面，全面推动。各地都要把推动安全生产责任保险作为一

项重要工作来抓。通过确定试点地区、行业，加大力度进行指导，及时总结经验，在试点的基础上全面推开。

3. 在推进安全生产责任保险工作中，需要关注和解决的重点

应重点关注的问题，一是参保企业及保险范围问题。原则上要求煤矿、非煤矿山、危险化学品、烟花爆竹、公共聚集场所等高危行业全面推行安全生产责任保险。保险范围主要包括事故死亡人员和伤残人员的经济赔偿、事故应急救援和善后处理费用。在试行阶段，各地可以突出选择上述的几项或全部进行投保。对伤残人员的赔偿，可参考有关部门鉴定的伤残等级确定不同的赔付标准，并在保险产品销售合同中载明。二是保额的确定与调整问题。由各省（区、市）根据本地区的经济发展水平和安全生产实际状况分别制定统一的保额标准。目前，原则上要求保额底线不得低于20万元/人。三是费率的确定与浮动问题。首次安全生产责任保险的费率根据本地区确定的保额标准和本地区、行业前3年安全生产事故死亡、伤残的平均人数进行科学测算。各地区、行业安全生产责任保险的费率根据上年安全生产状况实行一年浮动一次。具体费率执行标准及费率浮动办法由各省级安全监管部门会同有关保险机构、参保企业共同研究制定。在推进安全生产责任保险的过程中，还会有新问题出现，还需要在实践中不断研究解决问题的办法。

4. 在推进安全生产责任保险工作中，如何落实突出事故预防

防范胜于救灾。事前预防是安全生产工作的首要任务和价值所在，也是“安全第一、预防为主、综合治理”安全生产方针的基本要求。有资料表明，预防性安全投入与事故后整改投入的效果关系比是5∶1。因此，预防性安全投入是搞好安全生产的关键。保险公司在资金方面对安全生产的预防性投入（国外一般占保费收入的15%），主要用于公益性、社会性安全生产宣传教育和安全文化建设，以增强从业人员和社会公众的安全意识，实施超前预防，从而减少事故，降低赔付，实现保险机构的经济效益与社会效益的统一。

在高危行业推行安全生产责任保险，必须把预防作为重点，这是在安全生产领域引入保险机制的意义所在。除了运用确定、调整行业企业差别、浮动费率杠杆之外，要在保费中按一定比例计提出一部分来，专门用于事故预防，包括作为宣传教育培训经费、安全生产方面的表彰与奖励等。此外，保险机构还应通过自身的有效服务，主动介入和参与企业的事故预防工作。如对企业进行风险评价，指出风险所在，提出加强改进的措施等。通过加大各方面事故预防工作的力度，不断强化安全生产基础，为实现安全生产形势的持续稳定好转创造条件。

第三节 推进安全生产责任保险工作需要注意的问题

安全生产责任保险（以下简称安责险）是在综合分析研究工伤社会保险、各种商业保险利弊的基础上，借鉴国际上一些国家通行的做法和经验，提出来的一种带有一定公益性质、采取政府推动、立法强制实施、由商业保险机构专业化运营的新的保险险种和制度。安责险的特点是强调各方主动参与事故预防，积极发挥保险机构的社会责任和社会管理功能，运用行业的差别费率和企业的浮动费率以及预防费用机制，实现安全与保险的良性互动。推进安责险的目的是将保险的风险管理职能引入安全生产监管体系，实现风险专业化管理与安全监管监察工作的有机结合，通过强化事前风险防范，最终减少事故发生，促进安全生产，提高安全生产突发事件的应对处置能力。

一、推行安全生产责任保险的探讨

1. 政府是如何推动安全生产责任保险的

2006 年 5 月 31 日，国务院第 138 次常务会议专题研究保险业改革发展问题，制定和发布了《国务院关于保险业改革发展的若干意见》（国发［2006］23 号），提出要“大力发展责任保险，健全安全生产保障和突发事件应急保险机制”，要“充分发挥保险在防损减灾和灾害事故处置中的重要作用”以及“在煤炭开采等行业推行强制责任保险试点，取得经验后逐步在高危行业、公众聚集场所、境内外旅游等方面推广”等要求。

2006 年 9 月，国家安全生产监督管理总局和中国保险监督管理委员会联合颁发了《关于大力推进安全生产领域责任保险，健全安全生产保障体系的意见》（安监总政法［2006］207 号），文件提出：首先在采掘业、建筑业等高危行业推行雇主责任险、商业补充工伤责任保险试点，取得经验后逐步在其他高危行业、公众聚集场所等领域推广。探索保险与高危行业安全生产风险抵押金相结合的风险管理制度。

2009 年 6 月 18 日，国家安全生产监督管理总局在河南郑州召开了全国推进高危行业安责险座谈会，总结和交流各地推进安责险、加强安全管理工作的做法和经验，研究探索推进安责险的思路和措施。7 月 22 日，国家安全生产监督管理总局颁发了《关于在高危行业推进安全生产责任保险的指导意见》（安监总政法［2009］137 号），在全国正式全面启动安责险的推进工作。

2010年3月25日，国家安全生产监督管理总局办公厅印发《关于印发2010年安全生产政策研究重点工作安排的通知》(安监总厅政法〔2010〕52号)，明确了2010年安全生产政策研究重点工作安排。其中指出，要继续推进高危行业安责险和安全生产风险抵押金转换工作。

2010年6—8月，国家安全生产监督管理总局政法司会同中国安全生产协会组织了全国安责险试点情况调研工作，先后召开了3次座谈会，听取了48家省级安全监管、监察部门的汇报，有针对性地开展了业务指导工作，有力地推动了安责险工作的深入开展。

2010年7月19日，国务院印发《关于进一步加强企业安全生产工作的通知》(国发〔2010〕23号)，对我国安全生产工作进行了全面部署，其中明确提出要"积极稳妥地推进安全生产责任保险制度"。

2010年11月16日，为进一步贯彻落实国务院23号文件精神，国家安全生产监督管理总局联合中国保监会共同召开了全国安全生产责任保险经验交流会，总结、交流和推广有关试点省市推进安全生产责任保险工作的有效做法和典型经验，并就继续积极稳妥地推动安全生产责任保险工作进行了部署。

2013年6月17日，国家安全生产监督管理总局办公厅下发了《关于推进烟花爆竹行业安全生产责任保险全国统保工作的通知》(安监总厅政法〔2013〕93号)，决定对全国烟花爆竹行业安全生产责任保险实行全国统保，进一步推进安全生产责任保险在烟花爆竹行业的深入开展。

2. 在推行安全生产责任保险中存在的问题

安全生产责任保险工作在推进中取得了初步的成效，但也存在一些矛盾和问题，主要表现在以下几个方面。

(1) 业务主管部门协调不畅。部分地区安全监管、煤矿安全监察及保险监管等部门和机构尚未建立起有效的沟通和协调机制，导致各方对推进安责险的职责分工不明确，不能形成部门间工作的有效配合，造成安责险进展缓慢。同时，在国家层面立法强制、政策支持不充分的情况下，推行安责险存在不同程度和层面的工作阻力，个别地方业务主管部门还存在畏难情绪，宣传力度不断衰减，心态较为消极，没能转变工作思路，一定程度上影响了安责险工作的开展。

(2) 政策认知上还存在误区。安全生产责任保险作为一种带有一定公益性的、全新的保险险种和制度，不同于意外伤害险和雇主责任险等纯商业保险。国家安全生产监督管理总局在《关于在高危行业推进安全生产责任保险的指导意见》中已明确安责险与这些险种是替代关系，但部分地区仍将意外伤害险、雇主责任险等商业保险等同于安责险来推进，是对安责险制度及其功能定位的错误认识，造成工作重点偏离，致使人力、财力、物力的无端消耗，导致推进安责险实际效果不佳。

(3) 企业保险意识不到位。高危行业中小企业以民营企业居多，普遍存在“效益优先”的思想，诱使其片面地追求经济效益，忽视安全风险，对安责险经济补偿、事故预防等功能的认识不够，存在侥幸心理，不愿意增加安全投入，对投保安责险积极性不高。中央和地方大型国有企业及其下属单位是否投保安责险由企业总部统一决定，鉴于自身安全管理和自身保障水平较高，中央和地方大型国有企业及其下属单位对投保安责险往往持消极态度。如何协调这些国有企业发挥“示范主体”的带头作用积极投保，是各地安全监管监察部门推进安责险工作必须面对的重要问题。

(4) 法律法规不完善。目前《安全生产法》《煤炭法》《矿山安全法》等法律法规对安全生产领域引入保险机制都提出了相关规定和要求，但是均未对投保安责险做出强制性规定。各地在推进安责险时，因法律依据不充分，导致推进工作缺乏强制性，工作力度相对较弱，致使政策的长期有效性受到质疑，加重了企业的观望氛围和基层安全监管监察部门的工作难度。从总体来看，不管是《煤炭法》要求的意外伤害保险，还是《企业安全生产风险抵押金管理暂行办法》要求的风险抵押金，抑或是各地要求的雇主责任保险等商业保险，这些保险政策之间缺乏连贯性、协调性和统一性，在一定程度上影响了安责险的实质性推进。

(5) 安责险险种繁多。目前，雇主责任保险、意外伤害保险、风险抵押金、行业自保等多种保险并存，这些保险都有各自明显的不足，实质上未能有效化解企业事故风险。国家安全生产监督管理总局推行的安责险是对工伤保险的补充，与意外伤害保险、雇主责任保险是替代关系，风险抵押金与之在一定时期内是转化过渡关系。在安责险推进过程中，很多地方未能真正明确安责险与其他保险的关系，亦未制定与之相适应的配套措施，因而没有从根本上理顺和规范企业保险的支出，减轻企业经济负担。

(6) 事故预防机制难落实。由于缺乏安全专业人才，保险机构没能及时建立起完善、有效的安保互动机制，普遍存在“重赔付，轻预防”的现象。加之保险业务覆盖面较窄，事故预防基金的提取数量相对有限，保险机构对安全宣传教育、专业培训、风险评估、安全检查等事故预防工作落实不到位，保险产品的风险管控能力不足。例如，在规定费率浮动比例时，普遍在10%左右，调整力度不大，致使安责险业务质量不高，事故预防机制尚未真正建立。

(7) 保险市场运作不规范。由于没有明确准入资格标准，区域性保险机构也进入安责险市场，相比全国性保险机构，其在保险产品开发、费率制定、理赔服务、事故预防等专业服务和产品保障能力方面存在诸多不足。为求得保险业务份额，区域性保险机构往往通过不规范的市场行为来争抢业务，在一定程度上干扰了正常的市场秩序，给赢利并不显著的安责险市场带来消极影响。另外，部分地区未从维护企业利益的角度出发，没有选择熟悉保险业务程序和专业知识的保险中介机构作为企业投保的经纪人，而是自行成立保险代理公司，代理各家保险公司的安责险业务，此举既不规范，又不利于落实安责险的事故预防功能。

3. 推行安全生产责任保险还需要做好的工作

（1）加大宣传力度。宣传是影响人们的思想，引导人们行动的一种社会行为。推进安全生产责任保险，首先需要做好宣传。一是要加强系统内部宣教，提高思想认识。安责险是一项全新的保险制度，需要加大宣传力度，提高各省级安全监管监察部门的思想认知，激发做好这项工作的积极性和主动性。二是要广泛开展社会宣传，创造良好的舆论氛围。要充分利用网络、电视、广播、报纸、杂志等社会媒体资源，加大公共宣传力度，广泛开展社会宣传工作，积极宣传安责险相关知识，提高全社会的保险意识，形成深厚的群众基础和广泛的社会共识。三是要总结推广好的做法和经验，积极宣传好的保险方案。总结和宣传一些省份创新的方式方法以及行之有效的典型经验，从而带动和促进其他地区积极推进安责险工作，以起到良好的推广示范效应。

（2）抓好责任落实。安责险与纯商业化运作的保险存在本质上区别，必须遵循立法强制、政策引导、政府推动和市场运作相结合的工作原则。因此，政府必须加强对推进安责险工作的组织领导，建立工作机制，落实保障措施，及时研究解决工作进程中遇到的各种困难和问题，确保安责险工作顺利开展。作为政府推动安责险工作的责任落实单位，安全监管监察部门要提高认识，加强与保监、财政、税务等部门的联系，建立常态沟通机制，明确责任分工，协调联动，形成工作合力，共同推进，坚定不移地推进安责险工作。

（3）加强政策研究。国家应加快法律法规的制定修订步伐，整合完善相关规定及政策，在进一步修订《安全生产法》《矿山安全法》《煤炭法》等法律时，增加在高危行业领域强制推行安责险的条款。

第一，加强政策研究，提供措施保障。一是研究将投保安责险作为安全生产许可证申领的前提条件之一，并作为安全执法检查的一项内容，不断加大推行力度；二是积极探索风险抵押金制度改革，逐步将其转化为安责险，实现两者的平稳过渡和有效衔接；三是理顺关系，明确安责险逐步取代意外伤害保险、雇主责任保险，规范企业保险支出，减轻企业负担；四是制定配套政策，为深入推进安责险提供措施保障。

第二，制定相关优惠政策，提高企业及保险机构的积极性。一是研究出台有关政策，允许将安责险费用税前计入企业生产成本，从安全费用中列支，减少税务支出，降低企业经济成本，增强企业投保的积极性；二是为确保保险机构的财务稳定，提高其开展安责险工作的积极性，建议有关部委制定减免保险机构安责险业务营业税的优惠政策；三是为增强企业投保的积极性，各地可以研究制定激励约束政策，允许取得安全生产标准化称号、安全文化建设示范企业称号、安全诚信企业称号的企业享受安责险费率下浮的优惠。

(4) 建立长效机制。应根据投保企业的行业属性、企业规模、安全现状、历史事故等有关因素，制定初始费率并实施浮动费率，使安责险费率在一定区间内浮动，对连续几年没有发生伤亡事故的企业予以奖励，续保时的缴费比例应有一定幅度的下降。

保险公司应根据业务需要配备足够数量的安全专业人员，或与国家认可的具有相应资质的安全评价与咨询机构签订服务协议，对企业开展安全风险评估工作，全面分析企业责任风险与事故隐患，判断企业安全管理状况，为科学合理地确定保险费率提供依据。

为改变保险机构普遍存在的“重赔付、轻预防”的问题，应从安责险保费中提取一定比例的事故预防基金，并制定完善的管理办法，建立事故预防机制，突出事前防范，化解安全风险，促进安全生产与保险业的良性互动。

(5) 规范市场运作。各地安全监管监察部门应根据高危行业实际情况和保险市场行情，尽快研究制定适合煤炭、非煤矿山、危险化学品、烟花爆竹等行业需求的安责险实施方案，建立有效的安全服务与保障机制。在分析有关问题和总结试点经验的基础上，切实加强对保险机构安责险产品和相关业务的协调和指导，确保安责险工作的有序开展。

安责险是一项新的制度和险种，涉及的领域多、范围广，社会敏感性大，有些事故赔付额度巨大。因此，保险公司、保险经纪公司实行市场准入制度，选择实力雄厚、覆盖面广、信誉良好的保险机构入市，以确保安责险在保险保障、事故预防、安保良性互动等方面能够发挥积极有效的作用。

另外，还应建立和落实快速理赔机制，确保安责险赔偿的及时性，并监督获赔企业切实将保险赔款用于支付企业依法应承担的从业人员和第三者的死亡、伤残、医疗费用、误工费、财产损失等经济赔偿，防止企业挪作他用。

二、镇江市推行安全生产责任保险的做法与常见问题解答

1. 镇江市推行安全生产责任保险的做法

镇江市安全生产监督管理局根据中央及省市各级政府关于推行安全生产责任保险的文件精神，在进行大量调研和广泛沟通的基础上，于 2013 年 12 月 9 日，正式印发《镇江市人民政府办公室关于镇江市安全生产责任保险的实施意见》，并于 2014 年 1 月 1 日正式实施。该文件为进一步推动安全生产责任保险在镇江市高危行业的全面覆盖和其他行业的广泛覆盖提供了政策依据。

安全生产责任保险分为雇主责任险、公众责任险、团体人身意外伤害险。雇主责任险是指投保企业雇佣的人员（包括有固定期限、无固定期限和以完成一定工作任务为期限的人员）在受雇过程中，从事与本企业有关的工作时，遭受意外或患职业病而致伤残、死亡，

根据劳动合同应由雇主承担的赔偿费用及相关费用的保险。公众责任险是指投保企业生产经营过程中发生意外事故，造成第三者的人身伤亡和财产损失，依法应由企业承担的赔偿责任及相关费用的保险。团体人身意外伤害险是指投保人以团体方式投保，其从业人员在从事相关工作或在工作现场内指定的生活区域，因遭受意外伤害，导致人身死亡或伤残，保险公司依照约定给付赔款的保险。

镇江市安全生产监督管理局按照“政府推动、市场运作”的原则，委托具有《政府采购代理机构甲级资质》的恒泰保险经纪有限公司对全市 24 家财产险保险公司就“非煤矿山、危险化学品、民用爆破器材、船舶修造与拆解、冶金铸造、机械制造、烟花爆竹”七个行业企业的雇主责任险和公众责任险进行了公开招标，并委托其对中标的 5 家共保保险公司进行后期管理。

本招标项目最终形成的保险共保方案中的优势有：(1) 充分保障被保险人利益。有利于被保险人的“特别约定”达 10 条，“扩展条款”多达 45 条。考虑多种易发和忽略的风险，保障投保企业的利益。(2) 人员伤残赔付范围更加全面。赔付标准按照中国保险行业协会、中国法医学会联合发布的《人身保险伤残评定标准》执行（2014 年 1 月 1 日起实施），该标准在原标准 7 个伤残等级、34 项伤残条目基础上，大幅扩展到 10 个伤残等级、281 项伤残条目，并针对 1～10 个等级明确了 10%～100%的给付比例，该行业标准属于世界先进水平。(3) 重大事故，赔付及时。保险人同意“如发生重大人身伤亡（有死亡或群伤）事故时，予以先行赔付。即使出现雇主或企业负责人在事故发生后不履行救护职责或逃逸等特殊情况，造成支付赔付金困难，保险人代被保险企业为危重伤员先行垫付抢救费用，确保事故伤亡人员的赔款及时到位”。

安全生产责任保险对于促进企业提升安全生产责任主体意识，提高安全生产管理水平，盘活资金运用等具有很大的益处。同时保险费率又比其他商业保险费率低，加上政府的引导和规范、保险机构的广泛宣传和专业运作，相信会受到企业主的普遍认可。

2. 安全生产责任保险常见问题解答

(1) 什么是安全生产责任保险？

答：安全生产责任保险主要包括雇主责任保险、公众责任保险以及以这两种保险为基础设计的新的保险产品，对煤矿、建筑施工等劳动密集型行业，将团体人身意外伤害保险纳入安全生产责任保险推行范围（苏政发［2010］136 号）。市安监局招标的险种为雇主责任保险、公众责任保险。

(2) 雇主责任险和公众责任险保障对象分别是什么？

答：雇主责任险保障对象为企业所雇佣的员工；公众责任险保障的是企业发生生产事故时所造成第三者的人身或财产损失。

(3) 镇江市为什么要大力推行安全生产责任保险?

答:根据中央及省市政府相关文件精神,相关企业需要投保安全生产责任保险:《关于在高危行业推进安全生产责任保险的指导意见》(安监总政法[2009]137号)、《省政府办转发省安监局江苏保监局关于在全省高危行业推行安全生产责任保险意见的通知》(苏政办发[2011]30号)、《镇江市人民政府关于促进金融业创新发展的实施意见》(镇政办发[2012]243号)等。目前江苏省内周边城市的安全生产责任保险保障覆盖了多个行业企业,形成了全面的推动机制。其中无锡市年保险规模已达1亿元,南京市年保费规模已过2 000万元,扬州、盐城等地年保费规模已过700万元。

(4) 镇江市安监局招标项目中所涉及的投保企业范围涵盖哪些?

答:投保企业范围涵盖非煤矿山、危险化学品、民用爆破器材、船舶修造与拆解、冶金铸造、机械制造、烟花爆竹七个行业企业。

(5) 招标承保企业发生安全生产事故后,如何进行理赔?

答:企业发生安全生产事故后,第一时间拨打中国人民财产保险股份有限公司的报案电话:95518,有专人指导理赔服务。恒泰保险经纪有限公司可协助投保企业进行理赔。

(6) 招标承保企业发生重大事故时,保险公司的理赔速度是否比较快?

答:招标方案确定,如发生重大人身伤亡(有死亡或群伤)事故,首席承保人(镇江人保)将予以先行赔付。确保事故伤亡人员的赔款及时到位并维护企业生产的稳定。

(7) 保险费率和保费的优惠幅度是否与企业的安全生产等状况挂钩?

答:招标方案建立了“安全生产管理水平和实绩与安全生产责任保险费率挂钩的浮动机制”,可通过安全标准化调整系数、安全生产先进单位调整系数、安全生产诚信企业调整系数进行费率下浮优惠的调整,保险费率的优惠比例累计不超过基准费率的30%。同样的,对于发生过安全生产责任事故的企业,通过“安全生产事故调整系数”进行费率的调整,保险费率在基准费率的基础上累计提高不超过30%。另外,企业员工人数达2 000人以上的,保险费率在基准费率的基础上最高可降低40%。

(8) 高危行业企业的安全生产责任保险与存储风险抵押金是否可以任选?

答:可以。安全生产责任保险与风险抵押金为选择关系,原则上高危行业企业可任选其一。已存储风险抵押金的企业可选择继续存储风险抵押金,也可选择将风险抵押金转换为安全生产责任保险;参加安全生产责任保险的企业,可不再存储风险抵押金。(苏政发[2010]136号)

(9) 高危行业企业安全生产责任保险与风险抵押金的保障区别在哪里?

答:若企业发生安全生产事故,雇主责任险和公众责任险的赔偿额度更高:每人死亡伤残累计赔偿限额最高可达50万元,第三者财产每次事故及累计赔偿限额最高可达1 000万元,远远高于企业风险抵押金的保障额度,有利于保障人民群众的生命财产安全。以费率最高的危险化学品企业举例：若企业员工达140人，每人死亡伤残累计赔偿限额最高50万元，每人保费最高576元，每年缴纳雇主责任险保费最高为80 640元，保险期限内，保险公司承担的雇主责任险赔偿限额最高可达7 000万元。

（10）招标承保企业的雇主责任险和公众责任险一年的保额分别是多少？

答：本项目共对七个行业的雇主责任险和公众责任险的价格进行了招标。不同行业、不同赔偿限额的所对应的保险费用价格不同，企业自主选择。其中雇主责任险和公众责任险的人伤损失赔偿限额分别为30万元、40万元、50万元，公众责任险的第三者财产损失赔偿限额为200万元、500万元、800万元、1 000万元。

（11）企业员工已有了工伤保险的保障，雇主责任险的保障有何补充？

答：2013年江苏省城镇居民人身伤害死亡赔偿最低标准已达70多万元，镇江市工伤保险的死亡赔偿最高达51万元。雇主责任险作为工伤保险的有效补充，若企业投保了雇主责任险，人身伤害死亡的最高赔偿限额可增加50万元，人员死亡赔偿最高可达到100万元。

（12）企业已经购买了其他保险公司的雇主责任险、公众责任险、团体人身意外伤害险，镇江市安监局招标的安全生产责任保险有何亮点？

答：本次招标的安全生产责任保险方案，有利于被保险人的特别约定多达10条，扩展条款多达45条，“性价比”更高，若投保企业发生安全生产事故，恒泰保险经纪有限公司将协助投保企业进行理赔。

（13）危险化学品等七个行业企业在哪家保险公司购买安全生产责任保险？

答：中国人民财产保险股份有限公司镇江市分公司及其分支机构。

3. 镇江市安全生产责任保险理赔案例参考

（1）企业保足安全生产责任保险，获得保险公司全面保障的案例。

2010年11月15日，在保险公司投保雇主责任险的某金属粉末有限公司，其员工在工作中因设备损坏产生火花引起粉末燃烧着火，致使当时在场的工作人员严重烧伤，后经抢救无效死亡，保险公司支付理赔款271 916.85元。

（2）企业未“保全保足”雇主责任险，导致受伤员工无法获得理赔的案例。

2012年11月8日，大港地区的某化工有限公司合成车间发生火灾，该单位虽投保了安全生产责任保险的雇主责任险、公众责任险，但经保险公司查勘后发现，该单位对员工的雇主责任险没有做到“保全保足”，出险受伤的员工未参与投保，此次事故造成的20万元人伤损失不在理赔范围内。

（3）企业未保安全生产责任保险，导致企业财产损失严重的案例。

2012年11月8日，某新材料股份有限公司长江分公司厂内一槽罐车装料时发生泄漏，引发火灾，事故造成该企业财产损失约600万元，火灾造成隔壁的公司财产受损并且生产停滞，受损公司索赔金额达6 000万元。在此保险年度，该公司未投保安全生产责任保险，因此造成的第三者财产损失无法理赔。

三、安全生产责任保险合同参考样式

在安全生产责任保险的实际业务中，各保险公司所制定的安全生产责任保险合同有不同的规定和要求，因此，此处所介绍的安全生产责任保险合同条款只是作为参考。

总则

第一条　本保险合同由保险条款、投保单、保险单、保险凭证以及批单组成。凡涉及本保险合同的约定，均应采用书面形式。

第二条　凡在中华人民共和国境内（不包括香港、澳门和台湾地区）依法设立并登记注册的企业，均可作为本保险合同的被保险人。

保险责任

第三条　在保险期间内，被保险人在本保险单载明的地点范围内，依法从事生产、经营、储存等活动过程中，因意外事故造成其雇员或第三者的人身伤亡，且经县级以上安全生产监督管理部门认定为安全生产事故，依照中华人民共和国法律（不包括港澳台地区法律）应由被保险人承担的经济赔偿责任，保险人按照本保险合同约定负责赔偿：

（1）死亡赔偿金；

（2）残疾赔偿金。

第四条　保险事故发生后，被保险人或当地政府在组织事故抢险救援过程中，因征用事故发生企业以外的专业救援队伍及设备所发生的依法应由被保险人承担的费用，保险人按照本保险合同的约定负责赔偿。

第五条　发生保险事故后，当地政府为查明事故原因及相关责任而聘请具备相应资质的专业机构（部门）进行检验（检测）、勘查（勘探）、评估（评价），并出具具备相应法定效力的报告所发生的依法应由被保险人承担的费用，保险人按照本保险合同的约定负责赔偿。

责任免除

第六条　出现下列任一情形时，保险人不负责赔偿：

（1）被保险人被政府有关部门或安全生产监督管理部门责令停产整顿期间擅自从事生产发生的事故，或被政府有关部门关闭后擅自恢复生产发生的事故；

（2）被保险人从事与本保险合同载明的经营范围不符的任何活动发生的事故；

（3）被保险人违法违规经营的。

第七条　下列原因造成的损失、费用和责任，保险人不负责赔偿：

（1）投保人、被保险人及其代表的故意行为；

（2）战争、敌对行动、军事行为、武装冲突、罢工、骚乱、暴动、恐怖活动；

（3）核辐射、核爆炸、核污染及其他放射性污染；

（4）大气污染、土地污染、水污染及其他各种污染；

（5）行政行为或司法行为；

（6）地震、火山爆发、海啸、雷击、洪水、暴雨、台风、龙卷风、暴风、雪灾、雹灾、冰凌、泥石流、崖崩、地崩、突发性滑坡、地面突然下陷等自然灾害；

（7）各种交通事故，但不包括场内机动车辆事故；

（8）各种职业病、疾病、中暑、猝死等非意外事故；

（9）其他不符合《安全生产事故报告和调查处理条例》（国务院令第 493 号）管辖的安全生产事故。

第八条　下列损失、费用和责任，保险人不负责赔偿：

（1）被保险人应该承担的合同责任，但无合同存在时仍然应由被保险人承担的经济赔偿责任不在此限；

（2）罚款、罚金及惩罚性赔偿；

（3）精神损害赔偿；

（4）间接损失；

（5）投保人、被保险人在投保之前已经知道或者可以合理预见的索赔情况；

（6）未经有关监管部门验收或验收不合格的固定场所或设备发生火灾、爆炸事故造成的人身伤亡；

（7）任何医疗费用支出；

（8）财产损失；

（9）本保险合同中载明的免赔额。

第九条　其他不属于本保险责任范围内的损失、费用和责任，保险人不负责赔偿。

赔偿限额与免赔额

第十条　赔偿限额包括每次事故赔偿限额、每人死亡赔偿限额、每人残疾赔偿限额、每次事故残疾赔偿限额、每次事故抢险救援费用赔偿限额、每次事故调查勘验费用赔偿限额、累计赔偿限额，由投保人与保险人协商确定，并在保险合同中载明。

第十一条　每次事故免赔额由投保人与保险人在签订保险合同时协商确定，并在保险合同中载明。

保险期间

第十二条　除另有约定外，保险期间为一年，以保险单载明的起讫时间为准。

保险人义务

第十三条　本保险合同成立后，保险人应当及时向投保人签发保险单或其他保险凭证。

第十四条　保险人按照第二十四条的约定，认为被保险人提供的有关索赔的证明和资料不完整的，应当及时一次性通知投保人、被保险人补充提供。

第十五条　保险人收到被保险人的赔偿保险金的请求后，应当及时做出是否属于保险责任的核定；情形复杂的，保险人将在确定是否属于保险责任的基本材料收集齐全后，尽快做出核定。

保险人应当将核定结果通知被保险人。对属于保险责任的，在与被保险人达成赔偿保险金的协议后10日内，履行赔偿保险金义务。保险合同对赔偿保险金的期限有约定的，保险人应当按照约定履行赔偿保险金的义务。保险人依照前款的规定做出核定后，对不属于保险责任的，应当自做出核定之日起3日内向被保险人发出拒绝赔偿保险金通知书，并说明理由。

第十六条　保险人自收到赔偿保险金的请求和有关证明、资料之日起60日内，对其赔偿保险金的数额不能确定的，应当根据已有证明和资料可以确定的数额先予支付；保险人最终确定赔偿的数额后，应当支付相应的差额。

投保人、被保险人义务

第十七条　订立保险合同，保险人就保险标的或者被保险人的有关情况提出询问的，投保人应当如实告知。

投保人故意或者因重大过失未履行前款规定的如实告知义务，足以影响保险人决定是否同意承保或者提高保险费率的，保险人有权解除保险合同。

前款规定的合同解除权，自保险人知道有解除事由之日起，超过30日不行使而消灭。自合同成立之日起超过两年的，保险人不得解除合同；发生保险事故的，保险人应当承担赔偿保险金的责任。

投保人故意不履行如实告知义务的，保险人对于合同解除前发生的保险事故，不承担赔偿保险金的责任，并不退还保险费。

投保人因重大过失未履行如实告知义务，对保险事故的发生有严重影响的，保险人对于合同解除前发生的保险事故，不承担赔偿保险金的责任，但应当退还保险费。

保险人在合同订立时已经知道投保人未如实告知的情况的，保险人不得解除合同；发生保险事故的，保险人应当承担赔偿保险金的责任。

第十八条　投保人应按照本合同的约定交付保险费。

本合同约定一次性交付保险费或对保险费交付方式、交付时间没有约定的，投保人应在保险责任起始日前一次性交付保险费。投保人未按本款约定交付保险费的，保险人不承担保险责任。

约定以分期付款方式交付保险费的，投保人应按期足额交付各期保险费。投保人未按本款约定交付保险费的，从违约之日起，保险人有权解除本合同并追收已经承担保险责任期间的保险费和利息，本合同自解除通知送达投保人时解除；在本合同解除前发生保险事故的，保险人按照保险事故发生前保险人实际收取的保险费总额与保险事故发生时投保人应当交付保险费的比例承担保险责任。

第十九条　被保险人应严格遵守国家有关的法律法规，加强安全管理和安全教育培训，增强危险源的辨识和管理，及时排查安全隐患，采取合理的预防措施，尽力避免或减少责任事故的发生。保险人可以对被保险人遵守前款约定的情况进行检查，向投保人、被保险人提出消除不安全因素和隐患的书面建议，投保人、被保险人应该认真付诸实施。但前述检查并不构成保险人对被保险人的任何承诺。

投保人、被保险人未按照约定履行上述安全义务的，保险人有权要求增加保险费或者解除合同。

第二十条　在保险合同有效期内，保险标的的危险程度显著增加的，被保险人应当及时通知保险人，保险人可以根据费率表的规定增加保险费或者解除合同。

被保险人未履行前款约定的通知义务的，因保险标的的危险程度显著增加而发生的保险事故，保险人不承担赔偿保险金的责任。

第二十一条　投保人以列明雇员名单的方式投保的，在投保时应将其雇员名单提交保险人，在保险期间内，被保险人的雇员名单发生变动的，被保险人应在新增人员报到之日起5日内、离职人员离职后通知保险人并办理批改手续。保险人将出具批单增减保险费。未及时通知保险人办理批改手续的，更改或新增的雇员发生的保险事故，保险人不承担赔偿责任。

第二十二条　知道保险事故发生后，被保险人应该：

(1) 尽力采取必要、合理的措施，防止或减少损失，否则，对因此扩大的损失，保险人不承担赔偿责任。

(2) 立即向事故发生地县级以上人民政府安全生产监督管理部门和负有安全生产监督管理职责的有关部门报告，同时及时通知保险人，并书面说明事故发生的原因、经过和损失情况；故意或者因重大过失未及时通知，致使保险事故的性质、原因、损失程度等难以确定的，保险人对无法确定的部分，不承担赔偿责任，但保险人通过其他途径已经及时知道或者应当及时知道保险事故发生原因的除外。

(3) 保护事故现场，允许并且协助保险人进行事故调查。对于拒绝或者妨碍保险人进行事故调查导致无法认定事故原因或核实损失情况的，保险人对无法确定或核实的部分不承担赔偿责任。

(4) 涉及违法、犯罪的，应立即向公安部门报案，否则，对因此扩大的损失，保险人不承担赔偿责任。

第二十三条　被保险人收到受害人的损害赔偿请求时，应立即通知保险人。未经保险人书面同意，被保险人对受害人做出的任何承诺、拒绝、出价、约定、付款或赔偿，保险人不受其约束。对于被保险人自行承诺或支付的赔偿金额，保险人有权重新核定，不属于本保险责任范围或超出应赔偿限额的，保险人不承担赔偿责任。在处理索赔过程中，保险人有权自行处理由其承担最终赔偿责任的任何索赔案件，被保险人有义务向保险人提供其所能提供的资料和协助。

第二十四条　被保险人获悉可能发生诉讼、仲裁时，应立即以书面形式通知保险人；接到法院传票或其他法律文书后，应将其副本及时送交保险人。保险人有权以被保险人的名义处理有关诉讼或仲裁事宜，被保险人应提供有关文件，并给予必要的协助。

对因未及时提供上述通知或必要协助导致扩大的损失，保险人不承担赔偿责任。

第二十五条　被保险人请求赔偿时，应向保险人提供下列证明和资料：

(1) 保险单正本；

(2) 被保险人或其代表填具的索赔申请书；

(3) 雇员或第三者向被保险人提出索赔的资料；

(4) 县级以上安全生产监督管理部门出具的事故证明；

(5) 伤亡人员名单；

(6) 受害人伤残的，应当提供具备相关法律法规要求的伤残鉴定资格的医疗机构出具的伤残程度证明；受害人死亡的，应提供公安机关或医疗机构出具的死亡证明书；

(7) 被保险人与受害人所签订的赔偿协议书或和解书；经判决或仲裁的，应提供判决文书或仲裁裁决文书；

(8) 投保人、被保险人所能提供的与确认保险事故的性质、原因、损失程度等有关的其他证明和资料。

被保险人未履行前款约定的索赔材料提供义务，导致保险人无法核实损失情况的，保险人对无法核实部分不承担赔偿责任。

赔偿处理

第二十六条　保险人的赔偿以下列方式之一确定的被保险人的赔偿责任为基础：

(1) 被保险人和向其提出损害赔偿请求的受害人协商并经保险人确认；

(2) 仲裁机构裁决；

(3) 人民法院判决；

(4) 保险人认可的其他方式。

第二十七条　被保险人给受害人造成损害，被保险人未向该受害人赔偿的，保险人不负责向被保险人赔偿保险金。

第二十八条　发生本保险责任范围内的安全生产事故，造成被保险人雇员人身伤亡的，对被保险人依法应承担的经济赔偿责任，对每人的赔偿金额保险人在本保险单约定的赔偿限额内，以下列方式进行赔偿：

（1）死亡赔偿金：按照工伤死亡赔偿标准确定，最高以保险单约定的每人死亡赔偿限额为限；

（2）残疾赔偿金：根据国家发布的《职工工伤与职业病致残程度鉴定标准》（GB/T 16180—2006）（以下称《伤残鉴定标准》），按照工伤伤残赔偿标准确定残疾赔偿金，最高以保险单约定的每人残疾赔偿限额为限；

（3）被保险人不得就其单个雇员因同一保险事故同时申请伤残赔偿金和死亡赔偿金。

第二十九条　发生本保险责任范围内的安全生产事故，造成第三者人身伤亡的，对被保险人依法应承担的死亡赔偿金或残疾赔偿金，对每人的赔偿金额保险人在本保险单约定的每人死亡赔偿限额或每人残疾赔偿限额内负责赔偿。

被保险人不得就其单个第三者因同一保险事故同时申请伤残赔偿金和死亡赔偿金。

第三十条　如果投保人以列明雇员名单的方式投保，保险人根据投保人在投保时提供的或者在保险期间被保险人提供的经保险人书面确认的雇员名册进行赔偿，对不在名册中的雇员，保险人不承担赔偿责任。

如果投保人以非列明雇员名单的方式投保，当出险时实际雇员人数超过投保人数时，保险人按投保人数与实际雇员人数的比例计算赔偿。

第三十一条　保险人根据不同情况，按照以下两种方式支付赔款：

（1）被保险人已经支付赔款给雇员或第三者的，保险人对依法应由被保险人承担的赔偿责任进行赔偿；

（2）被保险人及其代表在安全生产事故发生后逃逸的，或者在安全生产事故发生后，未在规定时间内主动承担赔偿责任，支付抢险、救灾及善后处理费用的，雇员或第三者可以直接向保险人提出索赔，保险人按本合同的约定将赔款支付给雇员或第三者。

第三十二条　保险人对每次事故的赔偿金额不超过每次事故赔偿限额。其中，对每次事故残疾的赔偿金额不超过每次事故残疾赔偿限额；对每次事故抢险救援费用的赔偿金额不超过每次事故抢险救援费用赔偿限额；对每次事故调查勘验费用的赔偿金额不超过每次事故调查勘验费用赔偿限额。

在保险期间内，保险人对多次事故承担的本条款第三、第四、第五条规定的赔偿金额之和累计不超过累计赔偿限额。

第三十三条　发生保险事故时，如果被保险人的损失在有相同保障的其他保险项下也能够获得赔偿，则本保险人按照本保险合同的赔偿限额与其他保险合同及本保险合同的赔偿限额总和的比例承担赔偿责任。

其他保险人应承担的赔偿金额，本保险人不负责垫付。若被保险人未如实告知导致保险人多支付赔偿金的，保险人有权向被保险人追回多支付的部分。

第三十四条　发生保险责任范围内的损失，应由有关责任方负责赔偿的，保险人自向被保险人赔偿保险金之日起，在赔偿金额范围内代位行使被保险人对有关责任方请求赔偿的权利，被保险人应当向保险人提供必要的文件和所知道的有关情况。

被保险人已经从有关责任方取得赔偿的，保险人赔偿保险金时，可以相应扣减被保险人已从有关责任方取得的赔偿金额。

保险事故发生后，在保险人未赔偿保险金之前，被保险人放弃对有关责任方请求赔偿权利的，保险人不承担赔偿责任；保险人向被保险人赔偿保险金后，被保险人未经保险人同意放弃对有关责任方请求赔偿权利的，该行为无效；由于被保险人故意或者因重大过失致使保险人不能行使代位请求赔偿的权利的，保险人可以扣减或者要求返还相应的保险金。

第三十五条　保险人受理报案、进行现场查勘、核损定价、参与案件诉讼、向被保险人提供建议等行为，均不构成保险人对赔偿责任的承诺。

第三十六条　被保险人向保险人请求赔偿保险金的诉讼时效期间为两年，自其知道或者应当知道保险事故发生之日起计算。

争议处理和法律适用

第三十七条　因履行本保险合同发生的争议，由当事人协商解决。协商不成的，提交保险单载明的仲裁机构仲裁；保险单未载明仲裁机构且争议发生后未达成仲裁协议的，依法向中华人民共和国人民法院起诉。

第三十八条　本保险合同的争议处理适用中华人民共和国法律（不包括港澳台地区法律）。

其他事项

第三十九条　投保人和保险人可以协商变更合同内容。

变更保险合同的，应当由保险人在保险单或者其他保险凭证上批注或附贴批单，或者投保人和保险人订立变更的书面协议。

第四十条　投保人可随时书面申请解除本保险合同，本保险合同自保险人收到投保人的书面申请之日的二十四时起终止。保险责任开始前，投保人要求解除合同的，保险人扣除3%手续费后，剩余部分的保险费退还投保人；保险责任开始后，投保人要求解除合同的，对保险责任开始之日起至合同解除之日止期间的保险费，按短期费率计收，剩余部分退还投保人。

保险人亦可解除本保险合同。保险责任开始前，保险人要求解除合同的，不得向投保人收取手续费并应退还已收取的保险费；保险责任开始后，保险人可提前15天通知投保人解除合同，对保险责任开始之日起至合同解除之日止期间的保险费，按日比例计收，剩余部分退还投保人。

第四十一条 发生保险事故且保险人已承担赔偿责任的，自保险人赔偿之日起 30 日内，投保人可以解除合同；除合同另有约定外，保险人也可以解除合同，但应当提前 15 日通知投保人。

保险合同依据前款规定解除的，保险人应当将累计赔偿限额扣除累计已赔偿金额后剩余部分的保险费，按照合同约定扣除自保险责任开始之日起至合同解除之日止应收的部分后，退还投保人。

释义

第四十二条

安全生产事故：符合《安全生产事故报告和调查处理条例》（国务院令第 493 号）管辖的、生产经营活动中发生的造成人身伤亡或者直接经济损失的生产安全事故。

雇员：与被保险人签订有劳动合同或存在事实劳动合同关系，接受被保险人给付薪金、工资，年满 16 周岁的人员及其他按国家规定审批的未满 16 周岁的特殊人员，包括正式在册职工、短期工、临时工、季节工和徒工等。但因委托代理、行纪、居间等其他合同为被保险人提供服务或工作的人员不属于本保险合同所称雇员。

附录 **短期费率表**

保险期间已经过月数（个月）	1	2	3	4	5	6	7	8	9	10	11	12
年费率的比例（%）	10	20	30	40	50	60	70	80	85	90	95	100

注：保险期间已经过月数不足一月的按一月计算。